AF551696

EUL
VERLAG

Kompetenzorientiertes Strategisches Management in turbulenten Zeiten

---

Kontextadäquate Kompetenzkontingentierung als Schlüssel für eine beständige Leistungsfähigkeit

Von der Fakultät 10 Wirtschafts- und Sozialwissenschaften der Universität Stuttgart zur Erlangung der Würde eines Doktors der Wirtschafts- und Sozialwissenschaften (Dr. rer. pol.) genehmigte Abhandlung.

Vorgelegt von

Christian Unsöld

aus Stuttgart

Hauptberichter:	Prof. Dr. E. Zahn
Mitberichter:	Prof. Dr. W. Burr
Tag der mündlichen Prüfung:	08. März 2017

Betriebswirtschaftliches Institut der Universität Stuttgart
2017

Dr. Christian Unsöld

Kompetenzorientiertes Strategisches Management in turbulenten Zeiten

Kontextadäquate Kompetenzkontingentierung als Schlüssel für eine beständige Leistungsfähigkeit

Bibliografische Information der Deutschen Nationalbibliothek

Die Deutsche Nationalbibliothek verzeichnet diese Publikation in der Deutschen Nationalbibliografie; detaillierte bibliografische Daten sind im Internet über <http://dnb.d-nb.de> abrufbar.

Dissertation, Universität Stuttgart, 2017

D 93

ISBN 978-3-8441-0507-0
1. Auflage April 2017

JOSEF EUL VERLAG GmbH
Brandsberg 6
53797 Lohmar
Tel.: 0 22 05 / 90 10 6-80
Fax: 0 22 05 / 90 10 6-88
E-Mail: info@eul-verlag.de
http://www.eul-verlag.de

Bei der Herstellung unserer Bücher möchten wir die Umwelt schonen. Dieses Buch ist daher auf säurefreiem, 100% chlorfrei gebleichtem, alterungsbeständigem Papier nach DIN 6738 gedruckt.

Vorwort

„Nicht von Beginn an enthüllten die Götter den Sterblichen alles
Aber im Laufe der Zeit finden wir suchend das Bess're.
Sichere Wahrheit erkannte kein Mensch und wird keiner erkennen
Über die Götter und alle die Dinge von denen ich spreche:
Sollte einer auch einst die vollkommenste Wahrheit verkünden
Wüßte er selbst es doch nicht: es ist alles durchwebt von Vermutung."

Xenophanes um 570 v. Chr.

Karl R. Popper zitiert diese Ausführung des Vorsokratikers Xenophanes mehrfach in seinen Werken und sieht sich dadurch in seiner epistemologischen Haltung bestärkt – wir, die Menschheit, streben kontinuierlich nach Wahrheit, wir werden sie aber nie gänzlich kennen. Wir entwerfen theoretische Konstrukte über beobachtete Gegebenheiten in der Realität, überprüfen diese kritisch in der Hoffnung, Fehler zu finden, eliminieren die Fehler und kommen dadurch der Wahrheit einen Schritt näher. Kurz: Wir suchen nach Wahrheit aber wir besitzen sie nicht – das ist Wissenschaft.

In diesem Sinne wurde auch die vorliegende Arbeit vor über zehneinhalb Jahren in Angriff genommen und es ist kaum zu glauben, dass sie nun zu einem erfolgreichen Abschluss gebracht werden konnte. Hierfür bedurfte es Unmengen an seelischer und moralischer Unterstützung, an Geduld, Entbehrungen und Nachsichten sowie sehr viel Zeit und nachdrücklicher Hinweise dranzubleiben, wofür ich mich an dieser Stelle von ganzem Herzen bedanken möchte.

Als allererstes möchte ich mich bei meinem Doktorvater Herrn Prof. Dr. Erich Zahn bedanken, der über die gesamten zehn Jahre nie den Glauben an mich verlor, immer ein offenes Ohr hatte, viel Zeit in Feedback investierte und immer das Letzte herauszuholen versuchte. Ich wusste, dass ich mich auf ihn verlassen konnte was dem Projekterfolg sehr zuträglich war. Mein Dank gilt auch sowohl meinem Zweitgutachter Herrn Prof. Dr. Wolfgang Burr als auch dem Vorsitzenden des Prüfungsausschusses meiner mündlichen Prüfung Herrn Prof. Dr. Torsten Bornemann für die herausfordernde aber stets faire Prüfung und natürlich ihre Zeit.

Dieses Projekt wäre ohne meine Familie niemals zu einem erfolgreichen Ende gebracht worden. Die Unterstützung meiner Frau Türkan – sowohl seelischer und moralischer aber und vor allem auch motivierender, pushender und verzichtender Natur – war für dieses Projekt in weiten Phasen die einzige nicht versiegen wollende Quelle an Lebenselixier. Ohne die vielen nachdrücklichen, oft ins Leere laufenden Versuche mich zu überzeugen, die Arbeit wieder aufzunehmen und dabei selbst zu verzichten und zurückzustecken, wäre die Arbeit sicherlich an der einen oder anderen Stelle für immer liegen geblieben. Die Geburt unseres Sohnes Nikolas war dann glücklicherweise der allerletzte Motivationsschub, die Arbeit erneut aufzunehmen, sie zu Ende zu bringen und offiziell an der Universität Stuttgart einzureichen – ohne euch beide hätte ich das nie geschafft – vielen vielen Dank!

Darüber hinaus möchte ich mich selbstverständlich ganz herzlich bei meinen Eltern Irmi und Hermann Unsöld bedanken, dass sie mir das Vorhaben zu Anfang zugetraut und mich in seinem Verlaufe unterstützt haben, dass sie immer für mich da waren, dass meine Mutter immer an mich geglaubt und mein Vater auch in längeren Phasen „wissenschaftlicher Ruhe" nicht aufgehört hat nachzufragen. Weiterer Dank gilt meiner Schwester Dr. Béatrice und ihrem Mann Christian Schenck, an die ich mich jederzeit wenden konnte, die immer ein offenes Ohr für mich hatten und auf die ich mich jederzeit verlassen konnte.

Bedanken möchte ich mich auch bei meinem langjährigen Arbeitgeber, der Reclay Group aus Herborn/Köln, von dem ich vor allem anfangs durch flexible Arbeitszeiten und Urlaub soweit unterstützt wurde, dass eine erste Fertigstellung der Arbeit überhaupt möglich war. Stellvertretend hierfür möchte ich Raffael A. Fruscio als geschäftsführenden Gesellschafter, Dr. Fritz Flanderka als Holding-Geschäftsführer, der nicht müde wurde mich über sieben Jahre nach dem Status meiner Dissertation zu fragen, und meinen Chef Gotthard Boelitz als operativen Geschäftsführer nennen.

Diese Dissertation, die Zeit und die Erinnerungen, die ich damit in den vergangenen mehr als zehn Jahren verbinde, wären nicht dieselben ohne die Menschen und Freunde, die mich währenddessen begleitet haben. Prof. Dr. Stefan Foschiani, Dr. Kai J. Ströder, Kai Wohlbold, Dirk M. Friedl, Dominik Wagner, Dr. Bernd Riefler,

Björn Wittrin, Ari Tsiakmakis und alle, die ich vergessen habe – Ihr habt alle Euren Teil dazu beigetragen – vielen herzlichen Dank!

Köln, im Frühling 2017

Christian Unsöld

Inhaltsverzeichnis

Abbildungsverzeichnis

Abkürzungsverzeichnis

bspw.	beispielsweise
bzw.	beziehungsweise
CbSM	Competence-based Strategic Management
CbTF	Competence-based Theory of the Firm
CbV	Competence-based View
DC	Dynamic Capabilities
DMC	Dynamic Managerial Capabilities
d.h.	das heißt
et al.	und Andere
F&E	Forschung und Entwicklung
grds.	Grundsätzlich
i.d.R.	in der Regel
i.S.v.	im Sinne von
i.V.m.	in Verbindung mit
KbV	Knowledge-based View
MbV	Market-based View
o.ä.	oder ähnliches
RbV	Resource-based View
SD	System Dynamics (Methodik)
u.a.	unter anderem
u.U.	unter Umständen
usw.	und so weiter
v.a.	vor Allem
vgl.	vergleiche
z.B.	zum Beispiel

Zusammenfassung

Die Arbeit beschäftigt sich mit aktuellen Herausforderungen für Unternehmensführungen, die durch Phänomene des turbulenten Wandels in den Wettbewerbslandschaften entstehen. Zur Bewältigung dieser Herausforderungen werden neue Antworten auf bekannte oder gar auf neu aufkommende Fragestellungen benötigt, da bestehende Konzepte oft an ihre Grenzen stoßen, um wettbewerbsfähig zu bleiben. Die kompetenzbasierte Forschung scheint vielversprechende Ansatzpunkte zum einen für eine Erklärung dieser neuen Phänomene, aber zum anderen auch für eine Entwicklung von schlagkräftigen Antworten auf diese neuen Herausforderungen bereitzuhalten. Im Grundlagenteil der Arbeit wird gezeigt, dass trotz dieser aussichtsreichen Ansatzpunkte in der kompetenzbasierten Forschung bis heute keine kohärente kompetenzbasierte Theorie der Unternehmung herausgebildet werden konnte. Ausgehend von diesen Problemstellungen wurden die beiden Zielsetzungen für die vorliegende Arbeit – die Unterstützung der Forschungsgemeinschaft auf dem Weg zu einer geschlossenen kompetenzbasierten Theorie der Unternehmung und die Erarbeitung von Handlungsempfehlungen für ein zeitgemäßes, kompetenzbasiertes und kontextadäquates strategisches Management in der Praxis – abgeleitet.

Die Arbeit diskutiert die einzelnen, vielversprechenden Ansätze aus der kompetenzorientierten Theorielandschaft für ein erfolgreiches Bestehen in turbulenten Umfeldern, die mit zunehmender Umweltdynamik von anfangs eher statischen bis hin zu dynamischeren Konzepten weiterentwickelt werden konnten. Auf Basis dieser Diskussion wird das eigene Verständnis der unternehmerischen Leistungserstellung herausgearbeitet und mögliche neue Schritte auf dem Weg zu einer geschlossenen kompetenzorientierten Theorie der Unternehmung aufgezeigt.

Die Leistungserstellung eines Unternehmens im dynamischen Kontext der turbulenten Unternehmensumfelder wird auf der Potenzialebene des Unternehmens interpretiert und grenzt sich dadurch von der unternehmerischen Wertschöpfungskette ab, die sich auf der Faktenebene abspielt. Zentrum dieser Interpretation ist die Kompetenzausstattung des Unternehmens, die auch als grundsätzliche Leistungsfähigkeit der Organisation verstanden werden kann. Diese unternehmerische Leistungsfähigkeit wird u.a. sowohl durch die verfügbaren Ressourcen im Unternehmen als auch durch die in organisationalen Routinen manifestierten Dynamic Capabilities (DC) und durch die in kognitiven Fähigkeiten des Top-Managements verwurzelten Dynamic Managerial Capabilities (DMC) bedingt. Wichtige Erkenntnis aus der Diskussion über das grundsätzliche Verständnis unternehmerischer Leistungserstellung mit dem Kern der organisationalen Leistungsfähigkeit ist, dass die Beherrschung eines regelmäßigen Abgleichs der unternehmensexternen Erfordernisse und Bedingungen mit den unternehmensinternen Möglichkeiten und Potenzialen wesentlicher Bestandteil eines erfolgreichen kontextadäquaten Managements ist. Ein solcher, regelmäßiger Abgleich ist damit erfolgskritisch für ein längerfristiges Bestehen eines Unternehmens im dynamischen Wettbewerb.

Das Maß an Leistungsfähigkeit eines Unternehmens ist daher im Kontext der jeweiligen Umfeldbedingungen zu bewerten und determiniert selbst das überhaupt vorhandene Potenzial für eine mögliche Leistungserstellung unter diesen Rahmenbedingungen. Die Qualität einer Leistungserstellung im Unternehmen hängt unmittelbar von verschiedenen, in Prozessen eingebetteten Kompetenzen der Organisation ab. Diese Kompetenzen sind integraler Bestandteil der unternehmerischen Leistungsfähigkeit und damit von besonderer Bedeutung für unternehmerischen Erfolg oder Misserfolg. Vor diesem Hintergrund bedürfen unternehmerische Kompetenzen einer tieferen Analyse, um besser zu verstehen, woraus sie bestehen, wodurch sie determiniert und wie sie (besser) handhabbar werden bzw. strategisch zu managen sind. Hierfür werden Entwicklungsmöglichkeiten dieser Kompetenzen untersucht, die grundsätzlich in unternehmensinterne (Weiter-) Entwicklung und unternehmensexternen Bezug unterteilt werden können. Zwei Optionen der intraorganisationalen Entwicklung – der Kompetenztransfer und die Kompetenzhebelung – erscheinen beispielsweise sowohl als potenzielle Vehikel für eine unternehmerische Neuausrichtung als auch als entscheidende Faktoren für die Bildung oder den Erhalt der Leistungsfähigkeit eines Unternehmens in Frage zu kommen und erhalten dadurch strategische Bedeutung. Erst mit einem über diese Diskussion erzielten tiefergehenden Verständnis von Kompetenzen und ihren unterschiedlichen Entwicklungsmöglichkeiten sowie den bis hierhin herausgearbeiteten Erkenntnissen auf Basis der kompetenzbasierten Forschung vor dem Hintergrund der aktuellen Herausforderungen aus den dynamischen Unternehmensumwelten, können im Folgenden Möglichkeiten für ein erfolgreiches Bestehen im Wettbewerb und damit für ein erfolgreiches kontextadäquates Management diskutiert werden.

In turbulenten Unternehmensumfeldern ist ein regelmäßiger Abgleich der unternehmensinternen Kompetenzausstattung (des internen Potenzials) mit den unternehmensexternen Herausforderungen (den Chancen und Risiken am Markt) für ein Überleben im Wettbewerb unerlässlich. Die aus diesen Abgleichen ableitbaren Handlungsoptionen oder auch notwendigen Veränderungsmaßnahmen stellen Unternehmen vor zwei Herausforderungen – zum einen konkurrieren derartige Maßnahmen um knappe Ressourcen und Kompetenzen des Unternehmens und zum anderen sind ihre Halbwertszeiten negativ mit einer steigenden Umfelddynamik korreliert. Diese Herausforderungen führen dazu, dass eine kontextadäquate Kompetenzkontingentierung im Sinne einer zeitgemäßen und zielgerichteten Allokation einzelner Kompetenzen und Ressourcen auf unterschiedliche Handlungsoptionen erfolgskritisch ist und in den Managementprozess integriert werden sollte. Hierfür sind Möglichkeiten des Lernens, des Verstehens und des Ergreifens von internen und externen Chancen (aber auch Risiken) zu erschließen. Unterschiedliche Lernaktivitäten wie das exploitative Verbesserungslernen und das explorative Erneuerungslernen sollten jeweils kontextadäquat fokussiert und durch eine Deutero-Adaption im Sinne einer strategischen Balance in einem auf die jeweilige Turbulenzsituation der Unternehmensumwelt abgestimmten Verhältnis eingesetzt werden. Gelingt es dem Top-Management über dieses *Lernen* und *Verstehen* ein zeitgemäßes und zielgerichtetes Management der Kompetenzen des Unternehmens im Sinne einer kontextadäquaten Kompetenzkontingentierung zu erreichen, können neue Chancen zunächst erkannt und anschließend auch ergriffen und die Leistungsfähigkeit des Unternehmens damit gesichert oder sogar gesteigert werden.

In der Praxis werfen diese Erkenntnisse spezifische Fragen auf. So können z.B. anstehende Balanceveränderungen von Exploitations- und Explorationsanstrengungen nur unter Berücksichtigung der Verfügbarkeit der erforderlichen, meist knappen Kompetenzen durchgeführt werden. Exploitation und Exploration stehen einerseits zwar im Wettbewerb um knappe Ressourcen, sie bedingen und befruchten sich andererseits jedoch auch gegenseitig. Die Herausforderung in der Praxis besteht mithin im ständigen Abgleich von internen Potenzialen und externen Chancen und Risiken. Dies bedingt zum einen eine Anpassung der mentalen Modelle der Manager, die aus laufenden Lernaktivitäten resultiert und mit Adaptionen der strategischen Logik des Unternehmens einhergeht. Zum anderen ist ein hohes Maß an absorptiver Kapazität im Sinne der Assimilation von externem Wissen erforderlich, was in Verbindung mit ausgeprägten DCs auf der Ebene der Organisation und DMCs der Top-Manager notwendige Bedingung für ein erfolgreiches strategisches Management in turbulenten Zeiten ist. Über individuelles Lernen kann organisationales Deutero-Lernen entstehen, welches wiederum – im Bedarfsfall – eine kontextadäquate Deutero-Adaption im strategischen Management (wie beispielsweise die Korrektur einer Zielsetzung) erst ermöglicht. Eine solche Deutero-Adaption kann durch die Nutzung von aus dem Markt rückgekoppelten Informationen und deren Abgleich mit spezifischen (Potenzial-)Situationen des Unternehmens eine kompetenzbasierte, kontextadäquate strategische Balance bewirken. Balanceveränderungen ergeben sich u.a. durch Adjustierungen aktueller Handlungsschwerpunkte (z.B. in F&E-Aktivitäten) bzw. Repriorisierungen im strategischen Projektportfolio und werden über die zielbewusste Zuweisung von Kompetenzen auf die entsprechend angepassten Fokusthemen oder prioritären Projekte erreicht. Eine solche kontextadäquate strategische Balance ermöglicht Unternehmen eine koevolutive Entwicklung mit ihren dynamisch-turbulenten Umfeldern.

Abstract

Companies find themselves confronted with new challenges through the rapidly ascended dynamic of their environments. To handle these new challenges, Top-Managements need new and powerful answers to either already known or even new questions from the market since well known concepts from the past won't fit the prevailing phenomena in the context of turbulent competitive markets. There is no final competence-based Theory of the Firm that would be able to give powerful answers even though there are independent but promising concepts. The theoretical problem brings a practical challenge along – Top-Managements face new, never known challenges where even academic findings lack of resilient ideas or suggestions. Based on these problem statements the two scientific goals of this paper were deviated – first, to support the academic research community on its way to an integrated competence-based Theory of the Firm and, second, to identify recommendations how to handle the turbulent dynamic environment in a contemporary, every-day-suitable way of competence-based Strategic Management.

Nevertheless there are competence-based theoretical works that offer promising concepts how to survive in turbulent surroundings, that have been developed along the ascending external dynamic-level from static concepts to dynamic concepts, neither an integrated nor a final approach has been successfully completed. This paper discusses these different concepts on their way to the competence-based theoretical status quo. Along with this discussion, the understanding of organizational value performance can be adapted. These reinterpretations of the organizational value performance as the organizational potential in contrast to the real value creation as a fact, provide new insights into a companys capacity. A companys capacity is on the one hand determinated by the availability of resources and competences but on the other hand as well as by Dynamic Capabilities (DC) that become manifest in the company's organizational routines and by the Dynamic Managerial Capabilities (DMC) that are ingrained in Top-Managements cognitive skills. One finding from this discussion about a companys value performance is that mastering the calibration of internal potential with external needs will be critical for a successful contextadequate management, and therefore critical for long-term survivial in dynamic environments.

A companys potential is directly determinated by its organizational capacity that influences its value performance which quality itself is affected by its competences that become manifest in its organizational processes. Competences are therefore an integral component of organizational capacity and have to be deeply analysed to get to know more about what they are made of, what they are influenced by and how they may be manageable. Different possibilities of competence development were examined, that are generally dividable in two categories – internal development and external acquisition. The two options of intraorganizational competence development – to transfer and to leverage competences – appear to be potential vehicles to either strategic realignment or to built or keep contemporary organizational capacity in line with a resilient competence base. Understanding the construct competence now, after this discussion, in a different way, and combined with the findings in this papers theoretical basic part, it's possible to discuss different options for a successful survival in dynamic surroundings and, at once, for a successful contextadequate competence-based Strategic Management.

In turbulent environments, matching internal potential with external needs on a regularily basis is elementary. Companies are confronted with two challeges by the options for action as an outcome of these matchings – first, these options usually compete against each other for scarce resources, and, second, half lifes of these options are correlated negatively with increasing external dynamic. These challenges lead to the need, that contextadequate competence allocation within the meaning of contemporary and suitable allotment of competences and resources to different options are critical and should be implemented in the management process. New kinds of learning, understanding and seizing of internal as well as external opportunities have to be accessed. Different learning-activities like exploitative improvement and explorative renewal should be focused contextadequately and managed in a strategic balance through deutero-adaption to keep or even built contextadequate organizational capacity. In other words – exploitative and explorative learning combined with a permanent deutero adaption in terms of a strategic balance suggests a contextadequate increase of the organizational power and efficiency.

These findings on a theoretical basis lead to practical questions – for example, upcoming changes in the strategic balance of exploitation and exploration will only be successful by matching the disposability, the possibility of development or acquisition, and the option for a contextadequate allocation of the therefore needed competences. Exploration and exploitation, on the one hand, compete for scarce resources and competences, on the other hand, they cross-fertilize and determinate themselves reflexively. Balancing the two options by matching them on the internal potential and the external needs and opportunities is vital for innovation and survival.

Based on these theoretical findings there is a need for deriving practical implications on operational and strategic management. In fact, organizations have to create and implement a new culture, wherein permanent adaptions of mental models especially on management levels are considered to be normal and omnipresent. Individual learning enables organizational learning that will be the only reliable elixir of life (or probably better: elixir of survival) for an enterprise. Furthermore, organizational learning enhances organizational absorptive capacity that, in combination with DC and Top-Managers DMC, will be the companys rock in the surf. Through organizational learning and a distinctive absorptive capacity, an organization will be able, despite of the turbulent environment, to balance internal potentials with external needs and it will be able to make contextadequate decisions regarding competence allocation or strategic refocusing. The interdependent relation between organizational efficiency in terms of power and capacity and strategy respectively value performance of an organization are pivotal anchor points for successful contemporary management that presupposes a strategic balance. Such contemporarily balanced strategic mangagement enables survival even in turbulent environments and leads to power and strength for future intentions.

„Only the intrepid
who abandon the safety of the familiar
to venture into the unknown
will have a future worth discussing."

Constantinos C. Markides[1]

1. Einführung

Die Erzielung von nachhaltigen Vorteilen im Wettbewerb gegenüber der Konkurrenz ist die zentrale Herausforderung für Unternehmen.[2] Sie ist wesentliche Aufgabe des strategischen Managements. Für die Praxis ist die Bewältigung dieser Herausforderung gleichbedeutend mit der Sicherung der Überlebensfähigkeit des Unternehmens. Die Forschung beschäftigt sich mit der Aufgabe der Erklärung von wirtschaftlichem Erfolg und Misserfolg eines Unternehmens. Die Frage nach gegenwärtigen und zukünftigen Quellen für ökonomische Rente stellt sich gleichermaßen für die Unternehmenspraxis wie für die Wissenschaft.[3] Die allgemeine Unternehmensumwelt sowie die spezifischen Wettbewerbslandschaften, in denen sich Unternehmen behaupten müssen, entwickeln sich zunehmend dynamischer. Spätestens seit SCHUMPETERS Überlegungen Mitte des letzten Jahrhunderts zu einer schöpferischen und kreativen Zerstörung von Altbewährtem durch proaktive unternehmerische Aktivität sollte klar sein, dass die Dynamik der Veränderungen innerhalb einer Wettbewerbsarena alles andere als kontinuierlich, sondern auch als disruptiv zu beschreiben sind.[4] MARKIDES führt diesen Gedanken in seinem vielbeachteten Beitrag *„A Dynamic View of Strategy"* entsprechend des einleitenden Zitates weiter. Er räumt nur denjenigen Unternehmen eine wirtschaftlich erfolgreiche Zukunft ein, die in immer kürzer werdenden Zyklen ihre tradierten Pfade verlassen und unerschrocken in neues Terrain vorstoßen. Damit einhergehend verkürzen sich die Planungshorizonte sowie die Vorhersehbarkeit der unternehmerischen Zukunft kontinuierlich, wodurch

---

1 Markides (1999), S. 63.
2 Vgl. z.B. Zahn (2006b), S. 124f. oder Barney (1991), S. 99f.,
3 Vgl. Zahn/Foschiani/Tilebein (2000b), S. 249.
4 Vgl. Schumpeter (1950), S. 134ff.

Aussagegehalt und Richtigkeit bewährter strategischer Planungs- und Managementkonzepte immer mehr in Frage gestellt werden.

In jüngerer Vergangenheit hat sich das Phänomen der Dynamisierung weiter verstärkt. Seit Anfang dieses Jahrhunderts kann gar von turbulenten Unternehmensumfeldern gesprochen werden.[5] Hierfür werden verschiedenste Gründe angeführt. ZAHN UND FOSCHIANI führen beispielsweise (welt-)wirtschaftliche Entwicklungen wie die Globalisierung und die Privatisierung, den E-Commerce, die Deregulierung oder die allgemeine Verkürzung der Produktlebenszyklen sowie die Auflösung bestehender Branchengrenzen oder die Entstehung völlig neuer Branchen als Ursachen für eine sprunghafte Wettbewerbsverschärfung an.[6] Diese Liste ließe sich beliebig fortsetzen, wobei sie selbst einer permanenten Aktualisierung unterzogen werden müsste.

Die einzig verlässliche Konstante über die Zeit sind offenbar zunehmend turbulente, nicht vorhersagbare Umfeldveränderungen, auf die sich Unternehmen koevolutiv einstellen müssen. Ein solches Management von Veränderung erfordert für Unternehmen zum einen ständiges Wahrnehmen und Interpretieren neu auftretender Herausforderungen. Zum anderen müssen sie neue Antworten zur Bewältigung dieser Herausforderungen finden und dazu ihre Fähigkeiten weiterentwickeln. Im Interesse seiner Koevolution mit der Umwelt muss das Unternehmen im Sinn von ASHBYS *Law of the Requisite Variety*[7] externe Dynamik mit interner Dynamik beantworten – vor allem durch Pflege sogenannter Dynamic Capabilities[8] und durch Strategieadaption und -innovation. Tradierte Konzepte des Strategischen Managements stoßen unter diesen Umfeldbedingungen an ihre Grenzen. Erschwerend kommt hinzu, dass die offenbar zugenommene Dynamik die Zyklen von neu auftretenden Herausforderungen kürzer werden lässt, was in schnellerem Rhythmus neue Antworten erfordert. Einmal gefundene Erfolgsformeln werden damit vergänglicher und müssen schneller überdacht werden.

---

5 Vgl. Buchner (2002), S. 93.
6 Vgl. Zahn (2000), S. 156 und Zahn/Foschiani (2000), S. 91.
7 Vgl. Ashby (1958), S. 93ff.
8 Vgl. Teece/Pisano (1994), S. 537ff.

1.1 Problemstellung und Zielsetzung der Arbeit

Mit der skizzierten Entwicklung des Wettbewerbs und den Veränderungen der Unternehmensumwelten ging eine Evolution der Maxime erfolgreicher Unternehmensführungen einher. Die Entwicklungsstadien vollzogen sich von der reinen Budgetierung als planerisches Prinzip über verschiedene Phasen der Unternehmensführung bis hin zum strategischen Management. Unternehmenslenker, die ihre Organisationen in der gegenwärtigen Umweltdynamik erfolgreich steuern, verstehen sich nicht nur als strategische Manager (Vorteilsucher), sondern auch als strategische Unternehmer (Chancensucher).[9] Strategisches Unternehmertum stellt demnach einen weiteren Entwicklungsfortschritt erfolgreicher Unternehmensführung dar.

Parallel zu dieser praxisorientierten Evolution entwickelt die Managementforschung seit Mitte des zwanzigsten Jahrhunderts Ansätze zur Erklärung von Wettbewerbsvorteilen und dem damit verbundenen Erfolg und Misserfolg von Unternehmen am Markt. Diese Erklärungen basieren auf einem Verständnis von Wettbewerb, das auf andauernde bzw. nachhaltige Wettbewerbsvorteile fokussiert. Der Begriff der Nachhaltigkeit ersetzt seit einiger Zeit den Begriff der Dauerhaftigkeit. Doch auch Nachhaltigkeit kann inzwischen lediglich als ein zeitlich beschränktes Phänomen angesehen werden. Ihre Halbwertszeit nimmt offenbar mit ansteigender Wettbewerbsdynamik ab. Die klassischen Erklärungsansätze der Strategieforschung geben Antworten auf die Frage: „Wie kann ein Unternehmen trotz Wettbewerb erfolgreicher sein als seine Konkurrenten?“. Ihnen gemeinsam ist das Konstrukt des *imperfekten Wettbewerbs*, in dem sich Unternehmen durch Ausnutzen von Informationsasymmetrien vorteilhaft differenzieren und überdurchschnittliche ökonomische Renten erzielen können.[10] Dagegen können alle im Markt agierenden Unternehmen im *perfekten Wettbewerb*, in dem keine Informationsasymmetrien existieren, nur die Grenzkosten verdienen. Die beiden klassischen Strategieansätze unterscheiden sich in ihren Annahmen bezüglich der Informationsasymmetrien. Während der *Market-based*

---

[9] Vgl. Zahn (2008) oder auch Gluck/Kaufman/Walleck (1980), S. 4 sowie Bea/Haas (2001), S. 11ff.

[10] Vgl. u.a. Peteraf (1993), S. 180ff., Zahn (1998), S. 393ff. oder Burr (2002), S. 37f.

View[11] (MbV) zur Erklärung überdurchschnittlicher Erfolge von Informationsvorsprüngen auf den Absatzmärkten ausgeht, unterstellt der *Resource-based View* (RbV) Informationsvorsprünge auf den Faktormärkten.[12] Der RbV ist für die vorliegende Arbeit in Verbindung mit der *Resource-based Theory of the Firm* von zentraler Bedeutung.[13] Er ist Ausgangspunkt für die Entwicklung weiterer Erklärungsansätze, die im Gegensatz zu den klassischen Erklärungsansätzen keine statische, sondern eine dynamische Betrachtung implizieren. Die auf ihm basierenden Strategieansätze werden unter dem Dach der dynamischen Strategieansätze subsumiert und als Derivate aus dem RbV bezeichnet.[14] So wurden der *Competence-based View*[15] (CbV) und das Konzept der *Dynamic Capabilities*[16] (DC) im Rahmen der ressourcen- und kompetenzorientierten Forschung entwickelt. Der RbV ist damit die zentrale Basis der vorliegenden Arbeit.

In der wissenschaftlichen Literatur zum strategischen Management können zwei Bereiche ausgemacht werden, die bis in die jüngste Vergangenheit parallel und isoliert voneinander evolvierten. Zum einen existieren theoretische Trajektorien, die sich ausschließlich mit Problemstellungen außerhalb der Unternehmensgrenzen befassen (Außenorientierung).[17] Zum anderen existieren Trajektorien, die sich exklusiv mit Problemstellungen im Unternehmensinneren auseinandersetzen (Innenorientierung).[18] Beide Trajektorien halten jeweils für sich betrachtet erfolgversprechende

---

11 Der Market-based View geht zurück auf die Arbeiten von Michael E. Porter Ende der 1970er und Anfang der 1980er Jahre. Vgl. Porter (1980) oder (1981).

12 Vgl. ausführlich Barney (1991) und Wernerfelt (1984).

13 Der Resource-based View sowie die Resouce-based Theory of the Firm stellen die theoretische Grundlage der vorliegenden Arbeit dar und werden an entsprechender Stelle ausführlich vorgestellt und diskutiert.

14 Zu den dynamischen Strategieansätzen zählen u.a. der Knowledge-based View, der Conflict-based View sowie der Competence-based View mit all ihren Unterformen und Weiterentwicklungen. Sie werden gemäß ihrer Relevanz für die vorliegende Arbeit an entsprechender Stelle in der notwendigen Ausführlichkeit diskutiert.

15 Vgl. u.a. Sanchez/Heene (1997), S. 2, Zahn/Foschiani/Tilebein (2000a), S. 53 und Bouncken (2003), S. 51f.

16 Vgl. hierzu v.a. Teece/Pisano (1994), Teece/Pisano/Shuen (1997), Teece (2007) und auch Winter (2003) und Eisenhardt/Martin (2000).

17 Zu den Trajektorien der Außenorientierung zählen die strategischen Erklärungsansätze, die auf dem *structure-conduct-performance-paradigm* basieren, deren bekanntester Vertreter der MbV ist. Vgl. hierzu v.a. Porter (1981), S. 609ff. oder grundsätzlich auch Welge/Al-Laham (2005), S. 38ff.

18 Zu den Trajektorien der Innenorientierung zählen die strategischen Erklärungsansätze, die auf dem *resource-conduct-performance-paradigm* basieren, deren bekanntester Vertreter der RbV ist. Vgl. Hierzu u.a. Barney (1991), S. 101 und Freiling (2001), S. 5f.

Aussagen für ein Überleben am Markt bereit. Sofern sie isoliert voneinander betrachtet werden, nimmt ihr jeweiliger Aussagegehalt mit zunehmender Umweltdynamik ab. Dies führt dazu, dass im aktuellen Kontext verstärkt eine Integration der beiden Orientierungen gefordert wird, da jeweils isolierte Betrachtungen die wechselseitigen Einflüsse einer dynamischen Unternehmensentwicklung und einer dynamischen Marktentwicklung in ungenügendem Maße berücksichtigen.[19] So ist z.B. der (aneigenbare) Wert einer Ressource als Quelle eines Wettbewerbsvorteils und damit als eine Art von beweglichem Ziel nicht nur von einer Interaktion der Synergien zwischen der Ressource und dem Akquirierenden abhängig, sondern auch von der Art und Intensität des Produkt-/Marktwettbewerbs, dem das Unternehmen ausgesetzt ist und den Aktionen der Produkt-/Marktkonkurrenten im jeweiligen strategischen Faktormarkt.[20]

Ganz ähnlich verhält es sich mit der Strategieinhalts- und der Strategieprozessforschung. Beide Strömungen entwickelten sich isoliert nebeneinander. Während der erste Forschungsstrang, verwurzelt in der klassischen und der dynamischen ökonomischen Theorie, sich auf den Strategieinhalt konzentriert und der Frage nachgeht warum sich Unternehmen in ihren Erfolgen unterscheiden, stützt sich der zweite Forschungsstrang auf einen Theorien-Eklektizismus und sucht Antworten auf die Frage wie Unternehmen exzellent werden.[21] Es geht heutzutage nicht mehr entweder um die Wahlentscheidung über Positionen oder die isolierte Frage nach Prozessen. Vielmehr geht es um die Frage nach dem Wahlakt bezüglich der unternehmensseitigen Prozesse, Routinen, Kompetenzen und Heuristiken. Praktische Strategiearbeit beinhaltet demnach sowohl die Berücksichtigung von Inhalts- als auch von Prozessaspekten. In der jüngeren Strategieforschung mangelt es daher auch nicht an Vorschlägen, die zwei Forschungsstränge zu vereinen.[22]

Reale Entwicklungen in den Unternehmensumwelten, mit denen sich die Unternehmenspraxis permanent konfrontiert sieht, gehen in der Regel den Erklärungsansät-

---

19 Vgl. Tilebein (2005), S. 25.
20 Vgl. Asmussen (2015), S. 1840 und Chatain (2014), S. 1952f.
21 Vgl. z.B. Foschiani (2000), S. 342ff., Zahn (1999b), S. 2f. oder Moldaschl/Fischer (2004), S. 123f.
22 Vgl. z.B. Lovas/Goshal (2000), S. 875ff.

zen von theoretischer Seite voraus. Von wissenschaftlicher Seite aus kann Zukunft nicht vorhergesehen, sondern bestenfalls auf kurz- bis mittelfristige Sicht in gewissen Bandbreiten und mit bestimmten Wahrscheinlichkeiten prognostiziert werden. Zwar liefern bspw. KUNC UND MORECROFT mit Hilfe von Simulationsexperimenten auf Basis einer System Dynamics Modellierung ex ante Hinweise für Manager, wie über den Hebel ressourcenbasierter Strategien Wettbewerbsvorteile erzielt werden können.[23] Aufgrund der Unsicherheit von Prognosesimulationen ist es jedoch offenkundig, dass für in der Praxis aufgetretene Phänomene wie beispielsweise ein beobachteter Erfolg oder Misserfolg eines Unternehmens erst ex post verlässliche Erklärungen gefunden werden können. Aus diesen Erklärungen können wiederum Erkenntnisse abgeleitet werden, die nach einer hinreichend großen Anzahl an Beobachtungen im Rahmen einer allgemeingültigen Theorie (der Unternehmung) auf die Mehrheit der am Markt operierenden Organisationen zutreffen sollten. Solche Theorien tragen auf abstrahiertem Niveau dazu bei, dass aus vergangenen Erfolgen und Misserfolgen gelernt und der aktuelle Grad an Dynamik mit seinen Herausforderungen für die am Markt agierenden Unternehmen beherrschbarer wird. Aus diesen Lernerfolgen können wiederum Erkenntnisse abgeleitet werden, die, zumindest für die naheliegende Zukunft, präzisere Rückschlüsse und Handlungsempfehlungen für ein Überleben des Unternehmens im Wettbewerb zulassen als ohne diese.

Die zentrale Herausforderung, mit der sich die vorliegende Arbeit beschäftigt, ist die Suche nach einer Antwort auf die Frage, wie eine steigende externe Dynamik durch Kompetenzorientierung für ein Unternehmen beherrschbar werden kann. Gegenwärtig existiert in diesem Kontext kein umfassendes theoretisches Verständnis zu einer bestmöglichen Handhabbarkeit eines hohen externen Dynamikniveaus und damit auch kein integrierter Lösungsansatz für ein erfolgreiches kompetenzorientiertes strategisches Management in turbulenten Zeiten. Erkenntnisse aus der ressourcen- und kompetenzorientieren Forschung in Verbindung mit Beiträgen aus der Forschung zum organisationalen Lernen halten einzelne Lösungsansätze bereit. Sie werden in dieser Arbeit erörtert und zu einem integrierten Ansatz zusammengeführt. Die Diskussion dieser Problemstellung auf theoretischer Ebene in Verbindung mit

[23] Vgl. Kunc/Morecroft (2010), S. 1164ff.

der Entwicklung eines Lösungsansatzes wird damit auch Einfluss auf die Managementpraxis haben.

Aufgrund des mittlerweile erreichten Dynamikniveaus in den Unternehmensumwelten genügt es nicht, lediglich reaktiv zu agieren und sich an neuen Herausforderungen erst nach ihrem Auftreten auszurichten. Vielmehr müssen Geschäftschancen ex ante entdeckt, gegebenenfalls selbst kreiert und anschließend auch treffsicher ergriffen werden.[24] Aussicht auf Erfolg hält eine mögliche Annäherung an dieses Vorhaben über die Kompetenzen eines Unternehmens bereit. Die Kompetenzen eines Unternehmens sind ausschlaggebend für den jeweiligen Unternehmenserfolg und stellen Kräfte für eine Unternehmensentwicklung respektive eine Unternehmenserneuerung dar.[25]

Diese beiden Ziele des strategischen Managements in Forschung und Praxis gilt es über Erklärungen greifbar und über Handlungsempfehlungen handhabbar zu machen. Der Kompetenzansatz versucht, die Entstehung und Fortexistenz von Leistungsunterschieden zwischen Unternehmen, die in überdurchschnittlichen Erfolgen und nachhaltigen Wettbewerbsvorteilen resultieren, zu erklären.[26] BINGHAM, EISENHARDT UND FURR bringen die Problematik auf den Punkt:

> *„While organizational processes, such as internationalization, acquisition, and alliance, are (...) central to firm capabilities, controversy exists regarding how they become high performing.“*[27]

Organisationale Prozesse nehmen im Kontext der Kompetenzdiskussion eine herausragende Stellung ein. Sie sind offenbar *die* zentrale Komponente der Kompetenzausstattung eines Unternehmens und entscheiden über dessen Überleben:

> *„The essence of a firm's competence and dynamic capabilities is presented here as being resident in the firm's organizational processes, (...).“*[28]

---

24 Vgl. Teece (2007), S. 1319.
25 Vgl. Zahn (2000), S. 169 oder auch Zahn/Tilebein (2000), S. 128f.
26 Vgl. Freiling (2004a), S. 5.
27 Bingham/Eisenhardt/Furr (2007), S. 27.

Überlegene Kompetenzen sind Hebel zur Steigerung von Effizienz und Effektivität eines Unternehmens.[29] Zentrales Ergebnis des Einsatzes existenter Kompetenzen ist damit mindestens der Erhalt wenn nicht gar die Steigerung der Unternehmensperformance. Die Frage, die an dieser Stelle offen bleibt, ist jedoch: *Was* beinhalten Kompetenzen und *wie* können sie gefördert und gesteuert werden.[30] Die vorliegende Arbeit verfolgt anhand der Beantwortung dieser Fragen folgende Ziele:

1. Im aktuellen Kontext hochdynamischer Unternehmensumwelten müssen (alt)bewährte theoretische Konzepte, ja ganze Theorien adaptiert bzw. revolutioniert und neue Erkenntnisse für unternehmerisches Überleben in turbulenten Wettbewerben gewonnen werden. Die strategische Forschung ist gegenwärtig mit der Entwicklung einer kompetenzbasierten Theorie der Unternehmung befasst, um eben dieses Ziel zu erreichen. Die vorliegende Arbeit soll hierzu einen Beitrag leisten, indem sie die unternehmerische Leistungserstellung unter Zuhilfenahme neuer Theoriekombinationen analysiert und Erkenntnisse herausarbeitet. Sie geht damit einen weiteren Schritt auf dem Weg zu einer zeitgemäßen, kompetenzbasierten Theorie der Unternehmung.

2. Die Umweltdynamik stellt nicht nur die Wissenschaft vor neue Herausforderungen, sondern noch viel unmittelbarer die unternehmerische Praxis. Die vorliegende Arbeit soll einen Beitrag zu praxisrelevanten Erkenntnissen leisten und zeigen, wie Unternehmen in turbulenten Zeiten ihre Kompetenzausstattung evolvieren und sich unter dynamischen Umweltbedingungen anpassen und weiterentwickeln können. In anderen Worten: Es soll geklärt werden, wie Unternehmen ihre aktuelle Leistungsfähigkeit erhalten, verbessern und für die Zukunft sichern können und wie wichtig ein bewuss-

---

28 Teece/Pisano/Shuen (1997), S. 524.

29 Vgl. hierfür z.B. Zollo/Winter (2002), Galunic/Eisenhardt (2001), Makadok (2001), Collis (1994) und Maritan (2001).

30 Vgl. Bingham/Eisenhardt/Furr (2007), S. 41.

tes, kontextadäquates Einteilen respektive Kontingentieren[31] der Kompetenzen dafür ist.

Dabei wird im Verlaufe der Arbeit klar, wie elementar die Integration von Innen- und Außenorientierung für ein Bestehen im Wettbewerb und für ein Erklären von praktischen Performanceunterschieden ist. Dabei wird auch deutlich, dass die auf diesem Weg berücksichtigten Strömungen, Elemente und Erkenntnisse wie die Gewichtung der Dynamic Capabilities, der absorptiven Kapazität oder des Zwillingskonzeptes der Exploration und Exploitation neben einer abschließend integrierten Berücksichtigung beider Orientierungen gar keine Alternative zulassen.

1.2 Forschungskonzeption

Nach CHMIELEWICZ gilt ein theoretisches Argumentationskonstrukt dann als Theorie, wenn mit ihm das theoretische Wissenschaftsziel erfüllt wurde. Es müssen zunächst definitorische Abgrenzungen vorgenommen werden[32] bevor mithilfe dieser Begrifflichkeiten theoretische Aussagen in Form von Kausalzusammenhängen entwickelt werden können.[33] Diese Schrittfolge auf dem Weg zu einer Theorie gibt grundsätzlich auch die Reihenfolge der Entwicklungsschritte der vorliegenden Arbeit vor. Aufgrund der evolutorischen Natur der kompetenzbasierten Theorie der Unternehmung und ihrer Verortung in den Organisationstheorien kann vor dem Hintergrund des interpretativen Paradigmas argumentiert werden.[34] Dieses Paradigma unterstellt, dass Interaktionen zwischen verschiedenen Akteuren und daraus resultierende Handlungen in erster Linie als kreativ-aktive Deutungsprozesse erklärt werden können.[35]

---

31 Unter einer *Kontingentierung* wird im Rahmen der vorliegenden Arbeit ein bewusstes Aufteilen der zur Verfügung stehenden, im Kontext dynamischer Unternehmensumwelten meist knappen Ressourcen und Kompetenzen verstanden. Es leitet sich in terminologischer Hinsicht aus dem Sinnzusammenhang des Aufteilens in verschiedene *Kontingente* her, die dann wiederum kontextadäquat auf spezifische Projekte, Prozesse oder generelle Anstrengungen zur Zielerreichung zugewiesen werden. Der Duden versteht unter dem Verb *kontingentieren*: „durch Beschränkung auf Kontingente (...) einteilen, in Umfang oder Menge begrenzen. Vgl. Duden (2006), S. 996.

32 Die eindeutige Bestimmung von Begriffen über definitorische Abgrenzungen wird essentialistisches Wissenschaftsziel genannt. Vgl. hierzu Chmielewicz (1994), S. 11.

33 Vgl. Chmielewicz (1994), S. 9 und S. 175f.

34 Vgl. Freiling/Gersch/Goeke (2008a), S. 395 mit Verweis auf Burrell/Morgan (1979).

35 Vgl. Brock/Junge et al. (2009), S. 17ff.

Insbesondere auf Basis der Erkenntnisse, dass die Entwicklung einer kompetenzbasierten Theorie der Unternehmung nicht beendet ist, dass die Erreichung des theoretischen Wissenschaftsziels als Hauptaufgabe verstanden wird und dass das interpretative Paradigma den Argumentationsrahmen vorgibt, wurde eine qualitativ hypothesengenerierende Forschungsmethodik gewählt. Sie zeichnet sich im Gegensatz zu qualitativ oder quantitativ theorie- oder hypothesenprüfenden Konzeptionen durch einen theoriegenerierenden Charakter aus. Die Wissenschaft spricht hier von der sogenannten *grounded theory.*[36]

> *„In the grounded theory approach, which aims to generate theory, no `up-front` theory is purposed, and no hypothesis are formulated for testing ahead of the research. The research does not start with a theory from which it deduces hypotheses for testing. It starts with an open mind, aiming to end up with a theory."*[37]

Bei dieser speziellen forschungsorientierten Vorgehensweise kommt der wissenschaftlichen Literatur als Grundlage ebenfalls eine besondere Bedeutung zu. Die Literatur wird nicht nur als Ursprung oder Basis der Arbeit, sondern vielmehr als Argumentationshilfe im gesamten Forschungsverlauf verstanden und als zusätzliche Datensammlung interpretiert und verwendet, die Erkenntnisse im Rahmen des Forschungsvorhabens untermauert. Die gewählte Vorgehensweise wird nicht dazu benutzt, eine bestehende Theorie zu spezifizieren und auf dieser Basis Forschungsfragen oder Hypothesen zu erarbeiten, die im Laufe der Arbeit beantwortet oder falsifiziert respektive verifiziert werden sollen.

> *"The whole approach is organized around the principle that theory which is developed will be grounded by data."*[38]

Die vorliegende Arbeit kann nicht den Anspruch erheben, eine ganzheitliche Theorie der Unternehmung zu entwickeln. Sie soll aber einen Beitrag zum besseren Ver-

---

[36] Vgl. z.B. die verschiedenen Ausführungen in Denzin/Lincoln (1994). Nicht zu verwechseln ist an dieser Stelle der Begriff der *grounded theory*, der ebenfalls eine Methodik zur Analyse quantitativer Daten bezeichnet.

[37] Punch (2006), S. 157f.

[38] Punch (2006), S. 159.

ständnis der dynamischen Komplexität des Systems Unternehmen in spezifischen Umweltsituationen leisten. Die gegenwärtigen Herausforderungen für Unternehmen zur beständigen Erhaltung der unternehmerischen Leistungsfähigkeit konnten bereits kurz angerissen werden. In diesem Kontext werden im Folgenden Opportunitäten herausgearbeitet, wie Unternehmen diese Herausforderungen annehmen und sich durch eine beständige Leistungsfähigkeit auszeichnen können.

1.3 Inhalt und Aufbau der Arbeit

Das folgende Teilkapitel gibt dem Leser einen Überblick über die inhaltliche Abfolge der Arbeit und wird ihm dadurch auch Hilfestellung bei der Navigation und Orientierung innerhalb der Arbeit sein. Abbildung 1 visualisiert die Abfolge der Abhandlungen und gibt dadurch einen ersten Überblick.

Im Einführungskapitel sind die Problemstellung skizziert, das Forschungsziel formuliert und die wissenschaftliche Vorgehensweise begründet. Das Kapitel stellt den aktuellen Kontext einer von Dynamik geprägten Unternehmensumwelt vor und zeigt die in dieser Arbeit adressierten Herausforderungen in diesem Kontext auf.

Kapitel 2 befasst sich mit den theoretischen Grundlagen, die bezüglich ihrer Relevanz für das Untersuchungsobjekt diskutiert werden. Neben definitorischen Fixierungen relevanter Termini diskutiert das zweite Kapitel wissenschaftliche Entwicklungen in der Kompetenztheorie über die Zeit ebenso wie detaillierte Inhalte einzelner Konzepte der Forschungsströmung. Diese Grundlagen bilden die Argumentationsbasis für die Kapitel 3 und 4.

Während Kapitel 3 kompetenztheoretische Spezifika diskutiert befasst sich Kapitel 4 mit theoretischen und praktischen Implikationen der im vorigen Verlauf herausgearbeiteten Erkenntnisse. Das dritte Kapitel fokussiert dabei auf das Konstrukt Kompetenz an sich und analysiert dieses in unterschiedlichen Kontexten – isoliert betrachtet hinsichtlich seiner Zusammensetzung, integriert betrachtet im Rahmen des Zusammenspiels mehrerer Kompetenzen und prozessual betrachtet bezüglich seiner herausragenden Bedeutung für die unternehmerische Leistungserstellung.

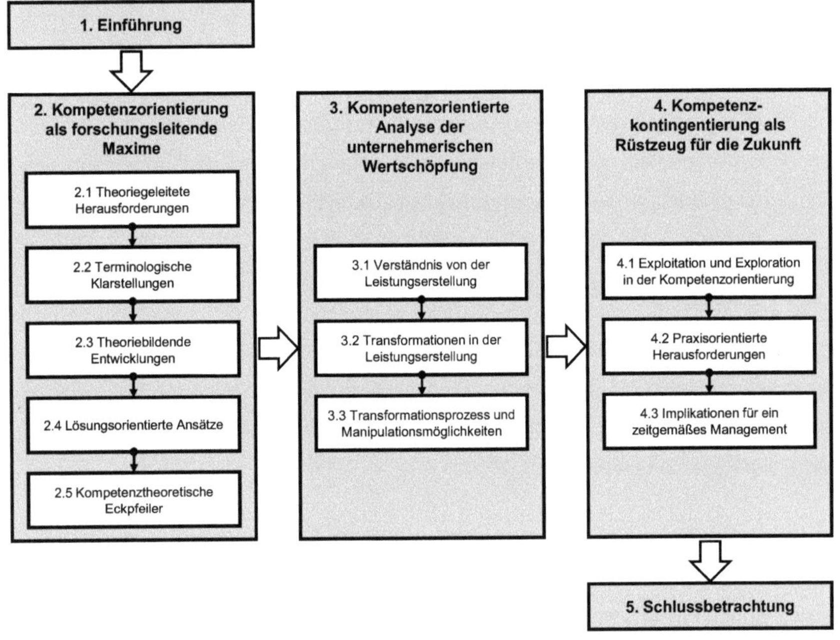

Abbildung 1: Inhalt und Aufbau der Arbeit[39]

Im vierten Kapitel werden die Anwendungsmöglichkeiten der gewonnenen Erkenntnisse sowohl im theoretischen als auch im praktischen Kontext diskutiert. Wichtiger Aspekt hierbei sind die restringierenden Faktoren der beschränkten Flexibilität von Ressourcenallokationen. Auf dieser Basis werden Kontingentierungsoptionen diskutiert, die einen kontextadäquaten Einsatz der begrenzten Ressourcen und Kompetenzen ermöglichen. Kapitel 5 zieht aus den herausgearbeiteten Erkenntnissen der Arbeit ein Fazit und hält einen Ausblick in die Zukunft bereit.

[39] Eigene Darstellung.

2. Kompetenzorientierung als forschungsleitende Maxime

Die Geschwindigkeit sowie das Ausmaß der Veränderungen, mit denen sich viele Unternehmen in der heutigen Zeit konfrontiert sehen, weisen eine bisher nicht gekannte Qualität auf. Dies führt dazu, dass sich die Umfelder verschiedenster Branchen durch einen so genannten *Hyperwettbewerb* kennzeichnen lassen.[40] Das dynamische Phänomen des Hyperwettbewerbs, das tradierte Grundsätze erfolgreicher Unternehmensführung in immer kürzer werdenden Zyklen obsolet werden lässt, wird von einigen Autoren als *turbulenter Wandel* bezeichnet.[41]

Um aktuelle unternehmerische Herausforderungen in Verbindung mit einem solchen Ausmaß an Dynamik und ihre Entwicklung bis heute zu verstehen, bedarf es eines kurzen historischen Exkurses über die in der Praxis beobachtbaren Aspekte. Hierbei werden verschiedene Stadien des Strategischen Managements und seiner elementaren Komponenten in aller Kürze vorgestellt. Dabei wird auf die jüngeren, für die heutige Zeit prägenden Phasen näher eingegangen.

In einem Unternehmen kommen grundsätzlich mehrere eigenständig denkende Individuen mit jeweils individuellen mentalen Modellen zusammen, um den Versuch zu unternehmen, gemeinsam etwas zu schaffen, was ihnen alleine nicht gelänge.[42] Hierfür ist ein zielgerichtetes, koordiniertes und kooperatives Handeln dieser Individuen notwendig. Dies rechtfertigt die Existenz von organisatorischen Strukturen. Mit dem Anstieg von Dynamik in der Unternehmensumwelt wird die für ein erfolgreiches Unternehmertum wichtige Voraussetzung des koordiniert-kooperativen Handelns jedoch immer weniger hinreichend, da ein höheres Maß an Flexibilität des Unternehmens und damit auch seiner Strukturen erforderlich wird. Neue Eigenschaften bzw. neue Formen des Zusammenspiels werden notwendig, um erfolgreich am Markt ope-

---

40 Vgl. D'Aveni (1994) sowie Zahn/Tilebein (2000), S. 118 und Zahn/Foschiani/Tilebein (2000a), S. 48. Ein Beispiel aus jüngerer Zeit, welches nahezu über sämtliche Branchengrenzen hinweg auszumachen ist, stellt die Finanzkrise dar, die sich bis hin zu einer (Welt-)Wirtschaftskrise ausgedehnt hat und dafür verantwortlich zu zeichnen ist, dass jegliche, auf Erfahrungen beruhende Erfolgsrezepte obsolet geworden zu sein scheinen.

41 Vgl. zu den beiden Begriffen „Hyperwettbewerb" und „turbulenter Wandel" z.B. Zahn/Tilebein (2000), S. 119 oder Zahn/Foschiani/Tilebein (2000a), S. 48 sowie Zahn/Foschiani (2000), S. 90f.

42 Vgl. Zahn (2006a), S. 88.

rieren zu können. Aufgrund dessen ist in der Praxis eine Evolution auszumachen, in welcher unter anderem die folgenden Konstrukte eine Neuinterpretation erfahren haben.

In der ersten Phase nach dem Zweiten Weltkrieg wurde die zukunftsorientierte *Unternehmensführung* von der *Budgetierung* geprägt. Die kurz- bis mittelfristige Zukunft schien gut bis sehr gut vorhersehbar und die Unternehmensführung begnügte sich mit einer Art operativer Steuerung.[43] Jedoch sahen sich die Unternehmenslenker schon damals zunehmend mit dem Problem der Kurzsichtigkeit sowie der Gefahr von Unterinvestitionen konfrontiert. Dies konnte zur Nichtrealisierung von Wachstumspotenzialen führen. Das Management begegnete dieser Gefahr mit einer auf einfachen Vorhersagen und Entwicklungsfortschreibungen basierenden *Langfristplanung*. Diese wiederum barg für die Unternehmen die Gefahr, in Extrapolationsfallen zu geraten und dadurch an der falschen Stelle zu (über-)investieren.[44]

Planung hat sich von einem Modell *Planen als Analyse und Prognose* über ein Modell *Planen als Lernen und Orientieren* hin zu einem Modell *Planen als Erneuern und Reorientieren* entwickelt.[45] Während das *Analyse-Modell* aus der Vorstellungswelt mechanistischer Veränderungen entstammt und verlässliche Vorhersagen für eine systematische Planung unterstellt, geht das *Lernmodell* nicht länger von der Möglichkeit einer proaktiven Anpassung an eine vorhersagbare Zukunft aus, sondern von der Notwendigkeit flexibler und schneller Antworten auf laufende Umweltveränderungen.[46] Das *Erneuerungs-Modell* geht einen Schritt weiter und fordert neben Verbesserungs- auch Erneuerungslernen[47] im Sinne der Entwicklung neuen Wissens und neuer Kompetenzen als Antwort auf unvorhersehbar auftretende Diskontinuitäten im Aufgabenumfeld.

---

43 Vgl. z.B. Grant (2008), S. 18 und Welge/Al-Laham (2005), S. 8f.

44 Vgl. Bea/Haas (2001), S. 11f. und Gluck/Kaufmann/Walleck (1980), S. 4f.

45 Zu einer ausführlichen Diskussion dieser Entwicklung vgl. z.B. Zahn (1999a), S. 3ff.

46 Vgl. hierzu z.B. Mintzberg (1978), S. 941ff., Mintzberg (1995), S. 32ff. oder Mintzberg (2000) sowie Müller-Stewes/Lechner (2001), S. 44, Schmidt (2000), S. 92 und Zahn/Nowak/Schön (2005), S. 77ff.

47 Vgl. dazu die Begriffe *single-* und *double-loop-learning* bei Argyris/Schön (1978), S. 18ff. und Zahn/Greschner (1996), S. 41ff.

Bezüglich der *Strategieentstehung* lassen sich die Interpretationen *Strategieformulierung* und *Strategieformierung* unterscheiden. Erstere steht für einen interaktiven top-down-Prozess, der mit dem Analyse-Modell korrespondiert; letztere beinhaltet einen emergenten bottom-up-Prozess entsprechend dem Lernmodell bzw. dem „*Grass-roots*“-Modell.[48]

Die *Strategie* als eigenes Konstrukt an sich wurde ursprünglich als Plan angesehen. Hieraus entwickelte sich die Interpretation der Strategie als Position über die Strategie als Ressourcenhebelung bis hin zur Strategie als Prozess zur Entdeckung, Kreation und Ergreifung von Geschäftschancen.[49] Strategie hat immer etwas mit *anders sein* zu tun. Während in stabilen Märkten der Fokus auf attraktiven Positionen liegt, gilt die Aufmerksamkeit in dynamischen Märkten effektiven Entscheidungsheuristiken bezüglich der Art und Weise Wettbewerb zu betreiben.[50]

Ausgehend von diesen Entwicklungen wurde in Unternehmensführungen von der Langfristplanung auf eine Strategische Planung umgestellt, in der erstmals alternative Strategien entwickelt und evaluiert wurden. Das Risiko einer exzessiven Bürokratisierung oder einer fehlenden Integration anderer Führungssysteme sowie die Überbetonung der kalendarischen Planung zu Lasten einer opportunistischen Planung führten zur Erweiterung der Strategischen Planung hin zum Strategischen Management.[51] Abbildung 2 zeigt einen grafischen Überblick über die Entwicklung des Strategischen Managements in der Unternehmenspraxis und skizziert weitere Spezifika der jeweiligen Phasen.

---

48 Vgl. Mintzberg/McHugh (1985), S. 194ff. Bei dieser Entwicklung könnte man von einer klassischen Evolution von These (Strategieformulierung) über die Antithese (Strategieformierung) zur Synthese (geplante Emergenz) sprechen. Vgl. hierzu z.B. Grant (2003), S. 510ff. MINTZBERG, AHLSTRAND UND LAMPEL nennen und beschreiben später allerdings zehn unterschiedliche Arten der Strategieentwicklung und nicht mehr nur die genannten zwei. Vgl. Mintzberg/Ahlstrand/Lampel (1998), S. 23ff.

49 MINTZBERG, AHLSTRAND UND LAMPEL sprechen in diesem Zusammenhang auch von den „*5 Ps for Strategy*“ und meinen damit Strategie als *plan*, *pattern*, *ploy*, *position* und *perspective*. Vgl. Mintzberg/Ahlstrand/Lampel (1998), S. 9ff.Vgl. zu dieser Entwicklung auch Porter (1980) und (1996) oder Barney (1991) sowie Teece (2007), S. 1322ff.

50 Vgl. Bingham/Eisenhardt/Furr (2007), S. 31ff.

51 Vgl. Gluck/Kaufman/Walleck (1980), S. 4 oder Grant (2008), S. 18.

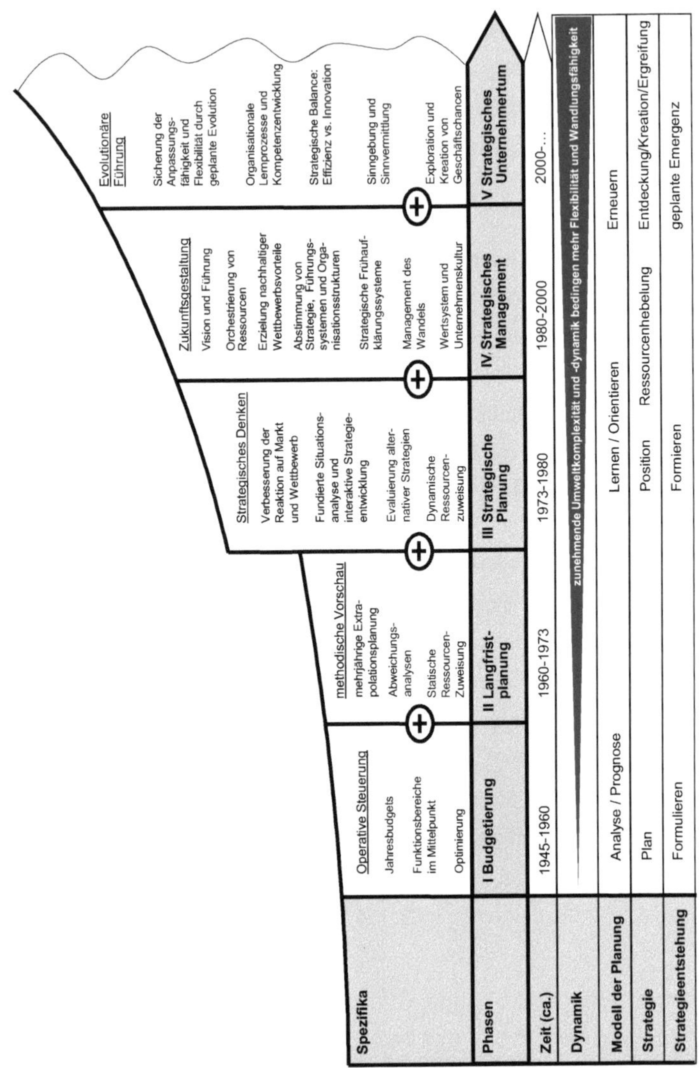

Abbildung 2: Entwicklungsstadien des Strategischen Managements in der Unternehmenspraxis[52]

52 Eigene Darstellung in Anlehnung an Gluck/Kaufman/Walleck (1980), S. 4, Zahn (2008), Grant (2008), S. 18 sowie Welge/Al-Laham (2005), S. 8ff. und Bea/Haas (2001), S. 11ff.

Dem Strategischen Management liegt die Erkenntnis zugrunde, dass es keinen Königsweg zu Strategien für nachhaltigen Erfolg gibt. Strategie ist nicht mehr nur eine Wahl zwischen generischen Optionen, wie zum Beispiel zwischen den von PORTER[53] geprägten generischen Strategien *Kostenführerschaft* und *Differenzierung*. Sie ist eher ein Management von Realoptionen im Sinne von Strategiebündeln[54] und wird heutzutage einerseits mehrdimensional und andererseits situativ unterschiedlich interpretiert.[55] Der Fokus liegt eindeutig auf der Vorteilssuche und somit in einem Prozess begründet.[56]

Das Strategische Management erfährt ebenfalls eine Entwicklung und evolviert zu einem Strategischen Unternehmertum. Hierbei wird die vormals alleine betrachtete Vorteilssuche mit einer Chancensuche verbunden. Im Strategischen Unternehmertum relevante und zentrale Fragestellungen könnten daher z.B. folgendermaßen lauten: „Wie entstehen durch Umweltveränderungen neue Geschäftschancen und wie lassen sich diese durch besseren Informationszugang schneller ergreifen?" Oder „Wie werden durch unternehmerisches Handeln neue Geschäftschancen geschaffen?"[57] Es ist davon auszugehen, dass sich effektives unternehmerisches Handeln im Entdeckungszusammenhang, also beim Aufspüren bereits vorhandener Chancen und im Kreationszusammenhang, d.h. beim Schaffen neuer Chancen unterscheidet.[58] Im ersten Fall besteht die Aufgabe des Unternehmers im Wiederherstellen von Gleichgewichten (Kirzner 1973), im zweiten Fall in der Zerstörung von Gleichgewichten (Schumpeter 1911).[59] Erst die Berücksichtigung beider Aspekte verspricht Fortschritte auf dem Weg zu einer allgemeinen Theorie der Unternehmung. Diese ist daher das kardinale Anliegen der Strategieforschung, die u.a. Antworten auf Fragen

53 Vgl. zur Vertiefung der generischen Strategien Porter (1985), S. 5ff.
54 Vgl. z.B. Grant (2008), S. 453 f. Zum Realoptionsansatz generell, vgl. die Beiträge in dem Werk von Hommel/Scholich/Vollrath (Hrsg. 2001) oder Hilpisch (2006).
55 Vgl. Chaffee (1985), S. 89.
56 Vgl. Courtney/Kirkland/Viguerie (1997), S. 70ff.
57 Vgl. hierzu Zahn (2008).
58 Vgl. Teece (2007), S. 1322ff.
59 Vgl. Alvarez/Barney (2007), S. 11ff.

sucht, warum Unternehmen unterschiedlich erfolgreich sind und wie sie sich (aufgrund welcher treibenden und bremsenden Kräfte) entwickeln und erneuern.[60]

Durch die Zunahme der Turbulenz in den jeweils relevanten Wettbewerbsarenen der Unternehmen sind deren Wettbewerbsvorteile als Basis für ihren Erfolg einem permanenten Verfall ausgesetzt. Unternehmen begegnen dieser Kurzlebigkeit ihrer Erfolgsquellen mit zwei unterschiedlichen Ansätzen und versuchen damit Antworten auf die eben skizzierten, neu aufkommenden Fragen aus dem Strategischen Unternehmertum zu generieren.

Zum einen wird der Dynamik in den Veränderungen mit einer Verkürzung der Kontrollintervalle entgegengetreten. Dadurch wird die Anzahl der Eingriffsmöglichkeiten in die Steuerung des Unternehmens entsprechend der Intervallverkürzung erhöht. Einer solchen Realisierung muss eine grundlegende Erkenntnis und Akzeptanz der Flüchtigkeit von Wettbewerbsvorteilen vorangegangen sein.[61] Mit dieser Erkenntnis ist eine Tendenz zur Fokussierung auf schnell zu realisierende Erfolge verbunden, die meist durch interne Effizienzverbesserungen gesucht werden. Die in der jüngeren Vergangenheit unternommenen Anstrengungen zu einer effizienzoptimierten Wertschöpfung hatten dabei vornehmlich eine Verbesserung der bestehenden Strukturen und Prozesse im Fokus.[62] Im Rahmen eines Lean Management wurden zum Beispiel die Unternehmen konsequent verschlankt oder die Aktivitäten des Unternehmens mit Programmen im Bereich des Business Process Reengineering eng an den bestehenden Geschäftsprozessen ausgerichtet.[63] Durch eine erfolgreiche Umsetzung von Ansätzen dieser oder ähnlicher Art war es den Unternehmen möglich, eine vorübergehende operative Fitness zu erreichen, ein marktgerechtes Leistungsangebot zu erarbeiten und den Druck von externer Seite zu reduzieren. In den meisten dieser Fälle wurden damit jedoch keine tatsächlichen Wettbewerbsvorteile geschaffen. Vielmehr wurde in der Vergangenheit aufgehäufter Nachholbedarf abgetragen und die betroffenen Unternehmen dadurch erst wieder in die Lage versetzt, auch in Zu-

---

60 Vgl. hierzu z.B. Freiling/Gersch/Goeke (2005), S. 4 und S. 16.
61 Vgl. Tilebein (2005), S. 12.
62 Vgl. Porter (1996), S. 62f.
63 Vgl. hierzu z.B. Zahn/Tilebein (1998), S. 49 oder Hüning/Morath (2002), S. 11ff.

kunft am Wettbewerb teilnehmen zu können.[64] Effizienz ist somit zwar eine Voraussetzung für die Erzielung von Wettbewerbsvorteilen, sie kann aber vor dem Hintergrund anhaltender Umweltdynamik keine dauerhaft verteidigungsfähige Vorteilsposition begründen. Sie ist für die längerfristige Existenz eines Unternehmens am Markt daher zwar eine notwendige, jedoch keine hinreichende Bedingung.

Zum anderen stellen Unternehmen die Langfristigkeit in den Mittelpunkt und versuchen die Tragfähigkeit von Erfolgsgrundlagen zu ergründen. Damit rückt neben dem Streben nach temporären Vorteilspositionen der Versuch nach der Kreation zukunftsfähiger Potenziale in den Fokus der Betrachtung. Die Nachhaltigkeit von Wettbewerbsvorteilen und von Erfolgspositionen ist ein wichtiges Kriterium für unternehmerische Fitness in der Praxis[65] und ist daher zentrale Forschungsfrage in der Wissenschaft.

2.1 Theoriegeleitete Herausforderungen

Die Theorien der Institutionenökonomie erklären Performanceunterschiede zwischen Unternehmen vor allem durch opportunistisches Verhalten der Marktteilnehmer, hervorgerufen durch ungleich verteilte oder unvollkommene Information sowie durch Verhaltensunsicherheiten der Beteiligten. Sie rücken für den Versuch einer Erklärung des Fortbestehens oder des Niedergangs von Unternehmungen in erster Linie opportunistisches Handeln eines Individuums, einer Gruppe oder einer Organisation in das Zentrum ihrer Argumentationen. Dadurch betrachten sie vornehmlich die negativen Folgen, die aus der herrschenden Unsicherheit bezogen auf wirtschaftliches Handeln resultieren.[66]

Die ressourcen- und kompetenzbasierte Forschung und die auf ihrer Basis zu entwickelnde Theorie der Unternehmung (v.a. die Competence-based Theory of the Firm (CbTF)) versucht ihre Argumentation konträr zur Vorgehensweise der Institutionenökonomie zu führen. Zwar haben z.B. FOSS oder auch FREILING, GERSCH UND GOEKE

[64] Vgl. Zahn/Tilebein (1998), S. 50.
[65] Vgl. Merry (2000), S. 38.
[66] Vgl. hierzu z.B. Coase (1937) oder etwas später Williamson (1975) und (1985) als zwei prominente Vertreter der Institutionenökonomik.

die kompetenzbasierte Forschung bezüglich ihrer wissenschaftstheoretischen Verankerung geprüft und in einzelnen Punkten auch stark kritisiert.[67] Sie kommen in ihren Ergebnissen jedoch nicht umhin festzustellen, dass die Kompetenztheorie mächtige Argumente und einen hohen Erklärungsgehalt bezüglich interorganisationaler Performanceunterschiede bereithält.[68] Die CbTF betont vornehmlich nicht die negativen Wirkungen im interorganisationalen Wettbewerb, sondern vielmehr die positiven geschäftlichen Chancen, die sich in unsicheren Zeiten ergeben. Sie unterlässt es jedoch gleichzeitig auch nicht, die potenziell auftretenden negativen Folgen zu berücksichtigen.

Ein weiterer Unterschied zwischen der CbTF und der (Neuen) Institutionenlehre zeigt sich in der Tatsache, dass die CbTF die Umweltgegebenheiten nicht als starr bzw. als gegeben betrachtet. Vielmehr räumt sie den Unternehmen über das unternehmerische Handeln der Führungskräfte einen gewissen Handlungsspielraum ein, auf die Umwelt gestalterisch Einfluss zu nehmen.[69] Dadurch trägt sie der Tatsache Rechnung, dass die skizzierte Dynamik des Marktes zu großen Teilen durch die Aktivitäten der einzelnen Unternehmen und ihrem Zusammenspiel entsteht und nicht lediglich als von extern vorgegeben hingenommen werden muss. Dies berücksichtigend lassen sich Schlussfolgerungen für Unternehmen ziehen, wie spezifische Situationen bestenfalls proaktiv und nicht immer nur reaktiv zu handhaben sind. Zwar rückt auch die kompetenzbasierte Theorie die Organisation in das Zentrum ihres Interesses und ihrer Argumentation, sie berücksichtigt jedoch zeitgleich die Stellung der Organisation am Markt sowie das Beziehungsgeflecht zu anderen Marktteilnehmern. Im evolutorischen Kontext geht es der CbTF um die so genannte *Embeddedness* der Organisation und nicht zuletzt um koevolutive Prozesse zwischen zwei oder mehreren Unternehmen.[70] Sie sieht die Umfeldsituation eines Unternehmens nicht mehr nur als

---

67 Vgl. Foss (1996b), S. 472, Freiling/Gersch/Goeke (2006a), S. 9ff., Freiling/Gersch/Goeke (2006b), S. 40ff., Freiling (2004a), S. 12ff. sowie Freiling (2004b), S. 41ff. Auf die Kritik der wissenschaftstheoretischen Verankerung sowie des so genannten Tautologievorwurfs wird im Laufe dieser Arbeit noch näher eingegangen.

68 Vgl. Freiling/Gersch/Goeke (2008c), S. 5.

69 Für eine Diskussion der neuen Institutionenökonomik im Allgemeinen und der Property-Rights-Theorie, des Transaktionskostenansatzes sowie der Agency-Theorie im Speziellen vgl. z.B. Burr (2002), S. 18ff. sowie ausführlich Erlei/Leschke/Sauerland (1999).

70 Vgl. hierzu z.B. McKelvey (1997), S. 355f. oder Van den Bosch/Volberda/De Boer (1999), S. 555f.

von extern vorgegeben, sondern auch als von intern gestaltbar an und eröffnet somit gänzlich neue Manipulations- und Handlungsmöglichkeiten. Sie analysiert wie die Organisation in ihre Umwelt eingebettet ist und wie das Beziehungsgeflecht des Unternehmens zu anderen Marktteilnehmern im Hinblick auf Art, Komplexität und Spezifität zu klassifizieren ist.[71] Ihre Argumentation zeichnet sich dadurch aus, dass sie um die Potenzialebene des Unternehmens gesponnen wird und sowohl die jeweiligen Umweltgegebenheiten in ihren Analyseprozess mit einbezieht als auch die verfügbaren Ressourcen und Kompetenzen der Organisation unter Berücksichtigung der externen Gegebenheiten bewertet. [72]

Die vorliegende Arbeit stützt sich in erster Linie auf ein Theoriegerüst, das sich der Kompetenzforschung zuordnen lässt, die sich erst seit ca. 30 Jahren einer größeren Popularität erfreut. Der aus dem RbV entstandene CbV hat die theoretische Landschaft der Managementtheorie nachhaltig verändert. Ihm räumen beispielsweise BRESSER, HITT UND NIXON oder auch BARNEY eine dominierende Rolle für das Strategische Management in der Praxis ein.[73] Als primäres Ziel verfolgt der CbV den Versuch, die Entstehung sowie die Existenz von Unterschieden über die Unternehmensperformance zu erklären, die sich in einer überdurchschnittlichen Rendite oder in nachhaltigen Wettbewerbsvorteilen zeigen.[74] Seine Eignung zu dieser Erklärung ist weitgehend unumstritten.[75]

Die CbTF zeichnet sich durch ein neues Verständnis über die in einem Unternehmen zu durchlaufenden Wertschöpfungsprozessketten, über die reinen Inputfaktoren bis hin zu den Endprodukten bzw. Dienstleistungen, aus. Elementarer Bestandteil dieses neuen Verständnisses sind die Transformationsprozesse an sich sowie ihre Verankerung in der unternehmerischen Leistungserstellung. Die Transformationsprozesse in-

---

71 Vgl. Freiling (2008), S. 46.
72 Vgl. Freiling/Gersch/Goeke (2008c), S. 6.
73 Vgl. Bresser/Hitt/Nixon (2000), S. 4ff. und Barney (2002), S. 156ff.
74 Vgl. Freiling (2004a), S. 7 oder Freiling (2004b), S. 31.
75 Der CbV zeichnet sich durch sein sehr großes Potenzial bei der Erklärung von nachhaltigen Wettbewerbsvorteilen aus, welches lediglich von einigen wenigen Autoren in Frage gestellt wird. Vgl. hierzu z.B. Priem/Butler (2001b), S. 29ff. Auf die Entstehung und Inhalte des CbV sowie seinen Erklärungsbeitrag zur hier vorliegenden Arbeit wird an entsprechender Stelle noch in der gebührenden Ausführlichkeit eingegangen.

nerhalb der unternehmensseitigen Wertschöpfung sowie deren Einordnung in das Unternehmen werden in Kapitel 3 ausführlich diskutiert.

Zunächst soll jedoch auf die historische Entwicklung hin zur CbTF und auf die einzelnen Basiselemente eines Unternehmens im Verständnis dieser Theorie eingegangen werden. Weitere wichtige Aspekte, die beleuchtet werden sollen, sind zum einen Kritikpunkte, denen sich die kompetenzbasierte Forschung im Allgemeinen ausgesetzt sieht und zum anderen die Frage, wie diese widerlegt werden können.

Die kompetenzbasierte Forschung sieht sich in ihrem aktuellen Entwicklungsstadium heftiger Kritk ausgesetzt, die ebenfalls kurz gestreift werden soll. FREILING, GERSCH UND GOEKE setzen sich mit diesen Kritikpunkten auseinander und versuchen sie zu widerlegen bzw. Schlussfolgerungen daraus zu ziehen.[76] Die ressourcen- und kompetenzbasierte Forschung erfreute sich Mitte der 90er Jahre des vergangenen Jahrhunderts einer großen Popularität, die überwiegend als positiv zu bewerten ist. Ihre sehr schnell voranschreitende und überaus vielschichtige Entwicklung hat jedoch auch dazu geführt, dass die kompetenzbasierte Forschung keine scharfen Konturen aufweist. Vielmehr fehlt es ihr an einer einheitlichen erkenntnis- und wissenschaftstheoretischen Fundierung. Grund dafür ist, dass sie durch ihre sehr hohe Akzeptanz im praktischen Strategischen Management in überaus vielseitige Richtungen und auf unterschiedlichsten Fundamenten weiterentwickelt wurde.[77] Im Rahmen der theoretisch konzeptionellen Entwicklungen der kompetenzbasierten Forschung wurden dadurch wichtige und grundsätzliche Fragestellungen, die im Vorfeld hätten angestellt werden müssen, wenn überhaupt nur in rudimentärer Weise durchdacht. Zwar befassen sich alle Evolutionspfade der kompetenzbasierten Forschung mit einem gemeinsamen Ziel, nämlich der Erklärung von Performanceunterschieden von Unternehmen auf Basis ihrer Ressourcen- und Kompetenzausstattungen, jedoch kann mitnichten von einem geschlossenen Forschungsprogramm die Rede sein.[78] KNUDSEN spricht im Rahmen der Kompetenzperspektive eher von einer Serie an

---

[76] Vgl. Freiling (2004a), S. 7ff., Freiling (2004b), S. 33ff., Freiling/Gersch/Goeke (2005), S. 4ff., Freiling/Gersch/Goeke (2006b), S. 44ff. und Freiling/Gersch/Goeke (2008b), S. 1145ff.

[77] Vgl. Freiling/Gersch/Goeke (2006b), S. 39f. sowie Priem/Butler (2001b), S. 29ff.

[78] Vgl. hierzu z.B. Duschek (2002), S. 248ff., Moldaschl/Fischer (2004), S. 130 und Foss/Foss (2004), S. 111f.,

Theorien einer spezifischen Familie als von einer kohärenten, homogenen Forschungsrichtung.[79]

Unterschiedliche Kritikpunkte können zu einzelnen Problembereichen zusammengefasst werden, bei denen sich die Frage stellt, ob sie einem einheitlichen Ansatz für eine CbTF entgegenstehen. Als erster Problembereich wird die fehlende Einheitlichkeit in den Begriffsdefinitionen ausgemacht. Verschiedene Autoren verwenden beispielsweise denselben Begriff in gleichem, ähnlichem oder doch konträrem Sinne. Oder sie versuchen denselben Sachverhalt mit identischen, verwandten oder doch differierenden Begrifflichkeiten darzustellen.[80] Erschwerend kommt dabei der mehrfach geäußerte Vorwurf einer tautologischen Argumentationsführung hinzu. Die Voraussetzung sowie die Folgerung der Argumentationskette seien ihrem Inhalt nach identisch,[81] sodass, einfach gesagt, der Erfolg bzw. Misserfolg eines Unternehmens rein ex post über eben diesen Erfolg bzw. Misserfolg begründet wird.[82]

Die der ressourcen- und kompetenzbasierten Forschung vorgeworfene tautologische Schlussfolgerung wird folgendermaßen beschrieben:[83]

(1) Um im Markt erfolgreich zu sein, bedarf es einer adäquaten Ressourcen- und Kompetenzausstattung.

(2) Erfolgreiche Unternehmungen sind erfolgreich, weil sie über adäquate Ressourcen- und Kompetenzen verfügen.

---

79 Vgl. Knudsen (1996), S. 13.

80 Diese Kritik findet sich in diversen Werken wieder, vgl. hierzu z.B. Priem/Butler (2001a), S. 64, Freiling (2004b), S. 29, Moldaschl/Fischer (2004), S. 137f. oder Foss/Knudsen (2003), S. 291.

81 Vgl. hierzu ausführlich Priem/Butler (2001a).

82 Zum besseren Verständnis sei als Beispiel für eine Tautologie folgende Argumentationskette POPPERS beschrieben ((1) = Antezedenz, (2) = Konsequenz): (1) Alle Umlaufbahnen von Himmelskörpern beschreiben einen Kreis. (2) Alle Umlaufbahnen von Planeten beschreiben einen Kreis. Entspricht die Definition eines Himmelskörpers der Definition eines Planeten oder werden die Planeten als eine Teilmenge von Himmelskörpern angesehen, so ist die Schlussfolgerung *„aus (1) folgt (2)"* tautologisch. Sie ist schon durch die reine Logik wahr und kann nicht als Folge im eigentlichen Sinn bezeichnet werden. Die Schlussfolgerung darf daher nicht als *„aus (1) folgt (2)"* gelesen werden, sondern vielmehr als *„(1) bringt (2) mit sich"*. Vgl. Popper (1959), S. 120

83 Vgl. Freiling/Gersch/Goeke (2006b), S. 42.

Wenn für eine erfolgreiche Marktbeteiligung spezifische Ressourcen und Kompetenzen notwendig sind, so sind rein logisch diejenigen Unternehmen erfolgreich, die über eine solche Ressourcen- und Kompetenzausstattung verfügen. Daher kann diese Argumentationsführung alleine nicht für eine grundlegende Erklärung der kompetenzbasierten Forschung herangezogen werden.

Als zweiter Problembereich nach den begrifflichen Verwirrungen in Verbindung mit dem Tautologievorwurf wird der Theorieneklektizismus in diversen Grundsatzbeiträgen ausgemacht.[84] In der ressourcen- und kompetenzbasierten Forschung werden Argumente verwendet, die in anderen ökonomischen Theoriesträngen verankert oder an diese angelehnt sind, ohne jedoch vorher deren grundsätzliche Vereinbarkeit mit den vorherrschenden Rahmenbedingungen der kompetenzbasierten Forschung geprüft zu haben. Weder werden die zugrunde liegenden Annahmen abgeglichen, noch werden sie bezüglich ihrer paradigmatischen Kompatibilität geprüft.[85]

Den dritten Problembereich stellen die unterschiedlichsten theoretischen Verankerungen des Ressourcen- und Kompetenzansatzes dar. Es existiert keine eindeutige theoretische Verankerung der kompetenzbasierten Forschung, da sich mehrere theoretische Verankerungen über die Zuordnung zu den Gleich- oder Ungleichgewichtstheorien, über die systemisch-kognitiven Ansätze bis hin zu einer Verankerung im methodologischen Individualismus erstrecken.[86]

Im Folgenden wird zunächst dem ersten Kritikpunkt Rechnung getragen, indem die Begrifflichkeiten eindeutig definiert und gegeneinander abgegrenzt werden. Erst daran anschließend kann eine Vertiefung der theoretischen Herausforderungen bzw. ein Eingehen auf die weiteren Kritikpunkte erfolgen.

---

84 Vgl. Freiling/Gersch/Goeke (2006b), S. 39ff.

85 FREILING, GERSCH UND GOEKE führen hierbei als verknüpfte Theorien u.a. die neoklassische Mikroökonomie, die Transaktionskosten- und Property-Rights-Theorie, die Industrieökonomik sowie die Evolutionstheorie an. Vgl. für eine ausführliche Diskussion der genauen Zusammenhäge Freiling/Gersch/Goeke (2006b), S. 42.

86 Vgl. Freiling/Gersch/Goeke (2006b), S. 42 und Freiling/Gersch/Goeke (2008b), S. 1146.

2.2 Terminologische Klarstellungen

In der einschlägigen Literatur werden im Rahmen der Kompetenzforschung unterschiedliche Begriffe verwendet. Manche dieser Begriffe werden von unterschiedlichen Autoren synonym verwendet oder zumindest ähnlich interpretiert. Andere Autoren verwenden für denselben oder wenigstens ähnlichen Aussagegehalt wiederum ganz andere Termini. In der deutschsprachigen Literatur ist u.a. von Inputgütern, Ressourcen, Fähigkeiten, Fertigkeiten, Routinen, Kompetenzen und Kernkompetenzen, im Englischen von assets, resources, capabilities, skills, routines, competences und core competences die Rede. Diesen Begrifflichkeiten liegen weder redundanzfreie Definitionen noch einheitliche Interpretationen zugrunde. Verstärkt wird diese Problematik durch Sprachbarrieren und unterschiedliche Übersetzungen – in erster Linie aus der angelsächsischen Literatur.[87]

Im Folgenden werden die Begriffsauslegungen strukturiert und das dieser Arbeit zugrunde liegende Begriffsverständnis herausgearbeitet. Abbildung 3 visualisiert die Aufeinanderfolge der zentralen Begrifflichkeiten entlang der kompetenzbasierten Leistungserstellung vom reinen Input bis hin zu den erzielten Ergebnissen. Im weiteren Verlauf der Diskussion werden zusätzlich Begrifflichkeiten diskutiert, die in Abbildung 3 nicht skizziert, für eine spätere Diskussion jedoch trotzdem von großer Bedeutung sind. Abbildung 3 beschränkt sich aus Gründen der Übersichtlichkeit auf die zentralen Termini in der unternehmerischen Wertschöpfung mit der höchsten Relevanz für diese Arbeit.

Inputgüter (*assets, input*) sind der Ausgangspunkt einer jeden Leistungserstellung im Unternehmen. Sie sind nicht nur auf das klassische Verständnis von Produktionsfaktoren zu reduzieren, da Produktionsfaktoren im herkömmlichen Sinne lediglich die erste Stufe des Wertschöpfungsprozesses in rein produktionsorientierten Unternehmen sind. Eine solche Reduktion würde in der heutigen, diversifizierten, arbeitsteiligen Welt deutlich zu kurz greifen. Vielmehr sind unter Inputgütern alle homogenen, marktgängigen, intern oder extern erstellten Faktoren zu subsumieren, die Ein-

---

87 Vgl. hierzu z.B. Welge/Al-Laham (2005), S. 265 oder auch Steinle/Bruch/Nasner (1997), S. 1, Winter (1987), S. 170 und 180 sowie Zahn (1996), S. 883.

gang in die Wertschöpfung von Unternehmen finden.[88] Unabhängig ihres Tangibilitätsgrades sind es diejenigen Faktoren, die ein Unternehmen zur Kreation, Produktion und/oder zum Angebot seiner Produkte, Güter oder Dienstleistungen am Markt einsetzen kann.[89] Kurz:

> *„Anything tangible or intangible the firm can use in its processes for creating, producing and offering its products (goods or services) to a market."*[90]

Ressourcen (*resources*) werden eine Ebene über den Inputgütern eingeordnet. Sie sind die Inputgüter, die in unternehmensspezifischen Prozessen weiter entwickelt, verändert und an das Unternehmen adaptiert werden.[91] Sie werden in ihrer spezifischen Form also nicht direkt vom Markt bezogen. Die Stufe der Ressourcen ist die erste Stufe, die bei einem interorganisationalen Vergleich für die Heterogenität von Unternehmen verantwortlich ist. Damit ist sie erster Anhaltspunkt bei der Suche nach Ursachen zur Erklärung von Performanceunterschieden zweier oder mehrerer Unternehmen. Die Ressourcenausstattung dient der Sicherstellung der gegenwärtigen und zukünftigen Wettbewerbsfähigkeit des Unternehmens.[92] Wichtige Erkenntnis ist demnach: Ressourcen sind nicht generischer, sondern originärer Natur und als Output spezifischer (Upgrading-)Prozesse zu verstehen.[93]

Fähigkeiten und **Fertigkeiten** (*abilities, skills*) haben keinen organisationalen, sondern einen individuellen Ursprung und können daher nicht eindeutig an eine bestimmte Stelle in die organisationale Wertschöpfung eingeordnet werden. Trotzdem sind sie für das Verständnis in der Kompetenzdiskussion von großer Wichtigkeit. In dieser Arbeit werden die Termini Fähigkeiten und Fertigkeiten synonym verwendet. RASCHE versteht darunter transparente, immaterielle Ressourcen, die als personenspezifische Verhaltensstereotype interpretiert werden können.[94] Die ihnen zugrunde

---

[88] Vgl. Freiling (2001), S. 20 und Freiling/Gersch/Goeke (2006b), S. 53f.
[89] Vgl. Sanchez/Heene (1996), S. 42.
[90] Sanchez (2004), S. 519.
[91] Vgl. Freiling/Gersch/Goeke (2006b), S. 53.
[92] Vgl. Barney (2002), S. 155 und Freiling/Gersch/Goeke (2008b), S. 1151. FREILING, GERSCH UND GOEKE grenzen in ihren Arbeiten sehr ausführlich ab, was Ressourcen sind uns was sie nicht sind. Vgl. hierzu z.B. Freiling/Gersch/Goeke (2006b), S. 55ff. oder Freiling (2001), S. 20ff.
[93] Vgl. Freiling (2004a), S. 6.
[94] Vgl. Rasche (1994), S. 94.

liegende Personenspezifität verankert die Fähigkeiten und Fertigkeiten auf individueller Ebene im Unternehmen, sodass immer nur im Kontext eines einzelnen Mitarbeiters von Fähigkeiten oder Fertigkeiten gesprochen wird.[95] Nach WELGE UND AL-LAHAM besitzen diese Fähigkeiten dynamische Eigenschaften und verändern sich im Laufe der Zeit durch Lern- und Innovationsprozesse.[96] Entsprechend dieser Auslegung nach RASCHE verbunden mit den von WELGE UND AL-LAHAM definierten Eigenschaften sind die Begriffe der Fähigkeiten und Fertigkeiten im weiteren Verlauf der Arbeit zu verstehen.

Nicht zu verwechseln mit dem Verständnis der Fähigkeiten und Fertigkeiten ist an dieser Stelle die Definition der englischen **Capabilities**. Capabilities entsprechen im vorliegenden Kontext nicht den individuellen Fähigkeiten oder Fertigkeiten, obwohl ihre reine Übersetzung aus dem Englischen hierzu verleiten könnte. Sie sind im Verständnis der Arbeit für ein zielorientiertes Anwenden (Using) diverser Faktoren (z.B. Inputgüter oder Ressourcen) des Unternehmens verantwortlich. Der Terminus ist einer der am unterschiedlichsten verstandenen Begriffe in der kompetenzorientierten Literatur. Im Folgenden können den Capabilities eines Unternehmens drei zentrale Eigenschaften unterstellt werden. Zum einen sind sie unmittelbar an jeglicher Verwertung unternehmensbezogener Ressourcen beteiligt, wodurch sie mindestens mittelbaren, meist jedoch unmittelbaren Einfluss auf die Generierung ökonomischer Renten nehmen. Des Weiteren unterliegen Capabilities einer Veränderung über die Zeit, was ihre Verbindung zu sowie ihre Abhängigkeit von unternehmensseitigen Lernprozessen und Erfahrungsakkumulationen begründet. Schließlich sind Capabilities über die genannten Eigenschaften quasi nicht auf Faktormärkten zu beziehen und lassen sich eben deshalb auch nur höchst schwierig imitieren.[97]

---

95 Der Volksmund spricht im Kontext von Fähigkeiten und Fertigkeiten relativ unreflektiert von Kompetenzen und meint damit die Kompetenz (individuelles Wissen, Erfahrung, (Aus-)Bildung etc.) eines Individuums. Die vorliegende Arbeit nimmt aufgrund der damit einhergehenden Verwechslungsgefahr von diesem Verständnis ausdrücklich Abstand. Individuelle Kompetenzen einer Einzelperson werden als Fähigkeiten oder Fertigkeiten bezeichnet, unter Kompetenzen werden entsprechend organisationale Kompetenzen eines Unternehmens oder eines Unternehmensnetzwerkes verstanden, wie sie auch im Folgenden näher definiert werden.

96 Vgl. Welge/Al-Laham (2005), S. 266.

97 Vgl. Ethiraj/Kale/Krishnan/Singh (2005), S. 28. Vgl. hierzu auch Bingham/Eisenhardt/Furr (2007), S. 28ff. und Blois/Ramirez (2006), S. 1029ff.

Routinen (*routines*) setzen sich aus individuellen Fähigkeiten zusammen und besitzen dadurch einen höheren Wert als ihre einzelnen Bestandteile. Routinen sind Fähigkeiten, die unabhängig von einer einzelnen Person ihre Verankerung in Verhaltensmustern von Organisationseinheiten oder ganzen Organisationen haben.[98] NELSON UND WINTER definieren Routinen als einen Speicher organisationalen Wissens, der sich beispielsweise in unternehmensweiten Verfahrensmustern, kollektiven Regeln oder in Elementen der Unternehmenskultur ausdrückt.[99] Sie sind zwar essentieller Bestandteil der ressourcen- und kompetenzorientierten Sichtweise eines Unternehmens, spielen jedoch auf einer anderen Ebene im Unternehmen eine wichtige Rolle. Beispielsweise sind bestimmte Routinen für den Übergang einzelner Objekte (Inputgüter, Ressourcen oder Kompetenzen) von einer auf die andere Ebene verantwortlich und manifestieren sich dadurch in Prozessen. Erfahrungen, Kognitionen und Heuristiken spielen in diesem Zusammenhang eine große Rolle, auf die im Verlauf der Arbeit noch genauer eingegangen werden wird.[100]

Unter **Kompetenzen** (*competences* oder *competencies*) verstehen HAMEL UND PRAHALAD verschiedene Bündel an Fähigkeiten und Technologien und keine einzelnen, allein stehenden Fähigkeiten oder Technologien.[101] Kompetenzen können als spezielle, komplexe Cluster von Wissen verstanden werden, die sich durch organisationale Lernprozesse akkumulieren.[102] Diese Wissenscluster alleine sind jedoch für eine Organisation noch nicht besonders wertvoll. Sie werden erst mit ihrer Anwendung – beispielsweise bei der Lösung spezifischer Probleme – kostbar. Kompetenzen bestehen aus mehreren Komponenten und Subkomponenten, die synergetisch miteinander verzahnt sind. Aufgrund der komplexen Strukturen von Kompetenzen sind diese schwer zu erfassen, zu verstehen und auf ihre Bestandteile zu redu-

---

98 Vgl. z.B. Rasche (1994), S. 98.

99 Vgl. Nelson/Winter (1982), S. 99 und auch Welge/Al-Laham (2005), S. 266. RASCHE verweist in diesem Kontext darauf, dass bei einem Analogieschluss zwischen Organisationen und Individuen sowie deren Gedächtnis und der Art ihrer Informationsverarbeitung Vorsicht geboten werden muss. Vgl. Rasche (1994), S. 99.

100 Vgl. zu den Punkten der Erfahrung, Kognition und Heuristiken u.a. Bingham/Eisenhardt/Furr (2007), S. 27 und 40f.

101 Vgl. Hamel/Prahalad (1994), S. 202.

102 Vgl. Teece/Rumelt/Dosi/Winter (1994), S. 24.

zieren. Der Wert ihrer strategischen Bedeutung ist dadurch erheblich größer als der Wert der Summe ihrer einzelnen, aggregierten Komponenten.[103]

Kompetenzen werden im kompetenzbasierten Leistungserstellungsprozess in Abbildung 3 einen Schritt nach den Ressourcen eingeordnet, da sie in größerem Maße zu einer unternehmensseitigen Differenzierung am Markt beitragen und in ihnen verschiedene Ressourcen und Komponenten aggregiert sind. Trotz der nahezu unüberschaubaren Definitionsvielfalt und Fülle an Interpretationsmöglichkeiten herrscht bezüglich des Verständnisses von Kompetenzen weitgehend Einigkeit in folgenden Punkten:[104]

- Kompetenzen sind akkumuliertes, implizites und explizites Wissen.
- Kompetenzen sind integrierte Fähigkeiten und Routinen.
- Kompetenzen stiften den Kunden Mehrwert.
- Kompetenzen sichern die langfristige, positive Unternehmensentwicklung.
- Kompetenzen eignen sich zur Differenzierung im Wettbewerb.
- Kompetenzen sind schwer zu imitieren.
- Kompetenzen ebnen den Weg zur Erschließung neuer Märkte.

Das Konstrukt Kompetenz wird in dieser Arbeit entsprechend der Auffassung von FREILING, GERSCH UND GOEKE verstanden, die es, unter Berücksichtigung der zentralen Erkenntnisse der kompetenzorientierten Forschungsströmung, folgendermaßen definieren:

---

[103] Vgl. Fiol (1991), S. 191ff. und Rasche (1994), S. 112.

[104] Vgl. hierzu u.a. Rasche (1994), S. 125ff. und 148ff., Zahn (1996), S. 885ff., Steinmann/Schreyögg (2005), S. 223ff., Whiddett/Hollyforde (1999), S. 3f., Fearns (2004), S. 36, Krüger/Homp (1997), S. 27 oder auch Welge/Al-Laham (2005), S. 267.

> *Competences mean a repeatable, non-random ability to render competitive output. This ability is based in knowledge, channelled by rules and patterns. The more competences that are applied, the less room there is for windfall profits. Competences direct goal-oriented processes for surfacing future performance potential while offering concrete input to the market.*[105]

Mit diesem Verständnis wird klar, dass Kompetenzen zielorientiert entwickelt und als aktivierbare Bestandsgrößen mit Veränderungspotenzial über die Zeit aufgefasst werden müssen. Ihre enge Verwandtschaft mit den Capabilities wird damit offenbar. Der spezifische Unterschied zwischen Kompetenzen und Capabilities besteht darin, dass sich Kompetenzen ganz generell in Prozessen manifestieren, d.h. dass sie für eine Veredelung von Inputgütern, eine grundsätzliche Aktivierbarkeit von Ressourcen und für deren konkrete Aktivierung in Prozessen verantwortlich sind.[106] Capabilities sind dagegen für die faktische Art und Weise der Ver- bzw. Anwendung von Ressourcen oder Kompetenzen verantwortlich. Werden Kompetenzen für eine (Re)Kombination oder (Re)Konfiguration der unternehmerischen Leistungserstellung eingesetzt, wird das ihnen immanente Potenzial auch handlungsleitend genutzt.[107] Kompetenzen entstehen demnach als Ergebnis aus dem Einsatz von Capabilites, wobei Ressourcen verwendet und Wert geschaffen wird.

Ressourcen und Capabilities sind nach diesem Verständnis also durch dynamische, organisationale Lernprozesse unternehmensintern adaptier- und gestaltbar und folglich entwicklungsfähig. Kompetenzen sind in direkter Weise für den Erfolgsbeitrag eines Vorhabens verantwortlich und damit nur unter Berücksichtigung externer Bedingungen abschließend zu bewerten. Sie sind, wie auch die Ressourcen, nur auf einer höheren Ebene, als ökonomisches Nutzenpotenzial zu verstehen, das zeitabhängig kumuliert und als Basis für eine beständige Leistungsfähigkeit des Unternehmens verantwortlich ist.[108]

---

105 Freiling/Gersch/Goeke (2008b), S. 1151.
106 Vgl. Freiling (2004a), S. 6f.
107 Vgl. Goeke (2005), S. 43.
108 Vgl. Freiling (2001), S. 104f. im Speziellen sowie u.a. Sanchez/Heene/Thomas (1996), Prahalad/Hamel (1990), Peteraf (1993) und Barney (1991) im Generellen.

Wesentliche Elemente der kompetenzbasierten Leistungserstellung haben FREILING et al. in einer Kettendarstellung visualisiert und die Übergänge zwischen den Elementen in den Kontext ihrer jeweiligen Fähigkeiten bzw. notwendigen Übergangshandlungen gesetzt. Abbildung 3 zeigt diese Darstellung, die im weiteren Verlauf der Arbeit umfassend diskutiert und an zentralen Stellen erweitert und angepasst wird. Sie zeigt jedoch bereits in einem ersten Ansatz anschaulich, dass auf dem Weg von einem reinen Inputgut bis zu einem vorzeigbaren Ergebnis unterschiedliche Zwischenschritte nötig sind und verschiedene Einflüsse wirken. Sowohl die Zwischenschritte im Einzelnen einerseits als auch die Einflussgrößen auf die jeweiligen Elemente wie ihre Eigenschaften, ihre Platzierung in der Kette oder ihre interdependenten Wechselwirkungen andererseits haben Einfluss auf die erzielten Ergebnisse.[109]

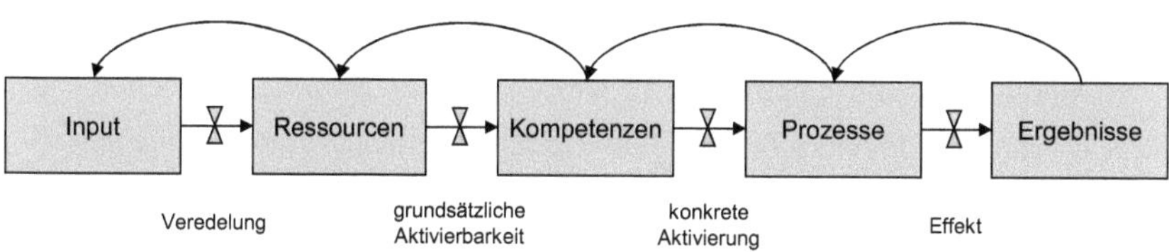

Abbildung 3: Elemente der kompetenzbasierten Leistungserstellung[110]

Das Konstrukt **Kernkompetenz** (*core competence*) findet keine Berücksichtigung in Abbildung 3 und wurde von HAMEL UND PRAHALAD ursprünglich und vornehmlich technisch als ein Bündel von Fähigkeiten und Technologien interpretiert, das es einem Unternehmen ermöglicht, einen spezifischen Kundennutzen zu stiften.[111] Neben diesem Potenzial zur Kundennutzenstiftung weisen STEINMANN UND SCHREYÖGG darauf hin, dass Kernkompetenzen entscheidend zur Schaffung und Erhaltung von Wettbewerbsvorteilen beitragen. Aufgrund ihrer von den jeweils spezifischen Rahmenbedingungen abhängigen Existenz sind sie weder trivial noch zeitunabhängig und auch nicht individuell beschaffbar.[112] RASCHE versteht unter Kernkompetenzen

---

109 Die in Abbildung 3 visualisierte Abfolge der Begrifflichkeiten, die interdependenten Zusammenhänge, hierarchische Stellung, die Leistungspotenziale und ihre gegenseitige Abgrenzungen werden in Kapitel 3 ausführlich diskutiert.

110 Eigene Darstellung nach Freiling (2004a), S. 7.

111 Vgl. Hamel/Prahalad (1994), S. 199 und 202f.

112 Vgl. Steinmann/Schreyögg (2005), S. 187 und 223ff.

eine Sonderform von unternehmensspezifischen Ressourcen. Er definiert sie als dynamische und komplexe Kombinationen aus intersubjektiven Routinen, personenspezifischen Fähigkeiten und materiellen Aktiva.[113] Allein diese drei unterschiedlichen Begriffsinterpretationen machen die Vielfalt der bestehenden Definitionen von Kernkompetenzen in der einschlägigen Literatur deutlich.

Im definitorischen Kontext ist es aufgrund der Fülle an divergierenden Begriffsinterpretationen nahezu unmöglich, eine einheitliche und eindeutige Abgrenzung der Begriffe Kompetenz und Kernkompetenz zu identifizieren. Das Aggregationsniveau der jeweiligen Definition erscheint bei der Identifikation des Übergangs von einer Kompetenz zu einer Kernkompetenz entscheidend zu sein. Teilweise wird die reine Vorkommenshäufigkeit im Unternehmen als Unterscheidungskriterium herangezogen. Nach HAMEL UND PRAHALAD ist es beispielsweise sinnvoll, sich auf eine Anzahl zwischen fünf und 15 Kernkompetenzen zu einigen. Eine zu hohe Aggregation könnte dazu führen, dass bei einer Analyse entscheidende Erkenntnisse aufgrund spezifischer Differenzen zwischen den Kernkompetenzen ausblieben. Ein zu geringes Aggregationsniveau hingegen würde die Übersichtlichkeit und ihre Handhabbarkeit entscheidend beeinträchtigen.[114] Diese einfache Reduktion der Unterscheidung lässt darauf schließen, dass es gar keinen wirklichen Unterschied zwischen Kompetenzen und Kernkompetenzen gibt, da sie gewissermaßen im Sinne von Bausteinen aus sich selbst zusammengesetzt und aggregiert werden können. Das würde bedeuten, dass eine Kompetenz erst durch ihren kausalen Beitrag zur Schaffung von Wettbewerbsvorteilen zu einer Kernkompetenz wird.

In jüngeren wissenschaftlichen Abhandlungen wird das Konstrukt Kompetenz entsprechend diesem Verständnis aufgewertet und mehr im Sinne einer Kernkompetenz verstanden. Nach Auffassung von STEINMANN UND SCHREYÖGG ist das einzig wirkliche Unterscheidungsmerkmal von Kompetenzen und Kernkompetenzen „nur“ der jeweilige Beitrag zur positiven Differenzierung im Wettbewerb. Im Umkehrschluss muss demnach für die Identifikation einer Kernkompetenz ihr Beitrag zur

---

[113] Vgl. Rasche (1994), S. 143 und 149.
[114] Vgl. Hamel/Prahalad (1994), S. 203 oder auch Snyder/Ebeling (1992), S. 28f.

Existenz eines spezifischen Wettbewerbsvorteils eindeutig nachvollziehbar sein.[115] Mit andern Worten: Jede Kompetenz kann eine Kernkompetenz sein, wenn sie nur eindeutig dafür verantwortlich zu machen ist, dass sich das Unternehmen in einer spezifischen Hinsicht von der Konkurrenz abhebt und sich dieser Vorteil auch in Markterfolg niederschlägt. Eine Kernkompetenz ist also lediglich ex post aus der Kompetenzausstattung eines Unternehmens zu identifizierten. Damit können in Unternehmen auch keine Lücken in der Kernkompetenz-, sondern nur Lücken in der Kompetenzausstattung auftreten. Ansonsten hätte entweder jedes oder kein Unternehmen einen Mangel an Kernkompetenzen, da es immer vorstellbar ist, besser oder schlechter am Markt zu operieren und sich von der Konkurrenz abzuheben. Kann einer Kompetenz zusätzlich zu den oben in der Aufzählung aufgeführten Eigenschaften ein eindeutiger Bezug zu einem Wettbewerbsvorteil zugesprochen werden (was per definitionem nur ex post möglich ist), so verdient diese Kompetenz bzw. das Kompetenzbündel das Präfix „Kern“.[116]

Metakompetenzen (*meta competencies* oder *metaskills*) befinden sich, wie der Name bereits besagt, auf der Metaebene im Kontext der Ressourcen- und Kompetenzdiskussion. Sie verkörpern das akkumulierte (Meta-)Wissen der Organisation und dienen der Entwicklung neuer (Kern-)Kompetenzen.[117] Auf der Metaebene des Unternehmens gilt es, organisationale Fähigkeiten so zu gestalten und die Kompetenzen so bereitzustellen, dass über eine gewisse Zeit hinweg die Wettbewerbsfähigkeit des Unternehmens sichergestellt ist. Metakompetenzen beziehen sich nur in sekundärer Weise auf die gegenwärtige und zukünftige Wertschöpfung des Unternehmens. Primär beziehen sie sich auf die Umgebung und die Rahmenbedingungen des Leistungserstellungssystems.[118] Es gibt vornehmlich vier Arten von Metakompetenzen: Das Lernen und Innovieren sowie das Kategorisieren und Verankern. Das Zusammenspiel dieser vier Metakompetenzarten kann als die treibende Kraft eines

---

115 Vgl. Steinmann/Schreyögg (2005), S 187.

116 Aufgrund der Gegebenheit, dass eine Kompetenz durch ihr Differenzierungspotenzial mehr oder weniger gleichzeitig auch eine Kernkompetenz sein kann, wird im Verlauf der Arbeit entweder nur noch von Kompetenzen gesprochen und die Vorsilbe weggelassen oder zur Kennzeichnung dieses Umstandes das Präfix „Kern“ in Klammern vorangestellt.

117 Vgl. Klein/Edge/Kass (1991), S. 3ff., Bouncken (2003), S. 69 und 121ff., Hamel (1994), S. 12, Rasche (1994), S. 160f. und Zahn (1996), S. 888f.

118 Vgl. Freiling/Gersch/Goeke (2006b), S. 59.

offenen Regelkreises verstanden werden, der zur Erklärung der Anhäufung von (Kern-)Kompetenzen herangezogen wird.[119] Metakompetenzen dienen der Erkennung und Interpretation von Signalen aus der Unternehmensumwelt. Ihre unmittelbare Relevanz für ein erfolgreiches Operieren am Markt liegt darin begründet. Lediglich durch ihre Existenz und Anwendung kann eine kontextadäquate Veränderung und Anpassung des Unternehmens an aktuelle und zukünftige Marktgegebenheiten erfolgen.[120]

Im Rahmen des vorliegenden Kapitels wurde das für die Arbeit maßgebliche Verständnis der zentralen Begrifflichkeiten der ressourcen- und kompetenzbasierten Forschung erarbeitet. Im folgenden Kapitel werden die beiden theorieseitigen Problembereiche diskutiert. Es wird gezeigt, wie sich der Status quo der kompetenzorientierten Forschung entwickelt und welche Implikationen diese Entwicklung auf die Theorienlandschaft hat. Anschließend werden Ansätze in Richtung eines geschlossenen Forschungsprogramms diskutiert und Vorschläge für einen zukünftigen Umgang erarbeitet.

2.3 Theoriebildende Entwicklungen

In der Strategieforschung bildeten sich zwei Schulen bzw. Denkhaltungen, die Strategieinhaltsforschung und die Strategieprozessforschung, heraus.[121] Diese haben sich über ein Vierteljahrhundert parallel und isoliert voneinander entwickelt. Nach der Erkenntnis, dass der Zugang zu erfolgreichen Strategien dynamisch, flexibel und innovativ sein muss, befruchten sie sich in der jüngeren Vergangenheit jedoch zunehmend.[122]

---

119 Vgl. Klein/Edge/Kass (1991), S. 4f. und Rasche (1994), S. 161f. sowie Bouncken (2003), S. 121ff. und Zahn (1996), S. 889f.

120 Vgl. Freiling/Gersch/Goeke (2006b), S. 59.

121 Vgl. für eine ausführliche Diskussion des Zusammenhangs sowie der Abgrenzung von Strategieinhalts- und Strategieprozessforschung z.B. Foschiani (2000), S. 342ff., Schendel (1992a), S. 1ff. und Schendel (1992b), S. 1f., Zu Knyphausen-Aufseß (1995), S. 88f., Zahn (1999b), S. 2f. oder Moldaschl/Fischer (2004), S. 123f.

122 Die kompetenzbasierte Forschung integriert sowohl Erkenntnisse der Strategieinhalts- als auch aus der Strategieprozessforschung. Aus dieser Integrierten Betrachtungsweise zieht sie neue Schlüsse, was im weiteren Verlauf der Arbeit tiefergehend untersucht werden wird.

Die *Strategieinhaltsforschung* konzentriert sich auf die Inhalte der Strategie. Sie versucht primär zu klären, warum sich Unternehmen in ihren Erfolgen unterscheiden und geht der Frage nach den Ursachen von Wettbewerbsvorteilen und damit den Quellen für überdurchschnittliche ökonomische Renten nach. Diese *strategy-content-school* zieht zwei Erklärungsansätze für Wettbewerbsvorteile und überdurchschnittliche Renten heran. Entweder führt sie die Existenz von Wettbewerbsvorteilen eines Unternehmens auf ein Besetzen und Verteidigen attraktiver Marktpositionen (Marktperspektive) oder auf den Besitz wertvoller, nicht vollständig mobiler, handelbarer und schwierig zu imitierenden Ressourcen (Ressourcenperspektive) zurück.

Die *Strategieprozessforschung* rückt die unternehmensseitigen Prozesse, die strategischen Wandel und strategische Erneuerung bewirken, in das Untersuchungszentrum. Sie geht der Frage nach, wie sich Unternehmen entwickeln, erneuern und wie sie exzellent werden. Zentrale Erklärungsobjekte der *strategy-process-school* sind etwa strategischer Wandel oder strategische Entscheidung. Die Prozess-Perspektive greift auf ein breites Spektrum an Theorien zurück.[123] Dieser Theorieneklektizismus hat sich einerseits als durchaus fruchtbar, andererseits aber auch als wenig erhellend erwiesen. In der klassischen Strategieprozessforschung wird die Strategie als ein im Voraus kontrollierter und bewusster Plan mit einer klaren Trennung von Strategieformulierung und Strategieimplementierung verstanden.[124]

Strategie ist jedoch eher ein adaptiver, zielbewusster Prozess, in dem strategische Entscheidungen auf Basis kontinuierlicher Rückkopplungen zwischen Strategieformulierung und -implementierung getroffen werden. Dieser Vorstellung entsprechen die Erkenntnisse aus der modernen System- und Evolutionstheorie.[125] Dennoch sind sie hinsichtlich der Mechanismen des strategischen Wandels noch ungenau. Sie erklären weder die Entwicklung der Strategieinhalte, noch welche Implikationen sich daraus für das Management ergeben. Grund hierfür ist der ihnen immanente, zu starke Fokus auf restringierende Umweltfaktoren. Erst in jüngerer Vergangenheit

---

123 Sie bedient sich unter anderem Lern-, Kognitions-, Evolutions-, Interaktions- und Macht-Theorien.

124 Vgl. u.a. Schendel (1992a), S. 1ff., Schendel (1992b), S. 2f., Pettigrew (1992), S. 5ff., Eisenhardt/Zbaracki (1992), S. 17ff. und Melin (1992), S. 99ff.

125 Vgl. Zahn (1999b), S. 1ff., Fearns (2004), S. 113ff. und Luksha (2003), S. 8f.

werden endogene Aspekte wie Management-, Kognitions- und Interaktionsprozesse bei der Entstehung und Veränderung strategischer Logiken als Untersuchungsgegenstand mit aufgenommen.[126]

Die klassischen Erklärungsansätze (MbV und RbV) der Strategieinhaltsforschung, die in der ökonomischen Gleichgewichtstheorie verankert sind, sehen sich ebenfalls einiger Kritik ausgesetzt. Diese Kritik entzündete sich an den ihnen vorangestellten Annahmen und an ihrer zunächst eher statischen Sichtweise. Sie bewirkte die Weiterentwicklung zu dynamischen Perspektiven. Für diese dynamischen Ansätze standen SCHUMPETERs Theorie der ökonomischen Entwicklung und die Theorie der Ungleichgewichte der modernen Systemwissenschaften Pate.[127]

> *"Unternehmen als soziale Systeme sind mit den Akteuren ihres Aufgabenumfeldes – Kunden, Lieferanten, ergänzende oder unterstützende Wertschöpfungspartner, Konkurrenten usw. – in ein Netz von kollaborativen Beziehungen eingebunden."*[128]

Ihre strategischen Entscheidungen sollten deshalb auch vor dem Hintergrund der dynamischen Interaktionen des Unternehmens und diesen Akteuren bzw. im institutionalen Kontext[129] des Unternehmens verstanden und betrachtet werden. Die jüngere Strategieforschung sieht deshalb im Institution-Based-View ein drittes Bein für ein Strategy-Tripod – einen dreipoligen Strategieansatz zur Ergänzung von MbV und RbV.[130] In neuerer Zeit werden darüber hinaus auch Erkenntnisse aus der Komplexitätsforschung herangezogen und ihr potenzieller Beitrag zu einer Integration von strategischen Inhalts- und Prozessaspekten geprüft.[131]

---

126 Vgl. Zahn (2006a), S. 83ff. SANCHEZ UND HEENE stellen diese strategische Logik in ihrem Modell des Unternehmens als zielsuchendes offenes System zu aller erst in das Zentrum der Betrachtung. Vgl. Sanchez/Heene (2004), S. 5ff.

127 Zu der Theorie der ökonomischen Entwicklung vgl. Schumpeter (1934). Zur grundsätzlichen Idee der Systemtheorie vgl. z.B. Betalanffy (1969) und Von Betalanffy (1972).

128 Zahn (2011), S. 10.

129 Vgl. North (1990), S. 2. NORTH definiert Institutionen als *„the rules of the game"* bzw. als *„the humanly devised constraints that shape human interaction"*. Vgl. North (1990).

130 Vgl. Peng et al. (2009), S. 63ff.

131 Vgl. Tilebein (2005), S. 40 oder auch Grant (2008), S. 450ff. in seinem zusammenfassenden Überblick aktueller Trends im Strategischen Management.

Im dynamischen Wettbewerb geht es um die Entdeckung und Kreation von Geschäftschancen sowie deren Realisierung. Marktentwicklungen sind durch immer wiederkehrende Gleichgewichtsunterbrechungen charakterisiert. Geeigneter für eine Strategietheorie im Hinblick auf einen erfolgreichen strategischen Unternehmenswandel durch Innovation ist daher die Neo-Schumpeter-Theorie mit ihrem Konzept der Schumpeter-Renten, die temporäre Rückflüsse aus Innovationen bedeuten. Dagegen fallen „reine" Renten wie die Monopolrenten der Marktperspektive und die Recardo-Renten der Ressourcenperspektive nur im langfristigen Gleichgewicht an.[132]

Strategien sind aus der Sicht von Unternehmern und Managern zunächst Überzeugungen bezüglich der Performancewirkungen von Handlungsoptionen. Diese Überzeugungen sind in individuellen und geteilten mentalen Modellen verankert. Sie wirken als Wahrnehmungsfilter und sind das Kernelement strategischer Logiken, die das wettbewerbsbezogene Verhalten von Unternehmen bestimmen und strategische Initiativen zur Erneuerung von Unternehmen beeinflussen.[133] Hier stellt sich der Strategieforschung die spannende Frage nach den Mechanismen zur Anpassung strategischer Logiken im Sinne einer variablen Rationalität und nach einem *Enactment* von Chancen, wodurch die Entwicklung neuer Kompetenzen in Gang gesetzt werden kann. Diese Neuentwicklung von Kompetenzen kann Manager wiederum in die Lage versetzen, sich neue Strategien vorzustellen, diese zu realisieren und damit den Prozess der Chancenerkennung und Chancenergreifung laufend in Gang zu halten.

Im Folgenden sollen die zwei als klassisch zu bezeichnenden Positionen zur Klärung der Erzielung und Existenz von Wettbewerbsvorteilen kurz vorgestellt werden – der Market-based View und der Resource-based View. Sie bilden die Basis für die weite-

---

132 Zur vertiefenden Diskussion und Unterscheidung der verschiedenen Arten ökonomischer Renten vgl. u.a. Peteraf (1993), S. 180ff., Zahn (1998), S. 393ff. oder Burr (2002), S. 37f. PETERAF verweist auf die Notwendigkeit des Vorhandenseins von vier Bedingungen (Wettbewerbsbehinderungen) für ein dauerhaftes Auftreten von überdurchschnittlichen Renten: 1. Heterogenität für das Auftreten von Monopol- oder Recardo-Renten, 2. nachträgliche Wettbewerbsbeschränkungen für die Nachhaltigkeit von Renten, 3. vorausgehende Wettbewerbsbeschränkungen damit Renten nicht durch die Kosten nivelliert werden und 4. unvollständige Mobilität damit die Renten in der Unternehmung bleiben. Vgl. hierzu Peteraf (1993), S. 185f.

133 Vgl. Zahn (2006a), S. 88. Vgl. für eine Diskussion die kausalen Zusammenhänge von mentalen Modellen und Strategien, strategischen Aktionen und der Unternehmensperformance betreffend Mintzberg (1973), Dutton/Dukerich (1991), Thomas/Clark/Gioia (1993) und Ferrier (2001).

ren Entwicklungen bis hin zu den heute aktuellen Ansätzen. Diese heute aktuellen Ansätze integrieren zum einen Aspekte der beiden vorgenannten, klassischen Positionen. Angesichts turbulenter und dynamischer Umfelder beleuchten sie zum anderen die Identifikation von spezifischen Prozessen und Kompetenzen, die als Quellen beständiger Wettbewerbsvorteile ausgemacht werden können, und die eine Unternehmung zu schnellen und direkten Antworten auf nicht vorhersehbar auftretende Veränderungen befähigen. Überlegene Prozesse und Kompetenzen wappnen Unternehmen für eine Reise in ungewisse Zukünfte und versetzen sie in die Lage, Wettbewerbsfähigkeit durch Wandlungsfähigkeit zu demonstrieren.

2.3.1 Statische Erklärungsansätze für Wettbewerbsvorteile

Im Gegensatz zu den Ansätzen aus der Institutionenökonomik, die beispielsweise die Reduktion der Transaktions- oder Produktionskosten als ursächlich für eine Erfolgssteigerung bei Unternehmen ausmachen, wird bei den strategiebasierten Ansätzen die Optimierung der strategischen Position des Unternehmens relativ zum Wettbewerb fokussiert.[134]

Marktseitige Positionierung als Erfolgsfaktor

Der Market-based View (MbV) geht auf das von Bain[135] und Mason[136] geprägte *Structure-Conduct-Performance-Paradigma* aus der Industrieökonomik zurück.[137] Wettbewerbsvorteile und ökonomische Renten (*Performance*) werden aus der Struktur der Branche (*Structure*) und aus dem strategischen Verhalten der hier operieren-

---

[134] Vgl. Zahn/Kapmeier/Tilebein (2006), S. 132. Die angesprochenen Theorien der Institutionenökonomik werden aufgrund ihrer geringen Relevanz für die vorliegende Arbeit lediglich zu Zwecken der Abgrenzung sowie der Vollständigkeit halber genannt, nicht jedoch näher ausgeführt. Für eine grundsätzliche Vorstellung der verschiedenen Theorien vgl. z.B. Bea/Haas (2001), S. 373 ff. und für eine detailliertere Diskussion im Kontext der kompetenzbasierten Forschung z.B. Burr (2002), S. 18ff. oder Erlei/Leschke/Sauerland (1999).

[135] Vgl. Bain (1968), S. 372ff.

[136] Vgl. Mason (1939), S. 61ff.

[137] Das Structure-Coduct-Performance-Paradigma erklärt ursprünglich die Leistung eines Unternehmens bzw. die Leistung einer Branche aus eine mikroökonomischen Sicht heraus in Abhängigkeit vom Verhalten der involvierten Akteure. Dies hängt jedoch wiederum von den im spezifischen Markt relevanten Strukturparametern ab. Vgl. zur Industrieökonomik insbesondere Porter (1981), S. 609ff. sowie z.B. auch Welge/Al-Laham (2005), S. 38ff.

den Organisationen (*Conduct*) erklärt. PORTER hat diesen Ansatz zu dem Konzept der *5-Forces* verdichtet.[138] Der MbV fokussiert stets die Produktmärkte, auf denen die Organisationen tätig sind. ZAHN, FOSCHIANI UND TILEBEIN fassen die dem MbV zugrunde liegenden Annahmen wie folgt zusammen:[139]

- Unternehmen verfügen über identische strategische Ressourcen,
- eine dauerhafte Heterogenität einer Branche ist durch die Mobilität der Ressourcen nicht möglich,
- Organisationen reagieren lediglich aufgrund externen Drucks,
- der Kontext, in dem Unternehmen operieren, wird als statisch und wenig komplex angenommen.

Der MbV erlaubt zwar überzeugende Erklärungen für Unternehmenserfolge, er bietet jedoch auch Ansatzpunkte zur Kritik. So existieren in der Praxis Unternehmen, die selbst in widrigen Umwelten eine herausragende Performance aufweisen, was im Rahmen der Annahmen des MbV so nicht zu erklären wäre. Die Grundannahmen der Mobilität von Ressourcen und der Identität der Ressourcenausstattungen von Organisationen werfen ebenfalls Fragen auf. Nicht zuletzt ist ein stabiler Unternehmenskontext nur noch in den allerwenigsten Branchen gegeben.[140] Die grundsätzliche Sichtweise im MbV, der die Marktstruktur als gegeben und die Unternehmensaktivitäten als gestaltbar begreift, trifft durch die Dynamisierung des Wettbewerbs auf immer weniger Branchen zu und muss somit erneuert werden.[141]

Mitte bis Ende der 80er Jahre des zwanzigsten Jahrhunderts hat sich aufgrund der genannten Kritikpunkte eine neue Sichtweise in der Forschung etabliert, die als Resource-based View (RbV) bekannt wurde. Hierbei steht nicht mehr die marktseitige

---

138 Vgl. hierzu u.a. Porter (1980) und (1985).
139 Vgl. Zahn/Foschiani/Tilebein (2000a), S. 49.
140 Vgl. Rasche (1994), S. 12, Thiele (1997), S. 32f. und Zahn/Foschiani/Tilebein (2000a), S. 50.
141 Für eine ausführlich Kritik am MbV siehe z.B. Bürki (1996), S. 12ff. sowie die von ihm dort angegebene Literatur.

Positionierung des Unternehmens im Vordergrund der Betrachtung, sondern vielmehr die unternehmensseitige Ressourcenausstattung.[142]

Ressourcenposition als Erfolgsfaktor

Im Gegensatz zum MbV fokussiert der RbV nicht die Produktmärkte, sondern die Faktormärkte und deren Unvollkommenheit.[143] Der RbV geht von einer eingeschränkten Mobilität sowie einer begrenzten Imitierbarkeit von Ressourcen aus. Seine zugrunde liegende Annahme besagt dementsprechend, dass der ausschlaggebende Erfolgsunterschied zwischen einzelnen Unternehmen in ihren differierenden Ressourcenausstattungen zu finden ist. Wettbewerbsvorteile und ökonomische Renten werden folglich durch die heterogene Faktorausstattung erklärt.[144] RUMELT postuliert bereits 1974 die einzigartigen Ressourcenbündel von Unternehmen und ihre Interdependenzen als die Gründe für nachhaltige Wettbewerbsvorteile.[145] 1984 wird von WERNERFELT zum ersten Mal der Begriff des „Resource-based View" verwendet.[146] Die Anzahl der Definitionen und Erklärungsansätze des RbV ist groß.[147] Ihre inhaltlichen Aussagen stimmen dahingehend überein, dass die für nachhaltige Wettbewerbsvorteile verantwortlichen Ressourcen folgende Merkmale vereinen müssen, die BARNEY zu seinem *VRIO-Analyserahmen* verdichtete:[148]

---

142 Vgl. Zahn (1996), S. 883ff.

143 Vgl. Zahn (1998), S. 396, Barney (1991), S. 101 und Freiling (2001), S. 5f. Die beiden Ansätze MbV und RbV werden in der Literatur zum einen teilweise als kontradiktorisch angesehen (vor allem von ihren prominenten Vertretern wie z.B. Porter und Hamel/Prahalad, die auf ihre Inkompatibilität abheben) vgl. hierzu Börner (2000), S. 817. Zum anderen wird der RbV jedoch häufig eher als komplementär zum MbV betrachtet. Vgl. hierzu z.B. Cockburn/Henderson/Stern (2000), S. 1127, Zahn (2001b), S. 4 oder Hinterhuber/Friedrich (1999), S. 1001 ff.

144 Vgl. Bouncken (2003), S. 33f. und Thiele (1997), S. 37.

145 Vgl. Rumelt (1974), S. 557. Die Sichtweise, ein Unternehmen als ein Bündel von Ressourcen zu betrachten, geht schon auf ein Werk von Edith Penrose zurück. Vgl. hierzu Penrose (1959). Größere Aufmerksamkeit erreicht sie jedoch erst mit der Kritik am Porterschen Strategiemodell in den 1990er Jahren.

146 Vgl. Wernerfelt (1984), S. 171ff.

147 Vgl. hierzu z.B. Thiele (1997), S. 46ff., Barney (1991), S. 100ff., Zahn/Foschiani/Tilebein (2000a), S. 50f., Collis/Montgomery (1998), S. 27ff., Bouncken (2003), S. 39ff., Freiling (2001), S. 21ff., Rasche (1994), S. 68ff., Fearns (2004), S. 23ff., Proff (2000), S. 143ff., Fahy (2000), S. 96ff. oder Nasner (2004), S. 12f.

148 Die Buchstaben *VRIO* stehen hierbei für *Value*, *Rareness*, *Inimitability* und *Organization*. Vgl. Barney (2002), S. 159ff.

- Die Ressource muss zu einer Nutzenstiftung am Markt befähigen.[149]
- Die Ressource muss von Dauer sein.[150]
- Die Ressource darf nicht durch andere Ressourcen substituierbar sein.[151]
- Die Ressource darf nicht imitierbar sein.[152]
- Die Ressource muss knapp sein.[153]
- Die Ressource darf in andere Organisationen nur begrenzt transferierbar sein.[154]
- Die Ressource muss innerhalb des eigenen Unternehmens transferierbar sein.[155]
- Die Ressource muss sich durch eine potenzielle Einsatzfähigkeit in einem breiten Spektrum von Märkten auszeichnen.[156]

Im Zuge der stark zunehmenden Umweltdynamisierung Ende der 1990er Jahre war die geforderte Dauerhaftigkeit von Ressourcenvorteilen nicht mehr zeitgemäß. Die Unternehmensressourcen, die die skizzierten Eigenschaften aufweisen und dementsprechend Nutzen stiften, selten und nicht imitierbar sind, gründen in den meisten Fällen auf in der Vergangenheit getätigten, spezifischen und nicht unerheblichen Investitionen. Einmal getätigte Investitionen sind naturgemäß nicht ohne weiteres rückgängig zu machen und führen zu einer reduzierten Handlungsfreiheit in Gegen-

---

149 Unter Nutzen ist hier in erster Linie der Kundennutzen gemeint, für den der potenzielle Kunde auch bereit ist, einen bestimmten Preis zu bezahlen.

150 Die Dauerhaftigkeit wird im Sinne der Zeitspanne gefordert, in derer die Ressource, ohne an Wert zu verlieren zur Stiftung von Nutzen beitragen kann.

151 Gemeint ist an dieser Stelle, dass die Ressource nicht durch andere Einsatzfaktoren o.ä. ersetzbar sein darf, die dann denselben Output in derselben Qualität und Zeit liefern würden.

152 Ressourcen sind beispielsweise aufgrund von mangelnder Transparenz oder kausaler Mehrdeutigkeit, bestehender Verfügungsrechte oder versunkener Kosten nur schwer oder gar nicht zu imitieren.

153 Nicht alle Wettbewerber sollen gleichzeitig über dieselbe Ressource verfügen können.

154 Dies kann z.B. durch geografische Immobilität oder unvollkommene Information der Fall sein.

155 Die Ressource muss entsprechend dieser Forderung innerhalb des Unternehmens, beispielsweise über Geschäftsbereichgrenzen hinweg, flexibel einsetzbar sein.

156 Die Ressource sollte nicht nur über bspw. Geschäftsbereichgrenzen, sondern ebenfalls über Markt- und Branchengrenzen hinweg einsetzbar sein.

wart und Zukunft. Diese so genannten *irreversiblen Commitments*[157] grenzen den strategischen Spielraum des Unternehmens stark ein und deflexibilisieren das Unternehmen für strategische Aktionen, was speziell in Zeiten dynamischer Unternehmensumwelten eine mehr oder weniger große Gefahr für das Überleben eines Unternehmens darstellt. Die abnehmende Aktualität seiner zugrundeliegenden Annahmen war mitunter der Anlass für eine Weiterentwicklung des RbV zu den dynamischen Strategieansätzen.[158]

In einem Unternehmensumfeld, das als dynamisch oder sogar turbulent bezeichnet werden kann, sind die strategische Positionierung des Unternehmens sowie die unternehmensspezifische Faktorausstattung einer permanenten Erosionsgefahr ausgesetzt. Um diesem Phänomen erfolgreich entgegentreten zu können, kommen Unternehmen nicht umhin, ihre Fähigkeiten und Routinen fortwährend dynamisch zu entwickeln. Erfolgreiche Organisationen sind dementsprechend dazu gezwungen, den Drahtseilakt zwischen der Exploitation bestehender und der Exploration neuer Ressourcen bestmöglich zu meistern.[159] Um in einer dynamischen Umwelt überleben zu können, müssen Unternehmen über vitale Fähigkeiten verfügen, die ihnen die Erschließung neuer Quellen für Wettbewerbsvorteile ermöglichen.[160] Diesen Herausforderungen wurde mit der Entwicklung diverser Konzepte und Methoden begegnet, die sämtlich unter dem Deckmantel der Dynamisierung ihre Verortung finden. TEECE, PISANO UND SHUEN haben beispielsweise im Kontext turbulenter Unternehmensumwelten den Begriff der „*Dynamic Capabilities*“ (DC) geprägt.[161] Aspekte wie das organisationale Lernen, das Management von Wissen und das Management von Kompetenzen gewinnen erheblich an Bedeutung.

---

[157] Vgl. zu den *irreversiblen Commitments* Ghemawat (1991) und Ghemawat/Del Sol (1998) sowie Rasche (2000), S. 72.

[158] Vgl. hierzu z.B. Zahn (1999a), S. 11, Thiele (1997), S. 66f., Zahn/Foschiani (2000), 97f., Zahn/Foschiani/Tilebein (2000a), S. 51f., Freiling/Gersch/Goeke (2005), S. 5ff. oder Rasche (1994), S. 91.

[159] Unter „Exploitation“ wird ganz grundsätzlich ein Ausschöpfen oder Ausbeuten bestehender Potenziale, unter „Exploration“ die Entwicklung neuer Möglichkeiten und Chancen verstanden.

[160] Vgl. z.B. Zahn (1999a), S. 11, Zahn/Foschiani (2000), S. 97f. oder Zahn/Foschiani/Tilebein (2000a), S. 51f.

[161] Vgl. hierzu u.a. Teece/Pisano (1994), Teece/Pisano/Shuen (1997), Teece (2007) oder auch Winter (2003) und Eisenhardt/Martin (2000).

Die für die vorliegende Arbeit relevanten (Weiter-)Entwicklungen aus dem RbV werden im folgenden Kapitel vorgestellt und diskutiert. Sie werden darauf hin geprüft ob, und wenn ja welche neuen Erkenntnisse sie für einen kontextadäquaten Umgang mit der gestiegenen Dynamik des Marktes bereithalten.

2.3.2 Dynamische Erklärungsansätze für Wettbewerbsvorteile

Um die notwendig gewordenen Weiterentwicklungen der Erklärungsansätze für Wettbewerbsvorteile diskutieren zu können, muss die Betrachtungsperspektive erweitert werden. Für ein erfolgreiches Bestehen im Wettbewerb ist es zwar auch heute noch unabdingbar, die gegenwärtigen Wettbewerbsvorteile zu beleuchten und zu analysieren. Dies ist jedoch für eine Erklärung beständiger Erfolgspositionen nicht mehr hinreichend. Ex post Betrachtungen und reine Extrapolationen der Schlussfolgerungen aus ihren Ergebnissen reichen für ein zukünftiges Marktbestehen nicht mehr aus. Vielmehr müssen diejenigen Merkmale und Prozesse analysiert werden, die Zukunftspotenzial aufweisen und für eine Generierung zukünftiger Wettbewerbsvorteile herangezogen werden können. Im Rahmen der dynamischen Strategieansätze werden daher nicht mehr die externe (MbV) oder interne (RbV) Sichtweise mit ihren jeweiligen Vor- und Nachteilen isoliert voneinander betrachtet. Stattdessen findet eine Integration der beiden Sichtweisen statt, bei der der Veränderlichkeit beider Analyseeinheiten (intern und extern) sowie ihrer wechselseitigen Einflüsse im institutionalen Kontext Rechnung getragen wird.[162]

Eine dynamische Sicht, wie sie die Kompetenzperspektive und das Konzept der DC beispielsweise einnehmen, eröffnen der Strategieforschung neue Wege zu einem fundierten Verstehen von Entstehung und Anwendung verschiedener Strategien sowie deren Performancewirkungen. Diese Sichtweise ermöglicht u.a. die explizite Berücksichtigung von Management- und Lernprozessen sowie von Interaktionen zwischen Führungskräften im Unternehmen oder zwischen Unternehmen und ihrer Umwelt. Alleiniger Besitz wertvoller Ressourcen kann keinen Wettbewerbsvorteil garan-

---

162 Vgl. Tilebein Tilebein (2005), S. 25, Asmussen (2015), S. 1840 und Chatain (2014), S. 1952f.

tieren. Ressourcen können einem Unternehmen erst durch ihre Anwendung einen relativen Vorteil gegenüber der Konkurrenz verschaffen. Diese notwendige Anwendung der Ressourcen erfolgt über die organisationalen Prozesse der unternehmerischen Leistungserstellung. Damit werden spezifische Prozesse der Wertschöpfung eines Unternehmens zum Analyseobjekt, wobei unter bestimmten Bedingungen dann von Kompetenzen gesprochen wird. Erst das Verständnis, dass Kompetenzen sich immer auch durch eine prozessuale Komponente auszeichnen, trägt dazu bei, die Erklärungslücke zwischen wertvollen Ressourcen und überlegenen Leistungen zu schließen. Dieser Gedanke impliziert die Erkenntnis, dass eine isolierte Orientierung an entweder dem Unternehmensinneren oder der Unternehmensumgebung mit einem gestiegenen Grad an externer Dynamik keine erfolgversprechenden Erkenntnisse mehr liefern kann. Weder die Innenorientierung noch die Außenorientierung kann, jeweils singulär betrachtet, neue und vor allem zukunftsweisende Erkenntnisse liefern.

Mit der Kompetenzperspektive hat auch eine Erweiterung des Analysegegenstandes vom Unternehmen zum Unternehmensnetzwerk stattgefunden. Diese *relationale Perspektive* fokussiert Beziehungs- bzw. Sozialkompetenz zur Kombination der Kompetenzen eines Unternehmens mit komplementären Kompetenzen von Partnerunternehmen. Im Interesse der beteiligten Unternehmen liegt dabei die Erzielung weiterer, möglicherweise auch gemeinsamer Wettbewerbsvorteile und zusätzlicher Quasi-Renten.[163]

Nachhaltige Erfolgspositionen von Unternehmen werden nach der Ressourcen-/ Kompetenzperspektive auf überlegene Ressourcen und Kompetenzen zurückgeführt. Ein Unternehmen wird als nachhaltig erfolgreich bezeichnet, wenn es die Fähigkeit besitzt, sich permanent und innovativ im Einklang mit seiner sich verändernden Unternehmensumwelt entwickelt.[164]

---

[163] Vgl. Dyer (1997), S. 535ff. und Dyer/Singh (1998), S. 660ff. Der Vollständigkeit halber ist dieser Punkt an der Stelle zu nennen. Er spielt für den weiteren Verlauf der Arbeit jedoch keine wesentliche Rolle, weswegen er auch nicht weiter ausgeführt wird.

[164] Vgl. Zahn (2017), S 193 oder Malik (2000), S. 138.

Dynamische Strategien

Die Unvorhersehbarkeit des künftigen Wandels stellt Unternehmen vor neue Herausforderungen. Die Zukunft ist nicht mehr prognostizierbar, was zu Überraschungen führt und dem Management keine Chance zur Vorbereitung und zu wenig Zeit für adäquate Reaktionen lässt. Ein aktiver Eingriff in die Umfeldbedingungen über proaktive Veränderungen im eigenen Unternehmen nach dem actio-reactio-Prinzip schafft neue Handlungsspielräume und eröffnet gänzlich neue Chancen. Bewusste, zukunftsorientierte Aktionen des eigenen Unternehmens verschaffen dem Management einen Wissensvorsprung vor der Konkurrenz, der wertvolle Zeit für neue (Re-)Aktionen verschafft. Ein Umdenken in den Führungsetagen vom Reagierer zum Agierer und damit zum Gestalter muss also einsetzen. Damit wird eine bewusste, simultane Bewertung eigener Aktionsoptionen und eine Antizipation ihrer zukünftigen Auswirkungen auf die Umweltgegebenheiten, die wiederum (re-)aktive Handlungen erfordern, nötig. Diese Notwendigkeit verlangt nach einer dynamischen Strategieperspektive, die die Strategie an sich sowie ihre Entwicklung, Umsetzung und Auswirkungen entsprechend der Umweltgegebenheiten zu dynamisieren versucht.[165]

ABELL schlägt daher als Möglichkeit zur Begegnung der neuen dynamischen Herausforderungen die Entwicklung von dualen Strategien vor.[166] Zentrale Komponente dieses Konzeptes ist die strikte Trennung in *aktuelle Geschäftstätigkeit* und *zukünftige Entwicklung*. In Zeiten weniger dynamischen Wettbewerbs konnte eine einzige Strategie sich sowohl den aktuellen Gegebenheiten als auch den zukünftigen Herausforderungen widmen und sie in entsprechender Weise berücksichtigen. ABELL führt weiter aus, dass eine singuläre Strategie für ein erfolgreiches Bestehen im Wettbewerb nicht mehr ausreicht.[167] Eine Möglichkeit zur Begegnung dieser neuen Herausforderungen ist die simultane Entwicklung zweier unterschiedlicher Strategien – der *Today-for-Today-Strategie* und der *Today-for-Tomorrow-Strategie*.[168] Erstere bezieht

---

165 Vgl. Markides (1999), S. 55 und Markides (2001), S. 2f. ZAHN, SCHÖN UND NOWAK diskutieren die verschiedenen Ansätze zu dynamischen Strategien ausführlich. Vgl. hierzu Zahn/Schön (2003), S. 167ff. oder auch Zahn/Nowak/Schön (2005), S. 91ff.

166 Vgl. Abell (1999), S. 73ff.

167 Vgl. Abell (1999), S. 74f.

168 Für eine kurze Vorstellung des Konzepts vgl. Zahn/Foschiani (2000), S. 101f.

sich auf das gegenwärtige Geschäft, soll von heute in die (nahe) Zukunft führen und basiert auf aktuellen Gegebenheiten. Dagegen sind mehr oder weniger radikale Visionen Ausgangspunkt für Today-for-Tomorrow-Strategien. Diese werden aus antizipierten Umfeldbedingungen der Zukunft rekursiv in die Gegenwart abgeleitet. Sie sind die Basis für ein Management des Wandels und bestimmen die veränderte Rolle in der erwarteten Wettbewerbslandschaft.[169] Die entgegengesetzt verlaufenden Entwicklungsrichtungen der dualen Strategien führen zu einem virtuellen Kreuzungspunkt in der antizipierten Zukunft. Werden die beiden Verläufe der Strategien und ihre jeweiligen Implikationen am virtuellen Kreuzungspunkt analysiert, können unterschiedliche Erkenntnisse abgeleitet werden, die sowohl zu revolutionären Ideen als auch zu sich gegenseitig ausschließenden Aussagen führen können. Der sich potenziell gegenseitig ausschließende Aussagegehalt der Interpretationen kann zwar fruchtbare Diskussionen und innovative Lösungen als Resultat aufweisen. Er birgt jedoch auch die Gefahr einer vollständigen Inkompatibilität der beiden möglichen Stoßrichtungen. In einem solchen Fall hat auch ABELL keine allgemeingültige Methode für einen garantierten Erfolg zur Hand. Er weist jedoch darauf hin, dass hier letztlich eine kontextspezifische und unternehmensindividuelle Balance als Lösung erfolgsentscheidend zu sein scheint.[170] Der Versuch, das aktuelle Dynamikniveau der Umwelt mit der Entwicklung dualer Strategien handhabbar zu machen, war ein erster Schritt in die richtige Richtung. Er liefert wichtige Erkenntnisse, wie beispielsweise das nicht mehr hinreichende Verlassen auf eine einzige statische Strategie, er hält aber auch keine konkreten Handlungsempfehlungen bereit.

Als weiteren Lösungsansatz im Rahmen dynamischer Strategien beschreibt MARKIDES in seinem generischen Modell einen Prozess, der zyklisch und repetitiv durchzuführen ist.[171] Dieser Prozess unterstützt ein Unternehmen, den Übergang

---

[169] Um die verschiedenen Dimensionen zu erfassen und die beiden Strategien sowie die Reaktionsmöglichkeiten seitens des Unternehmens in Einklang zu bringen, spannt ABELL eine Matrix über die beiden Kriterien „reaktive vs. proaktive Strategie“ und revolutionärer vs. evolutionärer Wandel“ auf. Entsprechend der Situation kann sich das Unternehmen dann in einen der Quadranten einordnen und erhält metaphorisch folgende vier Möglichkeiten von Today-for-Tomorrow-Strategien: 1. mit den Wellen kämpfen, 2. die Wellen erfassen, 3. die Wellen reiten und 4. die Wellen machen. Vgl. Abell (1999), S. 75ff.

[170] Vgl. Abell (1999), S. 78.

[171] Vgl. Markides (1999), S. 60ff. Sein Lösungsansatz besteht aus fünf Schritten: 1. Entwicklung und Implementierung eines Frühaufklärungssystems, 2. Unterbindung kultureller oder struktureller

von einer alten zu einer neuen strategischen Position zu vollziehen und damit sein Geschäft zu erneuern. Die Unternehmenspraxis zeigt jedoch, dass sich aktuell erfolgreiche und etablierte Unternehmen in den seltensten Fällen als strategische Innovatoren auszeichnen. Vielmehr besitzen diese eine organisationale Trägheit, die wiederum den Anfang vom Ende bedeuten kann.[172] Aktueller Erfolg kann eine lähmende Wirkung auf Unternehmen haben und kann einer der größten Hemmschuhe für organisationalen Wandel oder unternehmerische Veränderung sein.

Bei der von MARKIDES angedachten Geschäftserneuerung, aber auch bereits bei der ersten Entdeckung neuer Geschäfte, sind Innovationen in der Strategie selbst gefragt. Im Sinne einer solchen Strategiedynamik geht es um ein Vordenken strategischer Alternativoptionen und ein gleichzeitiges Vorhalten derselben. Diese Alternativen sind als reale Optionen zu verstehen, die Entwicklungsmöglichkeiten offen halten und damit als *Vorbedingungen für zukünftigen Erfolg* interpretiert werden können.[173] Strategieinnovationen implizieren ein permanentes kritisches Infragestellen des vorherrschenden Geschäftsverständnisses, ein ständiges Ausschauhalten nach neuen Chancen und eine strategische Repositionierung der Organisation entsprechend neu erkannter Chancen.[174] Strategieinnovative Unternehmen haben eine Strategiekompetenz entwickelt, die sie dazu befähigt, immer neue Chancen zu entdecken und zu kreieren. Diese neuen Chancen sind ausschlaggebende Quelle für eine Unternehmenserneuerung und Ursache für eine beständige Generierung von Wettbewerbsvorteilen. Nachhaltig erfolgreiche Unternehmen haben die Strategiekompetenz zu ihrer Kernkompetenz gemacht und schöpfen hieraus beständig neue Ideen für zukünftige Geschäftstätigkeiten.[175]

Trägheit, 3. Prozessentwicklung, die ein Experimentieren mit neuen Ideen ermöglichen, 4. Entwicklung eines Zustands des Bereit-seins durch die Verfügbarkeit entsprechender Kompetenzen und 5. Management der Überleitung und des Wechsels. Vgl. Markides (1999), S. 61f.

[172] Vgl. Markides (1998), S. 33f.

[173] Vgl. Kirsch (1991), S. 17.

[174] Vgl. Zahn/Nowak/Schön (2005), S. 92.

[175] Vgl. Zahn (2000), S. 167f.

Das Betreiben und Erneuern von Geschäften sind wiederkehrende Stadien in einer spiralförmig fortschreitenden Evolution.[176] Eine Spiralwindung in dieser Evolution beginnt mit dem Ist-Zustand einer Organisation, die im Idealfall eine attraktive strategische Position besetzt und als erfolgreich in ihrer Geschäftstätigkeit beschrieben werden kann (Stadium 1). Von dieser Position aus kann sie überlegenen Wettbewerb betreiben (Stadium 2). Kernelement der dynamischen Strategie ist es, bereits aus einer erfolgreichen Position heraus nach neuen strategischen Positionen Ausschau zu halten (Stadium 3). Parallel zu dem Management der aktuellen Position muss bereits die neue Position angestrebt und besetzt werden (Stadium 4). Wenn die neue Position mit dem neuen Geschäft als sicher und zukunftsfähig bewertet wird und Anzeichen für sinkende Wachstumszahlen oder der Rückgang von Erfolgsindikatoren in der alten Position auszumachen sind, kann die alte, vormals aktuelle Position aufgegeben und auf die neuen Position gewechselt werden. (Stadium 5). Von nun an kann auf der neuen Position überlegener Wettbewerb betrieben werden, wodurch eine neue Spiralwindung mit dem Stadium 2 begonnen wird. Diese Spirale kann laut MARKIDES auch komplett verlassen werden, indem das Unternehmen in gänzlich neue Branchen vordringt. In diesen neuen Branchen wird die aufgezeigte Entwicklung dann in einer neuen Spirale durchlaufen.[177]

Da die Phasen zwischen den Wechseln von alten zu neuen Geschäften oder Positionen innerhalb einer oder auch zwischen zwei Spiralwindungen in sich schnell wandelnden Umfeldern gewöhnlich sehr kurz sind, müssen die betroffenen Unternehmen alte und neue Geschäfte nahezu ständig simultan managen. Dabei entstehen zwangsläufig Widersprüche und Spannungsfelder, deren Beherrschung zu einem entscheidenden Erfolgsfaktor wird.[178]

---

176 MARKIDES beschreibt dieses Phänomen in einer Art, als dass er zum einen eine Spirale für die aktuellen Branchenlandschaft zeichnet, die durchlaufen wird, und zum anderen eine oder mehrere weitere Spiralen vorsieht, die einen dynamischen Strategieprozess in neuen Branchen darstellen sollen. Vgl. Markides (1999), S. 60ff.

177 Vgl. zu dem Spiralmodell ursprünglich Markides (1999), S. 62f.

178 Eine ausführlichere Diskussion dieser Problematik wurde von Zahn/Tilebein (1998), S. 50f. geführt. Sie unterscheiden insbesondere die Spannungsfelder „Dynamik und Stabilität“, „Hierarchie und marktliche Koordination“, „Konkurrenz und Kooperation“ sowie „Selbstorganisation und Fremdorganisation“.

Dynamische Strategien sind deutlich mehr als sich durch die Metapher ständig wiederholender Repositionierungen in einer Spirale ausdrücken lässt. Sie spiegeln einen fundamentalen Wandel im Strategieverständnis wider.[179] Zwar dienen auch dynamische Strategien der Differenzierung im Wettbewerb, doch

> *„the way in which strategy is different is itself different“.*[180]

In turbulenten Aufgabenumfeldern reduziert sich die Dauerhaftigkeit eines Wettbewerbsvorteils u.U. dramatisch. Strategien müssen deshalb auf Beweglichkeit fokussieren und selbst flexibel sein. Solch flexible Strategien manifestieren sich in der Beherrschung kritischer Prozesse und versetzen Unternehmen in die Lage, früher und stetiger am Strom unvorhersehbar auftauchender Marktchancen teilzuhaben. Dahingegen laufen Unternehmen mit starren Strategien Gefahr, in Sackgassen der Entwicklung zu geraten.[181] Ebenso wie die Diskussionen zu den Dualen Strategien haben die Diskussionen zur Entwicklung und Bewertung der dynamischen Strategien wichtige und richtige Ansätze, wie beispielsweise die permanente Suche nach neuen Erfolgspositionen, mit sich gebracht. Der Ansatz der dynamischen Strategien hält jedoch auch keine vielversprechende Rezeptur für eine erfolgreiche Bewältigung der externen Dynamik bereit.

Die Diskussion der dynamischen Strategien wie auch die bereits angeführten Kritikpunkte an den klassischen Strategieansätzen zeigen, dass mit dem Grad an Umweltdynamik die Notwendigkeit der strategischen Flexibilität positiv korreliert. Diese Erkenntnis erscheint auf den ersten Blick nur logisch, da eine zunehmende Verkürzung der Zyklen, in denen Unternehmen sich neuen Herausforderungen gegenübergestellt sehen, unweigerlich auch eine immer kürzer werdende Zeitspanne zwischen neuen und adäquaten Antworten auf diese Herausforderungen mit sich bringt. Da ein Unternehmen bildlich gesprochen jedoch nicht immer nur in den Startblöcken sitzen bleiben kann, sondern auch irgendwann in eine Richtung laufen muss, müssen Entscheidungen getroffen werden. Folgen dieser Entscheidungen oder Commitments

---

179 Vgl. Zahn/Nowak/Schön (2005), S. 93.
180 Eisenhardt (2002), S. 91.
181 Vgl. Zahn/Schön (2003), S. 169.

sind Festlegungen, Investitionen oder mindestens Visionen, die ab diesem Zeitpunkt die Richtung vorgeben. Dem Unternehmen wird quasi mit dem Startschuss ein Teil seiner Flexibilität genommen und mit jedem einzelnen Schritt (Commitment) entfernt es sich weiter vom Ausgangspunkt, an dem es die größtmögliche Flexibilität und Handlungsfreiheit hatte. Um trotzdem eine jederzeit größtmögliche Handlungsflexibilität sicherzustellen, sollten sich die eingegangenen Commitments durch einen möglichst hohen Grad an Flexibilität auszeichnen.

Im Strategischen Management haben sich Konzepte wie „strategische Flexibilität“[182], „Reaktionsfähigkeit“[183], „Wandlungsfähigkeit“[184] oder „Responsiveness“[185] etabliert, die alle die Fähigkeit einer permanenten Erneuerung des Unternehmens entsprechend der externen Situation behandeln. Diese Fähigkeit wird in allen genannten Konstrukten durch organisationale Prozesse, Strukturen und Ressourcen bedingt.

Entscheidet sich ein Unternehmen heute für eine Investition,[186] die sich in der Gegenwart und möglicherweise auch in der kurz- bis mittelfristigen Zukunft als sehr sinnvoll und nutzenstiftend erweist, kann es sein, dass sich diese Investition zu einem bestimmten Zeitpunkt in der Zukunft als ein irreversibles Commitment[187] herausstellt. Je weiter der Zeitpunkt der Investition zurückliegt und je höher die Kosten der Investition waren, desto schwieriger ist es für die Unternehmensführung, nachträglich zu deinvestieren oder die Kosten gänzlich abzuschreiben. Oft bringen Investitionen Folgekosten mit sich, die das skizzierte Dilemma verschärfen. Es liegt in der Natur der Sache, dass ein Unternehmer Investitionen tätigen muss, um seine Produkte fertigen oder seine Leistungen anbieten zu können. Mit jeder Investition legt er sich jedoch mehr oder weniger auf ein bestimmtes Fertigungsverfahren oder eine spezifische Art des Services fest – zumindest in Höhe des investierten Betrages. Da in den meisten Unternehmen die monetären Ressourcen knapp sind, müssen Ent-

---

182 Vgl. u.a. Volberda (1998) oder auch Meffert/Burmann (2000), S. 181ff.
183 Vgl. z.B. Reinhart/Dürrschmidt/Hirschberg/Selke (1999), S. 21.
184 Vgl. hierzu z.B. Westkämper/Zahn/Balve/Tilebein (2000), Gagsch (2002) oder auch Zahn (2003), S. 2ff.
185 Vgl. u.a. Ansoff/Brandenburg (1971), S. 710ff.
186 Die Art der Investition ist in diesem Falle sekundärer Natur. Vorstellbar sind z.B. Investitionen in Ressourcen oder Prozesse sowie strukturelle Investitionen.
187 Zu dem Begriff der irreversiblen Commitments siehe v.a. Ghemawat/Del Sol (1998).

scheidungen zwischen verschiedenen Investitionen getroffen werden, da entweder nicht alle parallel leistbar sind oder sich ggf. auch gegenseitig ausschließen. So kommt es zum Spannungsfeld der Entscheidung zwischen Investitionen in die Effizienz des Unternehmens, die oft mit Investitionen in Prozessverbesserungen oder Qualitätssteigerungen einhergehen, Investitionen in die Effektivität des Unternehmens, die bspw. in neue Anlagen getätigt werden, und der Aufrechterhaltung der Flexibilität, die bspw. durch Vorhalten von Liquidität realisierbar ist.[188]

Um die im jeweiligen Kontext richtigen Investitionsentscheidungen treffen zu können, sind spezielle Fähigkeiten notwendig.[189] Für Entscheidungen dieser Art ist es für ein Unternehmen von elementarer Bedeutung, Informationen adäquat aufnehmen und verarbeiten zu können. Diese Aufnahme- und Verarbeitungsfähigkeit von Informationen im Unternehmen wird in erster Linie durch die Fähigkeit zu organisationalem Lernen determiniert. Das organisationale Lernen bedingt die Fähigkeit zur Nutzung von Erfahrungen, zur Interpretation von Entwicklungen und zur Orientierung in der Unternehmensumwelt in entscheidendem Maße.

Organisationales Lernen

Für die Fähigkeit zur unternehmensseitigen Erneuerung werden im Konzept des Organisationalen Lernens die Lernprozesse im Unternehmen als wesentliche Quelle

---

188 Vgl. zu diesem Spannungsfeld z.B. Adler/Goldoftas/Levine (1999).

189 GHEMAWAT UND DEL SOL schlagen eine Kategorisierung der zu bewertenden Investitionsalternativen anhand der Klassfizierung der Ressourcen vor. Sie differenzieren vier Klassen von Ressourcen über eine zweidimensionale Matrix. Ausprägungsmöglichkeiten sind zum einen *große versus geringe Unternehmensspezifität der Ressource*, zum anderen *große versus geringe Einsatzspezifität der Ressource*. Bezüglich der zukünftigen, unsicheren Umweltentwicklungen lassen sich über die vier Dimensionen unterschiedliche Implikationen für die Wettbewerbsfähigkeit ableiten und damit die Investitionsentscheidung situationsspezifisch abwägen. Es ist jedoch nicht immer gesagt, dass eine große Anwendungsbreite per se von Vorteil ist. Vgl. Zahn/Tilebein (1998), S. 49f. Vielmehr können unternehmensspezifische Ressourcen größeren Nutzen stiften, weil sie nicht so leicht zu imitieren sind und im Sinne des RbV dadurch an Wert gewinnen. Als mögliche Herangehensweise an dieses alles andere als triviale Spannungsfeld wird ein zeitlich angepasstes, sensibles und flexibles Management der Commitments vorgeschlagen. Diese Art der Steuerung impliziert sehrwohl auch die bewusste Aufgabe von Commitments als mögliche Handlungsoption, wenn ein Commitment einer notwendigen Unternehmenserneuerung im Wege stehen würde oder für eine zukünftig notwendige Produkt- oder Serviceerstellung kontraproduktiv wäre. Vgl. Ghemawat/Del Sol (1998), S. 40f.

betrachtet.[190] Sie verändern die im Unternehmen installierte Wissensbasis und die vorherrschende Wissensstruktur, indem sie vorhandenes Wissen adaptieren oder ersetzen und neues Wissen produzieren.[191] ARGYRIS UND SCHÖN führen für diese Veränderungsprozesse den Begriff der *organisationalen Handlungstheorie* oder auch der *Theory of Action* ein. Dieser Begriff kann nach PAWLOWSKY bereits als eine Vorstufe der organisationalen Wissensbasis betrachtet werden.[192] Die Organisationsmitglieder haben in der organisationalen Handlungstheorie ihre Erwartungen bezüglich der Konsequenz ihres Handelns abgelegt. In jedem Moment einer Handlung werden die abgelegten Erwartungen mit der wahrgenommenen Wirklichkeit abgeglichen. In diesem Moment lernen und verlernen die Organisationsmitglieder, was sich durch eine (Re-)Konstruktion ihrer mentalen Modelle im Sinne der Theory of Action vollzieht.[193] In diesem Theoriegebilde wird weiterhin zwischen der so genannten *Espoused Theory*, in der die von der Organisation von außen nach innen kommunizierten Handlungsgrundsätze abgelegt sind und der so genannten *Theory-in-use,* die sämtliche für die Organisationsmitglieder tatsächlich handlungsleitenden Theorien zusammenfasst, unterschieden.[194] Wissen stellt eine wichtige unternehmensspezifische intangible Ressource dar, die über Lernprozesse manipuliert wird. Sie kann als Basis für Innovationen angesehen werden und ist damit für die Unternehmenserneuerung verantwortlich.[195] Menschliche Aktionen oder Entscheidungen sind die Grundlage jeglicher Innovation im Unternehmen, ganz gleich ob diese Innovation produktspezifischen oder prozessualen Charakter hat oder ob sie die Strategie bzw. bestimmte Verhaltensweisen betrifft. LORINO reduziert diese Erkenntnis auf folgenden Grundsatz:

---

[190] Im Konzept des Organisationalen Lernens werden die vier Dimensionen Lernebene, Lernform, Lerntyp und Lernphase unterschieden. Für vertiefende Literatur zu dieser Unterscheidung vgl. u.a. Homp (2000), S. 136ff., Argyris/Schön (1978), S. 10ff., Kim (1993), S. 38ff., Probst/Büchel (1994), S. 20ff., Prange (2002), S. 29ff., Helleloid/Simonin (1994), S. 213ff. sowie Osterloh (1994), S. 47ff. und Raub/Büchel (1996), S. 26ff.

[191] Vgl. Klimecki/Probst/Eberl (1991), S. 130 oder auch Argyris/Schön (1978), S. 10ff.

[192] Vgl. Pawlowsky (1992), S. 202.

[193] Vgl. Klimecki/Probst/Eberl (1991), S. 130.

[194] Vgl. Argyris/Schön (1978), S. 10ff.

[195] Vgl. Zahn/Tilebein (2000), S. 128f.

> *„..., organizational learning can be seen as a complex combination of „individual learnings“ about organizational action.“*[196]

Diese Erkenntnis zeigt, dass die Erforschung von kognitiven Prozessen an sich sowie der Ergebnisse der Prozesse und ihrer Wechselwirkungen mit anderen Elementen des Unternehmens eine große Rolle im Rahmen des Organisationalen Lernens spielen.[197] ARGYRIS UND SCHÖN unterscheiden grundsätzlich drei Arten von Lernprozessen.[198]

Unter dem Begriff des *Single-Loop-Learning*[199] werden die Lernprozesse zusammengefasst, die auf einer Fehlerkorrektur beruhen. Diese Fehlerkorrektur findet auf Basis eines gegebenen mentalen Modells statt, in dem verschiedene Annahmen über Kausalzusammenhänge in der Realität abgelegt sind. Durch den Versuch, diverse Fehlerquellen zunächst zu identifizieren und anschließend zu eliminieren, reagieren die Organisationsmitglieder auf Veränderungen in ihrer Umwelt. Dieser mehr oder weniger zyklisch ablaufende adaptive Lernvorgang schließt den Regelkreis des Single-Loop-Learning im Rahmen der Theory-in-use des einzelnen Mitarbeiters. Auf diese Weise kann eine kontinuierliche, inkrementelle Optimierung erreicht werden, die eine Steigerung der *Effizienz* zur Folge hat.[200] Eine solche Optimierung birgt jedoch auch Gefahren, da sie immer mit einer zunehmenden Spezialisierung und Verfestigung einhergeht, die im Kontext einer hohen Umweltdynamik lähmend wirken und flexiblen Strukturen abträglich sein kann.[201]

Reicht ein Single-Loop-Lernen nicht mehr aus bzw. können die auftretenden Störungen durch ein Lernen auf dieser einfachen Lern-Ebene nicht beseitigt werden, muss

---

196 Lorino (2001), S. 206.

197 Vgl. Klimecki/Laßleben/Thomae (2000), S. 63.

198 Vgl. Argyris/Schön (1978), S. 18ff.

199 Vgl. hierzu ausführlich Argyris/Schön (1978), S. 18ff. und für einen Überblick z.B. Zahn/Greschner (1995), S. 609f. oder Zahn/Tilebein (2000), S. 123f.

200 Dieser Vorgang ist mit einem kontinuierlichen Verbesserungsprozess, unter Umständen besser bekannt als KVP, zu vergleichen, der ursprünglich aus dem Japanischen stammt (Kaizen kann als sein Vorgänger betrachtet werden) und bis zu einer allgemein anerkannten Managementmethode entwickelt wurde.

201 Vgl. Tilebein (2005), S. 22. Hierbei sei auf die oben diskutierte Problematik der irreversiblen Commitments verwiesen. Eine stetig steigende Optimierung der bestehenden und eingesetzten Technik führt zu einer weiteren Verfestigung bewährter Routinen und einer im Gegenzug dazu in gleichem Ausmaß zurückgehenden Flexibilität.

im Unternehmen im Sinne eines *Double-Loop-Learning*[202] gelernt werden. Hierbei stehen nicht mehr nur bestimmte Verhaltensweisen zur Disposition, sondern es werden die grundlegenden Annahmen, Normen und Routinen diversen Veränderungen unterzogen. Dadurch werden die mentalen Modelle selbst Gegenstand der Lernprozesse. Dies ermöglicht einem Unternehmen, grundsätzlich neue Wege zu gehen, die bis dato überhaupt nicht vorstellbar waren und welche durch neue Handlungsrahmen die *Effektivität* und nicht mehr (nur) die Effizienz einer Organisation beeinflussen können. Double-Loop-Learning wird somit zu einem der zentralen Treiber des unternehmensinternen elementaren Wandels, der jedoch auch Gefahren wie Verluste an Richtung oder Verfall an Identität bergen kann.[203] Eine einseitige Betrachtung der *Gefahren des Lernens* wäre jedoch fatal. Die *Gefahren des Nicht-Lernens* durch die Existenz diverser Lernbarrieren können mindestens genauso schwerwiegende Folgen nach sich ziehen.[204]

Der Prozess des *Deutero-Learning*[205] als dritte Lernebene wird auch als *Metalernen* oder *Lernen des Lernens* bezeichnet. Gegenstand der Betrachtung sind hier die beiden Lernarten des Single- und des Double-Loop-Learning. Dieser Prozess wird dadurch zu einem Lernprozess auf einer übergeordneten Meta-Ebene, der bei erfolgreichem Durchlaufen die organisationale Lernfähigkeit verbessert.[206] Die Stimulation der Bereitschaft zu Lernen sowie die Beseitigung von Lernbarrieren sind hierbei elementare Bestandteile und Ziele des Deutero-Lernens.[207] Deutero-Learning soll durch die permanente Herstellung einer kontextadäquaten Ausgewogenheit zwischen einem stabilisierenden Verbesserungslernen (Single-Loop) und einem destabilisierenden Erneuerungslernen (Double-Loop) für die richtige Balance zwischen Effizienz und Effektivität sorgen.[208]

---

[202] Vgl. Argyris/Schön (1978), S. 24f.
[203] Vgl. Zahn/Tilebein (2000), S. 123
[204] Vgl. Schüppel (1996), S. 107ff., Greschner (1996), S. 138ff. oder bereits March/Olsen (1976), S. 56ff. sowie Kim (1993), S. 43ff. und Miner/Mezias (1996), S. 91f.
[205] Vgl. Argyris/Schön (1978), S. 26f.
[206] Vgl. Zahn/Greschner (1995), S. 610.
[207] Vgl. Schüppel (1996), S. 108 oder Kim (1993), S. 46f.
[208] Vgl. Tilebein (2005), S. 22 sowie Zahn/Tilebein (2000), S. 123.

Diese Lernprozesse sind nicht nur auf individueller Ebene bei einzelnen Personen mit individuellem Wissen zu verorten, sie werden vielmehr auch auf Gruppen- oder Unternehmensebene sowie zwischen zwei Organisationen und in ganzen Netzwerken beobachtet.[209] Jedes Lernen, unabhängig auf welcher Ebene es stattfindet, basiert zunächst auf individuellem Lernen. Das Gelernte auf einer höheren Ebene lässt sich jedoch nicht auf die Summe der Einzelteile des auf individueller Ebene Gelernten reduzieren. Es stellt akkumuliert einen weitaus höheren Wert für die Unternehmung dar als die reine Addition der einzelnen Komponenten.[210]

Je turbulenter und dynamischer die Unternehmensumwelt ist, desto größer muss der Anteil des Erneuerungslernens für eine kontextadäquate Balance zwischen Chancensuche bzw. -nutzung und Chancenkreation, zwischen Effizienz und Effektivität, zwischen Exploitation und Exploration sein. Mit steigendem Anteil auf der eigentlich destabilisierenden Seite wird der Ausgang des Lernens und damit die Richtung, in die das Unternehmen läuft, zunehmend ungewiss. Mehr und mehr kann eine solche Situation mit einem Experiment mit offenem Ausgang verglichen werden. Um Rückschläge, die bei solch einem Experimentieren unweigerlich auftreten werden, abzufedern und sie nicht in Frustration münden zu lassen, muss im Unternehmen eine Fehlertoleranz entwickelt werden. Die Mitarbeiter müssen eine gewisse Kultur leben, in der auch vermeintliche Rückschritte als Chance zu neuerlichem Lernen begriffen werden. Nur so können Mitarbeiter angeregt werden, ihr eigenes mentales Modell, auf dessen Basis sie Situationen bewerten und entsprechend handeln, permanent im Sinne eines Erneuerungslernens zu hinterfragen.[211]

Anhand des Konzeptes des organisationalen Lernens wurde gezeigt, dass ein Lernen auf unterschiedlichen Ebenen bei spezifischen Herausforderungen bzw. Problemstellungen differierende Erfolgsaussichten bereithalten kann. Die reine Erkenntnis zur Notwendigkeit des Lernens kann alleine jedoch noch keine situationsadäquate

---

209 Vgl. Miner/Mezias (1996), S. 91f. KIM zeigt den Zusammenhang zwischen individuellem und organisationalem Lernen auf. Vgl. hierzu Kim (1993), S. 43ff., CHILD UND FAULKNER beschäftigen sich mit dem Lernen zwischen zwei oder mehreren Organisationen. Vgl. hierzu Child/Faulkner (1998), S. 283ff.

210 Vgl. Argyris/Schön (1978), S. 20ff., Zahn (2001a), S. 14 sowie Miner/Mezias (1996), S. 91ff. oder Schwaninger (1999), S. 319ff.

211 Vgl. Zahn/Tilebein (2000), S. 131f.

Antwort auf die erfolgversprechendste Art und Weise des Lernens bereithalten. Damit hält das Konzept des organisationalen Lernens zwar bedeutende Erkenntnisse für ein Dynamikverständnis und den Umgang mit turbulenten Umfeldern bereit und kann als Basiskonzept bzw. Ausgangspunkt für eine Entwicklung und Diskussion weiterer Konzepte wie bspw. des Zwillingskonzeptes der Exploitation und Exploration dienen.

Exploitation vs. Exploration

Durch den sprunghaften Anstieg und die dadurch immer notwendiger werdende Berücksichtigung dynamischer Aspekte in zeitgemäßen und damit erfolgversprechenden Strategieansätzen kann davon ausgegangen werden, dass auch die Länge der Zeitspanne, in der sich Unternehmen durch überdurchschnittliche Leistungen auszeichnen, permanent kürzer wird. Die Fähigkeiten zur kontextadäquaten Manipulation der Ressourcen- und Kompetenzgefüge des Unternehmens sind ebenfalls einer permanenten Erosionsgefahr ausgesetzt und müssen demnach ebenfalls als nicht dauerhaft betrachtet werden.[212] Zu der steigenden Intervallgeschwindigkeit externer Bedrohungen kommt die mit ihr einhergehende steigende Intervallgeschwindigkeit interner Bedrohungen hinzu. Je schneller und häufiger sich das Unternehmen externen Gefahren und neuen Rahmenbedingungen ausgesetzt sieht, desto schneller und häufiger muss sich das Unternehmen auch intern neu aufstellen. Somit entsteht neben der externen Unruhe ganz unmittelbar auch eine interne Unruhe, die ausschließlich über eine positive Erfahrung der unmittelbaren Anpassungsfähigkeit des Unternehmens und eine hierüber gewonnene, zumindest gefühlte, Sicherheit abgefangen werden kann.[213] Zeichnet sich ein Unternehmen in einer solchen Situation nicht durch eine ausgeprägte Anpassungsfähigkeit aus, führen die dann falsch getroffenen Entscheidungen unmittelbar zu weiteren internen Unsicherheiten und Rigiditäten.[214]

---

[212] Vgl. Eisenhardt/Martin (2000), S. 1118.
[213] Vgl. Tilebein (2005), S. 27.
[214] Vgl. zum Thema der Unternehmensrigidität ausführlich Leonard-Barton (1992a) und (1992b) sowie (1995).

Unter diesen Umständen findet sich ein Unternehmen immer häufiger auf einer Art Gratwanderung wieder. Es durchläuft sowohl Phasen permanenter Anpassung und einer damit einhergehenden inneren Unruhe als auch Phasen der Stabilität, verbunden mit einer Sicherheitswirkung nach innen. Die beiden Phasen dürfen jeweils weder zu weit strapaziert, noch zu kurz ausgestaltet werden. Eine zu weit ausgedehnte Phase der Stabilität hemmt möglicherweise notwendig werdende Anpassungen, eine zu lange Phase innerer Unruhe hemmt ein strukturiertes Management und führt zu kausaler Ambiguität nach innen wie nach außen.[215] Die Herausforderung des kontextadäquaten Wechsels zwischen Sicherheit gebendem Bewahren und flexiblem Bewegen, zwischen stabilem und beruhigendem Alt-Bewährten und instabilem und sprunghaftem Anpassen mündet in eine kontinuierliche Suche nach dem idealen Maß an Struktur. Eben dieser Umstand veranlasste MARCH bereits im Jahr 1991 im Kontext des organisationalen Lernens zwischen einer *Exploitation* des Bekannten und einer *Exploration* des Neuen zu unterscheiden.[216]

Exploitation ist mit Stichworten wie *Verbesserung*, *Wahl*, *Produktion*, *Effizienz*, *Selektion*, *Implementierung* und *Durchführung* zu verbinden. Exploration dagegen mit Stichworten wie *Suche*, *Variation*, *Risikonahme*, *Experimentieren*, *Spiel*, *Flexibilität*, *Entdeckung* und *Innovation*.[217]

> *„The essence of exploitation is the refinement and extension of existing competences, technologies, and paradigms. Its returns are positive, proximate, and predictable. The essence of exploration is experimentation with new alternatives. Its returns are uncertain, distant, and often negative."*[218]

Ganz grundsätzlich müssen erfolgreiche Unternehmen auf eine ausgewogene Balance zwischen einem Ausbeuten des Bewährten und einem Entdecken des Neuen achten. Adaptive Systeme, als welche sich Unternehmen in dynamischen Umwelten unweigerlich verstehen müssen, die sich als reine Exploiter auszeichnen, finden sich

215 Vgl. Teece/Pisano/Shuen (1997), S. 523. Vgl. zum Begriff der kausalen Ambiguität ursprünglich Reed/De Fillippi (1990) sowie Haeckel (1999), S. 105ff.

216 Vgl. ursprünglich March (1991) sowie für weitere Diskussionen zum Thema z.B. Fisch/Kertels (2010), He/Wong (2004), Lavie/Rosenkopf (2006), Lee/Lee/Lee (2003) und Wollersheim (2010).

217 Vgl. March (1991), S. 71.

218 March (1991), S. 85.

als in suboptimalen Gleichgewichtszuständen Gefangene wieder. Reine Explorer dagegen werden ohne nennenswerte oder zumindest ohne wiederholbare Erfolge vorweisen zu können unter Experimentier-Kosten zu leiden haben. Sie entwickeln zu viele unausgereifte Ideen ohne eine spezifische Kompetenz zu erreichen und ohne der Unternehmensentwicklung eine klare Richtung zu geben.[219]

Exploration und Exploitation sind beide notwendig, konkurrieren jedoch um knappe Ressourcen.[220] Als Folge wird explizit wie auch implizit eine Wahl getroffen. Problematisch wird die Wahl bzw. das Streben nach Verbesserung der Balance durch die Tatsache, dass die Ergebnisse der beiden Optionen hinsichtlich Wertbeitrag, Variabilität, Timing und Distribution variieren. Ressourcenallokationsprozesse zwischen Exploitation und Exploration beinhalten intertemporale, interinstitutionale, interpersonale sowie Risikopräferenz-Vergleiche und sind damit äußerst situations- und unternehmensspezifischer Natur.[221] Die Ressourcen und Kompetenzen einer Organisation müssen daher zu jedem Zeitpunkt auf den jeweils spezifischen Kontext des Unternehmens ausgerichtet und bewusst allokiert bzw. kontingentiert werden.

Das ursprünglich von MARCH konzipierte und von vielen Autoren weiterentwickelte Zwillingskonzept der Exploitation und Exploration scheint im Rahmen der sprunghaft steigenden Umweltdynamisierung vielversprechende Erkenntnisse bereitzuhalten. Gleichzeitig sieht es sich großen Herausforderungen gegenübergestellt und lässt einige Fragen offen. Beispielsweise ist die Problematik der kontextadäquaten Ressourcenallokation alles andere als trivial und bedarf eines äußerst feinfühligen Managements. Das vielbeachtete Konzept der DC, das bereits weiter oben angerissen wurde und im Folgenden weiter spezifiziert wird, lässt im Zusammenspiel mit dem Zwillingskonzept erfolgversprechende Erkenntnisse vermuten. Zum einen trägt es zu einer Flexibilisierung und möglicherweise annähernden Wandlungsfähigkeit des Unternehmens bei, zum anderen kann es als Schlüssel zur geforderten Integration der Innen- und Außenorientierung betrachtet werden.

---

219 Vgl. Lewin/Long/Carroll (1999), S. 536ff.
220 Vgl. He/Wong (2004), S. 482.
221 Vgl. March (1991), S. 71.

Die verschiedenen, im vorliegenden Kapitel bis hierhin diskutierten Ansätze und Konzepte halten, jeweils für sich betrachtet, bereits innovative Ideen für eine Optimierung der Leistungsfähigkeit von Organisationen in dynamischen Umwelten bereit. In Kombination vermögen sie gar Antworten auf Fragen nach einer zukünftig aufrechterhaltbaren Leistungsfähigkeit geben.

Dynamic (Managerial) Capabilities

Auf dem Weg zur Entwicklung einer dynamischen Theorie der Unternehmung wird das Konzept der Dynamic Capabilities (DC) intensiv diskutiert. Es evolvierte aus dem vermeintlich sehr mächtigen und weit entwickelten RbV, der bereits selbst die Basis der Resource-based Theory of the Firm darstellt. Auslöser für die Entwicklung des Konzeptes der DC war die nicht mehr zeitgemäße zentrale Annahme der unmittelbaren Existenz von Ressourcen im Sinne des RbV.[222] DC sind Fähigkeiten zur Rekombination, Weiterentwicklung und Protektion von Ressourcen sowie zur Veränderung von Strategien und Geschäftsmodellen im Einklang mit einer sich verändernden Umwelt. Sie sind Ausdruck strategischer bzw. evolutionärer Fitness auf organisationaler Ebene. Evolutionäre Fitness ist im dynamischen Wettbewerb für die erforderliche Wahrnehmung oder Kreation und Ergreifung neuer Geschäftschancen und damit für die Anpassung und Erneuerung des Unternehmens unabdingbar.[223] Solche Prozesse sind gewöhnlich ein schwieriger Balanceakt zwischen Bewahrung und Veränderung sowie zwischen Lang- und Kurzfristorientierung in der Strategie. Sie erfordern zum einen die Fähigkeit zu dialektischem Denken und zum anderen die Fähigkeit zum perfekten Spiel auf der Klaviatur der verschiedenen Argumentationsarten des strategischen Denkens. Sie verlangen aber auch unterschiedliche intellektuelle und praktische Managementfähigkeiten – Fähigkeiten, die einen unternehmerischen Kern

[222] Vgl. Eisenhardt/Martin (2000), S. 1107.

[223] TEECE, PISANO UND SHUEN haben den Begriff der Dynamic Capabilities geprägt. Vgl. hierzu ausführlich Teece/Pisano/Shuen (1997), Teece/Pisano (1994), Teece (1998) und (2007), Augier/Teece (2007), Barney/Wright/Ketchen (2001), S. 630ff., Zollo/Winter (2002), S. 340ff., Winter (2003) und Zott (2003) sowie Helfat/Finkelstein et al. (2007). Vgl. hierzu auch die Diskussion in Danneels (2002), S. 1095ff.

besitzen und die in der Konsequenz Unternehmertum in den Mittelpunkt der jüngeren Strategieforschung rücken.[224]

Schlüssel zum Halten und Verändern der strategischen Balance zwischen Exploitation und Exploration sind folglich die Dynamic Capabilities auf der Ebene der Organisation und die *Dynamic Managerial Capabilities (DMC)* auf der Ebene des Individuums (im Sinne von Fähigkeiten individueller Manager zur Durchführung mentaler Aktivitäten).[225] Letztere betonen die kritische Rolle des Managements in Adaptionsprozessen zur Veränderung der strategischen Balance. Sie beinhalten Management-Humankapital in Form individueller Fähigkeiten und individuellen Wissens, Management-Sozialkapital, das soziale Beziehungen adressiert und Kognitionen, die sich in den (gemeinsamen) mentalen Modellen des Top-Managements manifestieren.[226]

Auch im Konzept der DC spielen Lernprozesse eine wichtige Rolle, denn auch dieses Konzept fußt auf der Erkenntnis, dass die reine Akkumulation und der Schutz von unter Umständen durchaus wertvollen Ressourcen in einer turbulenten Unternehmensumwelt keine Garanten für nachhaltigen Erfolg darstellen. Die DC des Unternehmens sind Treiber unternehmerischer Wandlungsprozesse, da mit ihnen eine Integration, ein Auf- und Abbau sowie eine (Re-)Konfiguration interner und externer Ressourcen möglich wird. Somit spielen sie die Rolle des *Enablers*, da durch sie auf radikale Veränderungen in der Unternehmensumwelt reagiert oder ein solcher Wandel gar selbst angestoßen werden kann.[227] Bereits seit den Werken von SCHUMPETER ist die Notwendigkeit für eine permanente organisatorische Erneuerung bekannt – nicht nur, um reaktiv auf den Sturm kreativer Zerstörung Anderer reagieren zu kön-

224 Vgl. z.B. Tilebein (2005), S. 23.

225 Vgl. Zahn (2015), S. 110ff., Adner/Helfat (2003), S. 1011ff. und Helfat/Peteraf (2015), S. 832. ADNER UND HELFAT verwenden den Begriff der Dynmamic Managerial Capabilities erstmals, um die kognitiven Fähigkeiten des Managements zu strategischen Erneuerungen von den Dynamic Capabilites, die ja auch operative Aspekte beinhalten, abzuheben. Vgl. Adner/Helfat (2003), S. 1011ff. Insofern sprechen HELFAT UND PETERAF folgerichtig von *Managerial Cognitive Capabilities* nachdem EGGER UND KAPLAN den noch unerforschten Aspekt der Kognition beklagt haben. Vgl. Helfat/Peteraf (2015), S. 831ff. und Egger/Kaplan (2013), S. 293ff. Mit dem Fokus auf den kognitiven Aspekt hoffen die Autoren zu erklären, warum einige Top-Manager effektivere Fähigkeiten als andere haben bei der Antizipation, Interpretation und Reaktion auf Nachfrageveränderungen in einer dynamisch evolvierenden Umwelt.

226 Vgl. Koprax/Kronlechner (2014), S. 11ff.

227 Vgl. Eisenhardt/Martin (2000), S. 1107 sowie Teece/Pisano/Shuen (1997), S. 516.

nen, sondern vielmehr um dadurch einen solchen Sturm selbst proaktiv hervorzurufen.[228] In turbulenten Umwelten gehören diejenigen Unternehmen zu den Gewinnern im Wettbewerb, denen es gelingt, interne wie auch externe Kompetenzen effizient und effektiv zu koordinieren, flexibel zu kombinieren, damit eine hohe Responsivität zu demonstrieren und sich durch eine schnelle und flexible Entwicklung von Produkten und Dienstleistungen auszuzeichnen. Aufgrund des Potenzials von DC zur Adaption der Ressourcen- und Kompetenzbasis des Unternehmens können sie als Enabler neuer strategischer Optionen und Wegbereiter zum Beschreiten neuer Pfade bezeichnet werden.[229]

ZAHN UND FOSCHIANI nennen die Aspekte *Dynamik* und *Managementfähigkeiten* als die beiden zentralen Kristallisationspunkte, die dem Konzept der DC zugrunde liegen.[230] Der Dynamik-Aspekt bezieht sich auf die schnelle Anpassung und adäquate Erneuerung der Kompetenzbasis. Nur durch sie können innovative Problemlösungen für die Anforderungen in schwer prognostizierbaren und schnelllebigen Märkten entwickelt werden. Der Aspekt der Managementfähigkeiten betont auf der anderen Seite besonders die zentrale Rolle der strategischen Unternehmensführung bei der Anpassung, Integration, Entwicklung und Rekonfiguration von Kompetenz- und Wissensbasen in der Organisation.

Die Wettbewerbsfähigkeit eines Unternehmens in dynamischen Umwelten, die durch die Existenz von DC determiniert wird, wird durch drei Faktoren bestimmt.[231] Zum ersten hängt sie von *organisationalen Prozessen* wie zum Beispiel den Managementfertigkeiten, Denkwelten und Lernmustern oder Handlungsroutinen ab. Zum zweiten spielt die *Positionierung* der Organisation bezüglich ihrer materiellen und immateriellen Ressourcen eine wichtige Rolle. Schließlich sind drittens die *strategischen Pfade*, die das Spektrum der strategischen Handlungsoptionen des Unternehmens aufspannen und wodurch auch die Pfadabhängigkeiten determiniert werden, ein wichtiger

228 Vgl. Schumpeter (1950) oder z.B. auch Danneels (2002), S. 1095.
229 Vgl. Helfat/Finkelstein et al. (2007), S. 2.
230 Vgl. Zahn/Foschiani (2000), S. 99.
231 Vgl. hierzu Teece/Pisano (1994), S. 64f. und Teece/Pisano/Shuen (1997), S. 518ff.

Aspekt.[232] Aufgrund ihrer Wichtigkeit aber auch ihrer restringierenden Eigenschaften sind diese drei Faktoren die Stellhebel, an denen das strategische Management zur Entwicklung und Pflege der DC drehen kann. Diese drei interdependenten Faktoren weisen darauf hin, dass die DC ein entscheidender Schritt zu einer Symbiose von strategischer Innen- und Außenorientierung sind: Der zweite Stellhebel bezieht sich auf die interne Positionierung des Unternehmens und berücksichtigt damit Argumente aus der Innenorientierung. Die beiden anderen Stellhebel zielen auf eine Optimierung und einen Ausbau der Responsefähigkeit ab.[233] Sie beruhen auf Integration, Koordination, Lernen, Rekonfiguration und Transformation und implizieren auch eine *absorptive capacity* zur Wahrnehmung und Integration wertvollen externen Wissens.[234]

In einer hohen Wettbewerbsdynamik gleichen DC instabilen Prozessen, die auf wenigen simplen Regeln beruhen und unvorhersehbare Ergebnisse liefern können.[235] Wird nur diese Komponente betrachtet, stellen sie lediglich die notwendige, nicht jedoch die hinreichende Bedingung zur Erzielung von nachhaltigen Wettbewerbsvorteilen dar. Diese wird erst erfüllt, wenn eine kontextabhängige und spezifische Ressourcenkopplung und Ressourcen(re)konfiguration mittels DC realisiert wird.[236] Dynamic Capabilities weisen demnach zum einen eine strategische Komponente auf, die Veränderungsvorhaben eines Unternehmens, unabhängig ob diese durch extrinsischen Druck oder intrinsische Motivation angestoßen werden, über Entscheidungsmuster und Auswahlhilfen unterstützen. Zum anderen zeichnen sie sich auf

---

232 Vgl. z.B. Kinzler (2005), S. 55ff. In ähnlichem Kontext spricht LEONARD-BARTON von einer *dysfunctional flip side* der Fähigkeiten, die aufgrund von Pfadabhängigkeiten neben positiven auch hemmende Effekte auf die Organisation ausübt. Vgl. Leonard-Barton (1992b), S. 111. Vgl. für Diskussionen zu Pfadabhängigkeiten im Kontext technologischer Trajektorien auch Arthur (1989), Dosi (1988), Ruttan (1997) sowie Schilling (1998) und im Kontext kundenbezogener Trajektorien Helfat/Raubitschek (2000).

233 Vgl. hierzu Zahn/Foschiani (2000), S. 100 und Tilebein (2005), S. 23.

234 Vgl. Cohen/Levinthal (1990), S. 128ff.

235 Vgl. Eisenhardt/Sull (2001), S. 110f. und Eisenhardt/Martin (2000), S. 1110f. Im Gegensatz hierzu können Dynamic Capabilities in einer weniger dynamischen Umwelt mit bekannten Routinen gleichgesetzt werden, die die meist absehbare und linear verlaufende Unternehmensentwicklung prägen. Vgl. zu dem Begriff der Routine Nelson/Winter (1982), S. 14f.

236 Vgl. Eisenhardt/Martin (2000), S. 1110f.

operativer Ebene dadurch aus, dass sie als Veränderungsarchitekturen die formalen und sozialen Rahmenbedingungen für einen Wandel im Unternehmen schaffen.[237]

Dynamische Strategien, organisationales Lernen und die Kultivierung von DC sind Ansätze zu einer unternehmensinternen Dynamisierung, die versuchen, Antworten auf die neuen Herausforderungen zu formulieren. Diese Ansätze stimmen in der Erkenntnis überein, dass die Quellen für nachhaltige Wettbewerbsvorteile und den damit verbundenen Unternehmenserfolg an den unterschiedlichsten Stellen zu finden sind. Das Spektrum der Suchaktivitäten muss daher stark erweitert werden und beispielsweise Aspekte wie die Unternehmenshistorie, den Willen zu Lernen, die Unternehmenskultur, die Struktur oder die verfügbaren Ressourcen parallel einbeziehen.[238] Eine kontextabhängige Kombination dieser Faktoren scheint Aussicht auf beständigen Erfolg zu geben. Die einzelnen Bestandteile dürfen aber nicht nur separiert auf den Prüfstand gestellt werden, vielmehr ist zusätzlich ihre dynamische Koppelung zu hinterfragen und gegebenenfalls zu erneuern. Um sich passgenau auf die Anforderungen, die die Umwelt an die Unternehmen stellt, ausrichten zu können, müssen die Innen- und Außenorientierung konsequent parallel verfolgt und integrativ betrachtet werden. Diese Herausforderung könnte wiederum über eine konsequente und ausgewogene Verfolgung einer Exploitation und einer Exploration adressiert werden – eine Ausbeutung des Bewährten fokussiert die internen Potenziale des Unternehmens während die Entdeckung von Neuem die externen Potenziale der Wettbewerbsarena beleuchtet.

Die bisher vorgestellten Konzepte beinhalten stark integrative Elemente für eine Zusammenführung der strategischen Innen- und Außenorientierung. Werden diese jeweils separiert voneinander betrachtet, berücksichtigen sie die wechselseitigen Einflüsse einer dynamischen Entwicklung des Unternehmens und des Marktes teilweise jedoch nur in ungenügendem Maße.[239] Die im Folgenden vorgestellten Konzepte (KbV und CbV) zeichnen sich durch eine stärkere Zeitraumbetrachtung aus und integrieren dadurch die Komponenten aus dynamischen markt- und ressourcenorien-

---

237 Vgl. Güttel/Konlechner/Müller (2012), S. 630ff.
238 Vgl. hierzu z.B. Fichtner (2008).
239 Vgl. Tilebein (2005), S. 25.

tierten Ansätzen in höherem Maße. Die beiden Konzepte skizzieren eine Basis, die aus wissenschaftlichen Erkenntnissen und praktischen Erfahrungen entstanden ist und von der aus neue Forschung betrieben und zeitgemäße Empfehlungen für die Unternehmenspraxis abgeleitet werden können. Beide sind nicht nur ein jeweils neuer theoretischer Ansatz, der einzelne Erkenntnisse bereithält. Sie stellen vielmehr einen *based-view* dar, der als Vorstufe zu einer Theorie verstanden werden und damit einen belastbaren Sockel für neue Theoriegerüste abgeben kann.

Wissensbasierter Ansatz

Die Ressource *Wissen* nimmt unter den intangiblen Ressourcen eine exponierte Stellung ein und hat über den Knowledge-based View (KbV) zur Entstehung einer „Knowledge-based Theory of the Firm"[240] geführt. SPENDER bezeichnet diese Theorie als Plattform, von der aus eine neue Sicht auf die Organisation als ein dynamisches, sich entwickelndes und quasi-autonomes System, das Wissen produziert und anwendet, möglich wird.[241] In diesem System wird Wissen durch individuelle und kollektive Lernprozesse produziert und extern akquiriert. Ferner wird darin Wissen getestet, in Produkten, Prozessen und Dienstleistungen angewendet, also intern transformiert, aber auch nach außen transferiert.[242] Der KbV berücksichtigt insoweit wesentliche Aspekte einer dynamischen Theorie, wobei sein Fokus sowohl auf dem individuellen als auch auf dem organisationalen Wissen liegt und er sich mit den Herausforderungen des (organisationalen) Lernens und der unternehmerischen Notwendigkeit von Innovationen auseinandersetzt.[243] Lernen akkumuliert Wissen das wiederum in Innovationen transformiert und mithin sowohl als Treiber als auch als Ursache für eine ständige Erneuerung und Veränderung der Wissensbasis in Unternehmen verstanden werden kann.[244] Wissen wird als wichtigste strategische Ressource, Management von Wissen als die ausschlaggebende dynamische Kompetenz zur Erzie-

---

240 Vgl. hierzu generell Grant (1996a) und (1996b).
241 Vgl. Spender (1996), S. 59.
242 Vgl. Zahn/Foschiani/Tilebein (2000a), S. 52 und Zahn (1998), S. 41.
243 Vgl. Grant (1997), S. 450ff. und Grant (1996b), S. 109f. sowie Zahn/Foschiani/Tilebein (2000a), S. 52.
244 Vgl. Zahn (2001a), S. 15ff. und auch Schmidt (2005), S. 114f.

lung von Wettbewerbsvorteilen betrachtet.[245] Nach KENNEY besteht das dem KbV zugrunde liegende Konzept aus der gezielten Zusammenführung und Entwicklung, der stetigen Erneuerung sowie dem Schutz von Wissen zur Durchsetzung potenzieller Wettbewerbsvorteile.[246] Aufgrund der äußerst problematischen Kodifizierung und Speicherung von Wissen außerhalb der Köpfe der Mitarbeiter sieht sich die Unternehmensführung mit der zentralen Aufgabe der Integration und Nutzbarmachung von Wissen konfrontiert.

In der Knowledge-based Theory of the Firm wird der Ressource-based View bzw. die Resource-based Theory of the Firm dahingehend erweitert, dass sie einen Brückenschlag zwischen externen Aspekten des Marktes und internen Aspekten des Unternehmens wagt. Wissen wird als kontextspezifische Vernetzung von Informationen definiert, wodurch eine Außenorientierung dieser intangiblen Ressource bereits impliziert wird. Wissen ist daher nicht nur ein Aktivposten des Unternehmens, sondern vielmehr Basis für eine kommunikative Interaktion zwischen Menschen,[247] die auf individueller Ebene als Prozess der Selektion und Integration verstanden werden kann.[248] Nach GRANT und der Knowledge-based Theory of the Firm existieren Unternehmen vornehmlich dazu, dass individuelle Wissenseigner ihr personengebundenes, meist implizites Wissen in eine kollaborative Leistungserbringung zur Erreichung eines gemeinsamen spezifischen Ziels einbringen können.[249] Wissen lässt sich nach TSOUKAS als dynamische strategische Ressource begreifen, die, um wertvoll zu werden, angewendet und eingesetzt werden muss.

---

245 Vgl. hierzu u.a. von Krogh/Roos (1996a), S. 33, Nonaka/Takeuchi (1997), S. 16ff. oder Foss (1996), S. 470. Auf die besondere Bedeutung der Ressource Wissen im vorliegenden Kontext sei an dieser Stelle explizit hingewiesen. Die Diskussion des spezifischen Managements dieser Ressource stellt jedoch nicht Kern der vorliegenden Arbeit dar. Für vertiefende Literatur zum Wissensmanagement vgl. und Beiträge von Nonaka/Takeuchi (1995), Nonaka/Takeuchi (1997), von Krogh/Roos (1996a), (1996b), (1996c), von Krogh/Venzin (1995), Probst/Raub (1998), Zahn/Foschiani/Tilebein (2000b), Zahn/Greschner (1995), Winter (1987), Grant (1996a), Grant (1996b), Grant (1997), Schnurer/Mandl (2004) oder Baladi (1999).

246 Vgl. Kenney (1996), S. 699f.

247 Vgl. Stacey (2000), S. 23.

248 Vgl. Tsoukas (2000), S. 107f.

249 Vgl. Grant (1996b), S. 112f.

„To know is to act“[250]

Wissen ist grundsätzlich auch taziter Natur und kann nicht immer gezielt hinterlassen werden.[251] Sowohl in der Praxis als auch in der Forschung haben sich daher strategisch relevante Fragestellungen aufgetan, die z.B. wie folgt lauten:

„What sorts of knowledge and competence assets are worth developing and .. how is value to be derived from those assets?“[252]

Um diese Fragen beantworten zu können, müssen vorher einige Spezifika von Wissen diskutiert und die Ressource Wissen einer Kategorisierung unterzogen werden. NONAKA UND TAKEUCHI haben Ende der 1990er Jahre eine Unterscheidung in *implizites* und *explizites Wissen* vorgenommen.[253] Inspiriert für ihre Forschung wurden sie mitunter von POLANYIS Aussage

„we can know more than we can tell“.[254]

Unter *explizitem Wissen* verstehen NONAKA UND TAKEUCHI jenen Teil des menschlichen Wissens, der sich formal artikulieren lässt. Diese Art des Wissens kann dementsprechend problemlos von einem Individuum auf ein anderes übertragen werden. Es eignet sich zur medialen Speicherung beispielsweise in Form von grammatischen Sätzen, mathematischen Gleichungen, technischen Daten oder Benutzerhandbüchern. Aufgrund der Philosophietradition der westlichen Welt fiel im Kontext der Wissensforschung der größte Teil der Beachtung bis Mitte der 90er Jahre des letzten Jahrhunderts auf das explizite Wissen, da es greif- und beweisbar ist.[255]

Im Gegensatz dazu hatten japanische Wissenschaftler und Unternehmensführungen schon immer eine grundlegend andere Haltung gegenüber der Ressource Wissen.

---

250 Tsoukas (2000), S. 107.

251 Vgl. Winter (1987), S. 170 und 173f. oder Teece/Pisano (1994), S. 550. Den Begriff des *tacit knowledge* hat POLANYI geprägt. Für vertiefende Literatur vgl. Polanyi (1966),S. 1ff. oder auch Wright (1996), S. 329ff.

252 Winter (1987), S. 173f., vgl. hierzu auch Zahn/Foschiani/Tilebein (2000a), S. 56.

253 Vgl. Nonaka/Takeuchi (1997), S. 8. und 18ff.

254 Polanyi (1966), S. 4.

255 Vgl. Nonaka/Takeuchi (1997), S. 8.

Wissen, das in Worte, Zahlen oder Graphen fassbar ist, kann ihrer Ansicht nach nur die *Spitze des Eisbergs* darstellen. Unter dem Konstrukt Wissen verstehen sie größtenteils eher etwas Implizites. *Implizites Wissen* ist personengebunden und entzieht sich dem formalen Ausdruck. Das implizite Wissen ist in Erfahrungen, Tätigkeiten, Werten, Vorstellungen und Gefühlen von Individuen verwurzelt.[256] Es lässt sich weiter in eine technische und eine kognitive Dimension unterteilen. Unter der *technischen Dimension* des impliziten Wissens werden schwer beschreibbare, informelle Fertigkeiten verstanden.[257] Die *kognitive Dimension* des impliziten Wissens hingegen beinhaltet die menschlichen Vorstellungen und mentalen Modelle, die wir für selbstverständlich halten.[258] Sie spiegelt unsere Zukunftsvision und unsere Wirklichkeitsauffassung wieder. Trotz ihrer äußerst schweren Artikulierbarkeit bestimmen diese impliziten Modellvorstellungen unsere Wahrnehmung der Realität.[259]

SANCHEZ geht in seiner Kategorisierung von Wissensarten einen Schritt weiter. Er unterteilt Wissen innerhalb von Unternehmen in drei Kategorien, die er *know-how*, *know-why* und *know-what* nennt.[260] Er geht zunächst davon aus, dass sich Kompetenzen aus verschiedenen Kategorien von Wissen herleiten lassen und differenziert diese hinsichtlich der Verstehenstiefe sowie der Erklärungsreichweite.[261]

Unter der Kategorie *know-how* versteht er praktisches Wissen, das zu einer effizienten Aufgabenerfüllung nötig ist. Dieses Wissen entsteht durch inkrementelle Verbesserungen von Produkten oder Prozessen und kann auch als Beschreibungs- oder Zustandswissen bezeichnet werden. Der Begriff know-how steht hierbei für die gedankliche Vorstellung über eine beobachtbare Funktionsweise. Es entspricht der technischen Dimension des impliziten Wissens nach NONAKA UND TAKEUCHI.[262] Das Wissen der Kategorie know-how reicht für das Bestehen einer Organisation in stabi-

256 Vgl. Nonaka/Takeuchi (1997), S. 10f.
257 Vorstellbar wäre hierbei die jahrelange Erfahrung eines Handwerkers, die er unterbewusst nutzt, seinen Lehrlingen aber nicht artikulieren kann.
258 Vgl. Zahn (2006a), S. 88.
259 Vgl. Nonaka/Takeuchi (1997), S. 18f. NONAKA UND TAKEUCHI stellen in ihren Arbeiten Möglichkeiten zur Transformation der verschiedenen Wissensarten und dem Management von Wissen vor. Für vertiefende Literatur hierzu vgl. Nonaka/Takeuchi (1997), S. 75.
260 Vgl. Sanchez (1997), S. 165ff., Sanchez (1996), S. 122ff. und Sanchez (2004), S. 522f.
261 Vgl. Sanchez (2004), S. 522f.
262 Vgl. Nonaka/Takeuchi (1997), S. 19.

len Märkten mit ausgereiften Technologien aus. In dynamischen Umwelten dagegen wird es zwar weiterhin notwendig, jedoch nicht mehr hinreichend sein.[263] Dieses Wissen ist damit weder eine abschließend hinreichende Voraussetzung für die oben beschriebene erfolgreiche Exploitation, noch genügt es den Anforderungen an eine erfolgreiche Exploration. Schon gar nicht kann davon ausgegangen werden, dass es den Anforderungen an eine ausgewogene Balance des Zwillingskonzeptes genügt.

Im Gegensatz zum know-how-Wissen handelt es sich bei der Wissenskategorie *know-why* um theoretisches Wissen über grundlegende Wirkungsweisen. In dieser Kategorie geht es zunächst um das reine Verstehen eines Sachverhaltes bevor dieser mit seinen zugrunde liegenden Annahmen und Mechanismen erklärt werden kann. Hierbei wird auch von Erklärungs- oder Prozesswissen gesprochen, das der Entwicklung neuer Produkte oder Prozesse dienen soll und somit Grundlage für Innovationen im Unternehmen ist.[264] Je weiterreichender und bahnbrechender sich eine solche Innovation erweist, desto näher kommt sie einem oben geforderten Entdecken von Neuem. Diese prozessuale Wissenskategorie mit Erklärungskomponente kann demnach mindestens als Schlüssel für eine erfolgreiche Exploitation ausgemacht werden. In Teilen ist sie auch Grundlage für erste Schritte einer erfolgreichen Exploration im Unternehmen.

Mit der Wissenskategorie *know-what* wird die Kategorie mit der größten strategischen Reichweite beschrieben. Es handelt sich um strategisches Wissen über den potenziellen Einsatz der beiden anderen Wissenskategorien know-how und know-why. SANCHEZ spricht von einem strategischen Verstehen des wertgenerierenden Zwecks eines Unternehmens und des möglichen Einsatzes verfügbarer Formen des know-how und know-why. Aufgrund der Tatsache, dass Wissen der Kategorie know-what nicht nur für Beschreibungen oder Erklärungen herangezogen wird, sondern gestaltende Aufgaben übernimmt, wird hierbei auch von Gestaltungswissen gesprochen. In dynamischen Umwelten müssen neue Chancen auskundschaftet und die strategische Ausrichtung des Unternehmens ständig auf den Prüfstand gestellt wer-

---

263 Vgl. Sanchez (1996), S. 123ff., Zahn/Foschiani/Tilebein (2000a), S. 54f und Zahn/Foschiani/Tilebein (2000b), S. 245ff.

264 Vgl. Sanchez (2004), S. 522f. und Zahn/Foschiani/Tilebein (2000a), S. 55.

den. Die ersten beiden Kategorien können per definitionem hierfür nicht hinreichend sein, wodurch das know-what entscheidend an Bedeutung gewinnt. Seine Ausprägung ist ausschlaggebendes Quantum für die Responsefähigkeit einer Organisation. Es bedingt damit die kontextadäquate Veränderungsfähigkeit eines Unternehmens und gewinnt wird für dessen Überleben in turbulenten Umwelten zunehmend an Bedeutung.[265] Diese dritte Wissenskategorie ist dafür verantwortlich, Potenziale für eine Exploration zu identifizieren und trägt demnach dazu bei, Informationen für den Drahtseilakt der kontextadäquaten Balance zwischen einer Exploitation und einer Exploration erfolgreich zu begehen.

Zusammenfassend können die drei Wissenskategorien durch die Frage unterschieden werden, inwieweit bzw. welche Kategorie an welcher Stelle bei einer Umsetzung einer Ambidextrie hilfreich sein kann. Für exploitative Vorhaben ist teilweise das know-how sowie in größtem Maße das know-why nötig, wohingegen für explorative Aufgaben sowohl das know-why als auch die Kategorie des know-what maßgeblich sind. Das know-why stellt eine Zwischenkategorie bzw. den Moderator dar, der sowohl für Innovationen im exploitativen Kontext als auch für Innovationen im explorativen Kontext verantwortlich sein kann. Das know-what identifiziert Potenziale und vermag über seine Kontext- und Systeminformationen zum einen dazu beitragen, explorative Ansätze zu identifizieren und zu validieren. Zum anderen befähigt es die Unternehmensführung dazu, kontextorientiert die richtigen Kontingentierungsentscheidungen für die Allokationen von Ressourcen und Kompetenzen treffen zu können.

Um Wissen sinnvoll und effektiv nutzen und managen zu können, stellt sich die Frage nach seiner Verortung. Zunächst kann generell in *kollektives* und *soziales Wissen* unterschieden werden. Hierbei wird danach differenziert, ob der Wissensträger ein Individuum oder eine Gruppe ist.[266] Unter dem Begriff *soziales Wissen* wird individuelles Wissen zusammengefasst. Somit ist der Wissensträger eine einzelne Person. Innerhalb eines Unternehmens erscheint es jedoch als sinnvoll, das *kollektive Wis-*

---

265 Vgl. Sanchez (1996), S. 124ff., Sanchez (1997), S. 167ff. sowie Zahn/Foschiani/Tilebein (2000a), S. 55 und Zahn/Foschiani/Tilebein (2000b), S. 245ff.

266 Vgl. Spender (1996), S. 51f. und Sanchez (1997), S. 169f.

sen einer weiteren Analyse zu unterziehen. Es wird unterschieden, ob das Wissen außerhalb oder innerhalb der Unternehmensgrenze zu lokalisieren ist. Es kann an Individuen oder an eine Gruppe von Individuen innerhalb einer Organisation gebunden sein. Bezeichnet wird dieses gruppenspezifische Wissen innerhalb einer Organisation als *intraorganisationales Wissen*. Existiert Wissen über Unternehmensgrenzen hinweg, beispielsweise zwischen zwei Organisationen, so wird es als *interorganisationales Wissen* bezeichnet. In jeder dieser Kategorien und Unterkategorien kann das Wissen in expliziter wie auch impliziter Form vorliegen.[267]

Die strategische Ressource Wissen erfüllt nicht die aus dem RbV stammende Forderung nach Dauerhaftigkeit. Mit zunehmender Dynamik des Marktes nimmt die Halbwertszeit von Wissen ab. Eine permanente Erneuerung der Wissensbasis einer Organisation durch Lernprozesse wird somit erforderlich, um zu überleben. Um diese Kausalbeziehung besser greifen zu können, werden die einzelnen Kaskaden der Argumentationskette diskutiert und in Abbildung 4 visualisiert. Abbildung 4 bedient sich einer Symbolik, die aus der System Dynamics (SD) Methodik bekannt ist.[268] Anhäufungen von Informationen, tangiblen oder intangiblen Ressourcen sowie von jeglichen Gegenständen, die kumuliert werden können, werden in Form einer Badewanne mit einem Zulauf und einem Ablauf dargestellt. Die Zu- und Abläufe in Form einer Rohrleitung verändern die jeweiligen Bestände, lassen sie also anwachsen oder verringern sie und symbolisieren entsprechend die Fließgrößen. Innerhalb der Rohre laufen Prozesse ab, die die Inhalte aus dem einen Bestand zu Größen des anderen Bestands transformieren.[269]

ZAHN UND TILEBEIN machen Lernprozesse als wesentliche Quellen für die Innovationsfähigkeit von Unternehmen verantwortlich. Sie stützen sich hierbei auf die Aussage von VON KROGH UND VENZIN, demnach Lernprozesse Wissen produzieren, das in Verbindung mit Problemlösungen zu Kompetenzen führt.[270] Es sind folglich Lernpro-

---

[267] Vgl. Sanchez (1997), S. 170ff.
[268] Vgl. zu der System Dynamics Methodik generell Forrester (1972) und Morecroft (2007).
[269] Vgl. zu der Metapher der Badewanne als Auffangbecken der Bestandsgrößen im Unternehmen z.B. Morecroft (2002), S. 21 oder Dierickx/Cool (1989), S. 1506
[270] Vgl. Zahn/Tilebein (2000), S. 128f. und von Krogh/Venzin (1995), S. 425ff. Vgl. hierzu auch Homp (2000), S. 136.

zesse in einem Unternehmen zu initiieren, die ihren Niederschlag in der Erweiterung der unternehmerischen Wissensbasis finden.[271] Demnach kann ganz grundsätzlich ein Zusammenhang von Lernen und Wissen bis hin zu Kompetenzen und Innovationen und schließlich zu Wettbewerbsvorteilen gezeichnet werden, in dem die einzelnen Bausteine sich gegenseitig beeinflussen.[272]

Individuelles wie auch kollektives Lernen führt zu einer Veränderung im Sinne von Ergänzung und Erneuerung von Wissen. Dieses neu entwickelte Wissen führt über seine Akkumulation wiederum zu einer Veränderung, Aktualisierung und Entwicklung der Wissensbasis im Unternehmen. KRÜGER UND HOMP fordern dementsprechend Lernprozesse in einer Organisation anzuregen, die die Wissensbasis der Organisation verändern, permanent erneuern und damit aktuell halten. Sie wollen ein ständiges Lernen erreichen, damit eben nicht nur punktuell oder einmalig gelernt wird.[273] Lernen ist nicht nur Ausgangspunkt und Treiber für Veränderungen des Wissens. Die Wissensbasis bedingt gleichfalls das Lernen. Je größer und aktueller die installierte Wissensbasis ist, umso mehr, schneller und gezielter kann auch gelernt werden.

Sofern verschiedene Teile der angereicherten Wissensbasis integriert zur Lösung bestimmter Aufgaben genutzt werden, kommt es in der Organisation zur Bildung von Kompetenzen. Die neu entstandenen Kompetenzen erneuern und erweitern wiederum die installierte Kompetenzbasis des Unternehmens. Kompetenzen können auch als integrierte und unternehmensspezifische Wissenscluster[274] beschrieben und verstanden werden, die als Technologiebündel, organisationale Routinen oder kombinierte Fähigkeiten auftreten und sich damit wiederum selbst auf individuelles und kollektives Wissen zurückführen lassen.

---

[271] Vgl. Homp (2000), S. 136 und Krüger/Homp (1997), S. 226.

[272] LOKSHIN, VAN GILS UND BAUER zeigen in einer aktuellen Studie auf, inwieweit eine gute Innovationsperformance des Unternehmens direkt auf seine Kunden- und technologischen Kompetenzen zurückzuführen sind. Vgl. hierzu Lokshin/Van Gils/Bauer (2009), S. 187ff.

[273] Vgl. Homp (2000), S. 136f. und Krüger/Homp (1997), S. 226. KRÜGER UND HOMP sprechen von *Lernkompetenz* wenn lernfähige Unternehmen Lernprozesse wiederholt erfolgreich durchführen und somit ihre Lernfähigkeit dauerhaft unter Beweis stellen. Vgl. hierzu Krüger/Homp (1997), S. 226.

[274] Vgl. Teece/Rumelt/Dosi/Winter (1994), S. 24.

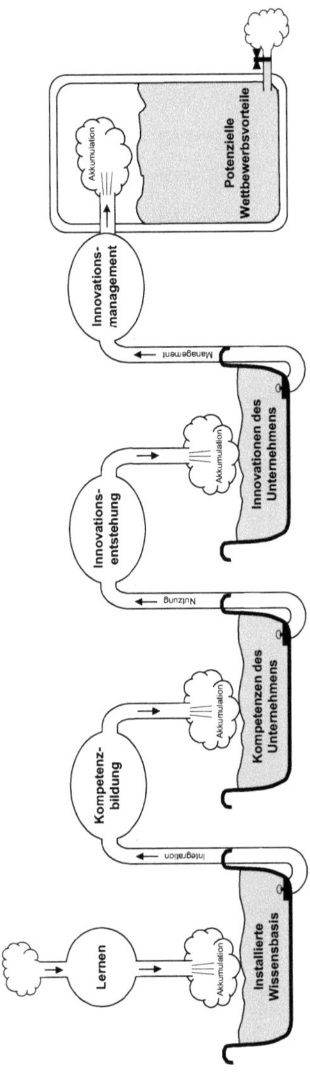

Abbildung 4: Lernen als Basis für Wettbewerbsvorteile[275]

[275] Eigene Darstellung in Anlehnung an von Krogh/Venzin (1995), S. 425f., Zahn/Tilebein (2000), S. 128f., Helleloid/Simonin (1994), S. 217f. und Zahn/Foschiani/Tilebein (2000a), S. 55f.

Resultieren eine herausragende Kundennutzenstiftung und damit verbunden eine Differenzierung im Wettbewerb aus Potenzialen oder der schwierigen Imitierbarkeit von Kompetenzen, sind hierfür gewöhnlich unternehmensseitige Innovationen verantwortlich.[276] Diese Produkt-, Prozess-, Struktur-, Strategie- oder Sozialinnovationen entspringen aus einer integrierten Nutzung von Kompetenzen für neue Produkte, Verfahren, Organisationsstrukturen oder Leistungen und führen zu entscheidenden Wettbewerbsvorteilen in der Praxis.[277] Gelingt es der Unternehmensführung, diese Innovationen sinnvoll und gezielt zu managen, erlangt die Organisation einen Vorteil im Wettbewerb. Die Innovationen tragen somit zu einer Differenzierung am Markt bei und generieren ökonomische Rente.[278]

Dem organisationalen Lernen kommt nach der Darstellung dieser Kausalkette eine herausragende Bedeutung zu. Bereits Ende der 80er Jahre des vergangenen Jahrhunderts hat der damalige Strategievorstand der Royal Dutch/Shell Unternehmensgruppe ARIE DE GEUS die Wichtigkeit des organisationalen Lernens erkannt, indem er propagierte:

> *„... the ability to learn faster than your competitors may be the only sustainable competitive advantage.“*[279]

Trotz den hier dargestellten Interdependenzen von Lernen, Wissen, Kompetenzen und Innovationen kann sich die Unternehmensführung nicht auf einen Automatismus der Innovationsgenerierung verlassen. Eine durch Lernprozesse akkumulierte, breite Wissensbasis stellt zwar einerseits den Ausgangspunkt für Kompetenzen dar, andererseits ist sie aber auch verantwortlich für eine Verkrustung von Handlungsroutinen.[280] Die Formel „Erfolg den Erfolgreichen“, u.a. auch bezogen auf die eingesetzten Ressourcen oder die aktuellen Geschäftsmodelle kann heute nicht mehr zur gewünschten Differenzierung führen. In Zeiten dynamischer Umwelt werden sie viel-

---

276 BEA UND HAAS verstehen unter einer Innovation den erstmaligen wirtschaftlichen Einsatz einer Entdeckung. Nach ihnen können sich Innovationen auf Verfahren, Produkte, Organisationen oder den Humanbereich beziehen. Vgl. Bea/Haas (2001), S. 538.

277 Vgl. Barney (1991), S. 102f., Zahn/Tilebein (2000), S. 128 sowie Prahalad/Hamel (1990), S. 80.

278 Vgl. zum Innovationsmanagement z.B. generell in Häflinger/Meier (Hrsg. 2000).

279 de Geus (1988), S. 71.

280 Vgl. Lei/Hitt/Bettis (1996), S. 565, Zahn/Tilebein (2000), S. 128, Zahn/Foschiani/Tilebein (2000a), S. 55 oder Probst/Deussen/Eppler/Raub (2000), S. 73f.

mehr zum Stolperstein.[281] Die Veränderung ist mehr und mehr die einzig verlässliche Konstante, was dazu führt, dass die Wettbewerbssituation zum einen und die Ressourcen- und Kompetenzausstattung des Unternehmens zum anderen für ein Überleben im Wettbewerb ständig überprüft und hinterfragt werden müssen. Nicht zuletzt aufgrund dieser zunächst paradox erscheinenden Erkenntnis ist es in einer erfolgreichen Organisation unerlässlich, eine Kultur zu leben, in der die permanente Überprüfung der Ist-Situation inklusive der Wissensbasis und den implementierten Lern-Routinen auf der Tagesordnung steht. Es muss eine Kultur des permanenten Aufbruchs emergent entwickelt und herausgebildet werden. Im Rahmen der oben ausgeführten Gedanken zur Notwendigkeit dynamischer Strategien wird eben diese Forderung bereits von MARKIDES formuliert, der hierauf mit seinem Spiralmodell eine Antwortmöglichkeit gibt.[282]

Kompetenzbasierter Ansatz

Die geführte Diskussion zur Relevanz von Wissen für die Wettbewerbsfähigkeit eines Unternehmens hat gezeigt, dass die Ressource Wissen als mehr oder minder unmittelbare Voraussetzung für eine Kompetenzentwicklung im Unternehmen angesehen werden muss. Ausgehend von der Erkenntnis, dass eine installierte Kompetenzbasis eine weitere Voraussetzung für ein erfolgreiches Agieren am Markt ist, liegt es auf der Hand, dass sich entsprechend des KbV auch ein Competence-based View (CbV) entwickelt hat. Der CbV ging wie auch der KbV als Derivat aus dem RbV hervor.[283] Er bedient sich im Gegensatz zum RbV einer dynamisch-prozessualen und keiner statisch-deskriptiven Sichtweise zur Erklärung von Erfolgspositionen. Diese Erfolgspositionen werden nicht nur auf die Präsenz von Fähigkeiten oder Ressourcen zurückgeführt, sondern auch auf die Art und Weise des Einsatzes dieser Fähigkeiten und Ressourcen. Die aus dem RbV bekannten Voraussetzungen für eine Differenzierung im Wettbewerb (z.B. Dauerhaftigkeit, Spezifität u.a.) werden in besonderem Maße erfüllt, wenn die jeweiligen Ressourcen zu einzigartigen Kompetenzen kombi-

---

[281] Vgl. Zahn/Foschiani/Tilebein (2000a), S. 55 und Zahn/Tilebein (2000), S. 128.
[282] Vgl. Markides (1999), S. 60ff.
[283] Vgl. Thiele (1997), S. 66f. oder Fearns (2004), S. 35.

niert werden.[284] Das Management von Ressourcen und Kompetenzen sowie die diesem Management zugrunde liegende Unternehmensstrategie werden folglich für eine Erreichung von Wettbewerbsvorteilen verantwortlich gemacht.

> *„Firms can (...) be fundamentally distinguished not only by their resource endowments at any point in time but also by their distinctive sets of strategic goals, and by their different ways in which firms coordinate deployments of both firm-specific and firm-addressable resources in pursuit of their goals. Competence, then, is the ability (...) to sustain coordinated deployments of resources in ways that promise to help that organization achieve its goals."*[285]

In Zeiten dynamischer und gar turbulenter Unternehmensumwelten sind die Wettbewerbsvorteile einer jeden Organisation einer permanenten Erosionsgefahr ausgesetzt. Im Sinne der oben angesprochenen dynamisch-prozessualen Perspektive des CbV müssen daher bestehende Kompetenzen ständig weiterentwickelt und neue aufgebaut werden. Voraussetzung hierfür sind im Unternehmen funktionierende Lernprozesse, die Wissen intern generieren oder extern akquirieren, anhäufen und entsprechend der Problemstellungen integrieren.[286] SANCHEZ UND HEENE erachten die Unternehmensfähigkeiten zu lernen und neue Kompetenzen zu akquirieren als entscheidender für die Unternehmensperformance als eine einzigartige Ressourcenausstattung oder die aktuelle Branchenstruktur.[287]

Um sich die dynamische Perspektive von (Kern-)Kompetenzen im CbV besser vorstellen zu können, verwenden verschiedene Autoren eine Metapher.[288] Sie vergleichen das Unternehmen mit einem Baum, der sich – für einen Außenstehenden ohne genauere Analyse nicht sichtbar – über seine Wurzeln ernährt. Neben ihrer Aufgabe

---

284 PRAHALAD UND HAMEL haben aus diesen Überlegungen heraus eine empirische Untersuchung in japanischen Unternehmen Ende der 1980er Jahre zum dynamischen Ursprung von Wettbewerbsvorteilen durchgeführt. Das Ergebnis war ihr berühmter Artikel „The Core Competence of the Corporation" sowie eine Renaissance der (Kern-)Kompetenzdiskussion nach Selznick (1957) oder Penrose (1959). Vgl. hierzu Prahalad/Hamel (1990).

285 Sanchez/Heene (1997), S. 7f.

286 Vgl. Zahn/Foschiani/Tilebein (2000a), S. 53, Bouncken (2003), S. 51f. und Sanchez/Heene (1997), S. 12.

287 Vgl. Sanchez/Heene (1997), S. 12.

288 Vgl. hierzu u.a. Prahalad/Hamel (1990), S. 81f., Prahalad/Hamel (1991), S. 67f. oder Steinle/Bruch/Nasner (1997), S. 3 oder Schoemaker (1992), S. 75.

der Nahrungszufuhr und ihrer damit verbundenen kritischen Funktion für seine Entwicklung verleihen die Wurzeln dem Baum gleichzeitig seine Standfestigkeit. Die Wurzeln des Baumes repräsentieren die (Kern-)Kompetenzen des Unternehmens. Der Stamm sowie die tragenden Hauptäste des Baumes sind direkt mit den Wurzeln verbunden – sie stellen die Kernprodukte der Organisation dar.[289] Die dünneren Äste und Zweige symbolisieren die unterschiedlichen Geschäftseinheiten, die Blätter, Blüten und Früchte stehen für die gesamte Produktpalette respektive das gesamte Leistungsspektrum des Unternehmens. Ebenso wie die Standfestigkeit, die Ertragskraft, die Stärke aber auch die Entwicklung eines Baumes vornehmlich von der Ausprägung seines Wurzelwerkes abhängen, basiert die Performance eines Unternehmens in erster Linie auf seiner (Kern-)Kompetenzausstattung.[290]

Die Kompetenzen eines Unternehmens wurden zur Veranschaulichung in Abbildung 4 so dargestellt, dass der Eindruck einer Speicherbarkeit entsteht. Dies soll jedoch nicht zu dem Missverständnis führen, dass Kompetenzen bzw. organisationale Fähigkeiten konserviert werden können. Vielmehr ist es so, dass sich die Fähigkeiten und Kompetenzen eines Unternehmens erst im Augenblick der Konfrontation mit einer dezidierten Aufgabe manifestieren.[291] VON KROGH UND ROOS bringen es mit folgender Aussage auf den Punkt:

> *„Competence is not an asset, it is an event."*[292]

SANCHEZ UND HEENE kommen zu einer ähnlichen Erkenntnis, indem sie den Performanceunterschied zweier oder mehrerer Unternehmen nicht auf deren unterschiedliche Ressourcenausstattungen zurückführen. Sie begründen diesen Leistungsunterschied vielmehr in der Synthese von spezifischer Zielverfolgung und der Koordination interner und externer Ressourcen.[293] Vor diesem Hintergrund bezieht der CbV ver-

---

289 Unter Kernprodukten werden in diesem Zusammenhang all jene Produkte oder Leistungen eines Unternehmens verstanden, welche mindestens eine (Kern-)Kompetenz direkt verkörpern. Als Beispiel für ein Kernprodukt nennen STEINLE, BRUCH UND NASNER die Motoren bei Automobilherstellern. Vgl. z.B. Steinle/Bruch/Nasner (1997), S. 3 oder auch Prahalad/Hamel (1990), S. 81f.

290 Vgl. hierzu u.a. Prahalad/Hamel (1990), S. 81f., Prahalad/Hamel (1991), S. 67f. oder Steinle/Bruch/Nasner (1997), S. 3 oder Schoemaker (1992), S. 75.

291 Vgl. Von Krogh/Roos (1995), S. 62 oder auch Zahn/Foschiani/Tilebein (2000a), S. 58.

292 Von Krogh/Roos (1996c), S. 424.

293 Vgl. Sanchez/Heene (1997), S. 7.

stärkt eine verhaltenswissenschaftliche Position, indem er eine dynamisch-prozessuale Verbindung von Aufgaben und Wissen als die eigentliche Kompetenz in den Mittelpunkt der Betrachtung rückt.[294] Kompetenzen fungieren dadurch gewissermaßen als Bindeglied zwischen der Markt- und Ressourcenperspektive und machen die Vermittlung zwischen den Unternehmensstärken und den Markterfordernissen zur zentralen Aufgabe des Managements.[295] Sie sind quasi der Schlüssel zur Integration der Außenorientierung aus dem MbV und der Innenorientierung des RbV. Durch ihren prozessualen Charakter auf der einen und ihren Wurzeln im Content-Bereich auf der anderen Seite kommt die kompetenzorientierte Perspektive somit der Forderung nach einer integrierten Sichtweise nach.

Im vorliegenden Kapitel konnten die theorieorientierten Aspekte mit ihren Erklärungsansätzen für Wettbewerbsvorteile vorgestellt und in ihren Besonderheiten diskutiert werden. Diese Aspekte halten alle isoliert voneinander betrachtet bereits wichtige Erkenntnisse und Ideen bereit, wie externem Druck begegnet werden kann. Keiner der Ansätze liefert jedoch verlässliche Handlungsempfehlungen als Antwort auf die Frage, wie verschiedenen Dynamikniveaus begegnet werden kann. Von einer geschlossenen kompetenzbasierten Theorie der Unternehmung kann noch viel weniger gesprochen werden. Für ein so großes und populäres Forschungsprogramm wie das der Kompetenzorientierung, das die gezeigten Potenziale aufweist, sollte eine eigenständige und konsistente Theorie angestrebt werden.

Die folgenden Kapitel beschäftigen sich mit dieser Herausforderung. Sie stellen kurz die Verzweigungen und verschiedenen Entwicklungsrichtungen der unterschiedlichen Forschungsansätze auf der Zeitachse vor und gehen anschließend auf die Kritikpunkte am aktuellen Entwicklungsstand einer kompetenzbasierten Theorie ein. Sie bieten Einsichten in den aktuellen Stand der kompetenzbasierten Forschung und dem ihr zugrundeliegenden Verständnis von Organisationen. Die Analyse von Transformationsprozessen der unternehmerischen Leistungserstellung bietet vertiefte Ein-

---

[294] Vgl. Steinmann/Schreyögg (2005), S. 202ff.
[295] Vgl. Freiling (2004a), S. 11.

sichten, auf deren Basis in den darauf folgenden Abschnitten der Status quo der kompetenzbasierten Theorie adaptiert bzw. weiterentwickelt werden kann.

2.3.3 Implikationen für die Theorielandschaft

Es konnte bislang nicht hinreichend geklärt werden, inwieweit der CbV über den Erklärungsgehalt von Wettbewerbsvorteilen hinaus auch als Grundlage für eine generelle Theorie der Unternehmung herangezogen werden kann.[296] Diese offene Flanke resultiert schlicht aus der Tatsache, dass der CbV lediglich die Erklärung von Wettbewerbsvorteilen fokussiert und keine weiteren Fragen zu beantworten versucht. Einem erweiterten Ziel, nämlich der Erklärung von Kreation und Aufrechterhaltung einer Bestandsfähigkeit von Unternehmen im Wettbewerb ist er, wenn überhaupt, nur am Rande nachgekommen. Ziel muss es sein, die Frage nach Ursachen für eine beständige Wettbewerbsfähigkeit eines Unternehmens und nicht nur für temporär bestehende Wettbewerbsvorteile zu beantworten. Unter *Wettbewerbsfähigkeit* wird zum einen die Fähigkeit eines Unternehmens zur (beständigen) Bewährung in marktlichen Prozessen verstanden. Zum anderen ist unter Wettbewerbsfähigkeit die Fähigkeit zur Behauptung gegenüber Wettbewerbern und zur Abwehr von Bedrohungen aus der Unternehmensumwelt zu verstehen.[297] Die Erweiterung des Erklärungsziels rückt die Komponente *Zeit* stärker in den Fokus und ermöglicht somit eine Diskussion über die Fortexistenz einer Unternehmung über die Zeit hinweg.

Durch die Erweiterung des Erklärungsrahmens wird nicht nur der geforderten Integration der Außen- und Innenorientierung Rechnung getragen, die der CbV in seiner ursprünglichen Ausprägung bereits leisten konnte, sondern es wechselt auch die Perspektive von einer Zeitpunktbetrachtung hin zu einer Zeitraumbetrachtung. Dieser Perspektivenwechsel kommt der oben bereits mehrfach geäußerten Forderung nach, die Umweltdynamik, die sich ebenfalls nur über einen Zeitraum hinweg beschreiben lässt, noch stärker als vorher in die Betrachtung und die Erklärungsansätze mit ein-

---

[296] Vgl. Freiling (2004a), S. 5. Vgl. für eine grundsätzliche Diskussion zu einer Theorie der Unternehmung ursprünglich Coase (1937), S. 386ff. sowie die späteren Publikationen Holstrom/Tirole (1989), S. 65, Langlois/Robertson (1995), S. 7, Foss (1996a), S. 1ff. und (1996b), S. 470 sowie Osterloh/Frey/Frost (1999).

[297] Vgl. hierzu Schneider (1997), S. 68.

zubeziehen. Hierdurch wird es möglich, auch die Historie des Unternehmens zu berücksichtigen und die Vergangenheit, die Gegenwart sowie die Zukunft integriert zu betrachten.[298]

Erste Ansätze theoretischer Grundlagen für diese Notwendigkeit, wie z.B. die oben angesprochenen irreversiblen bzw. die geforderten flexiblen Commitments, die DC, das organisationale Lernen sowie die Dynamischen Strategien liegen bereits seit einiger Zeit vor. Sie legen dar, inwieweit Entscheidungen und Aktionen in der Vergangenheit die gegenwärtige und zukünftige Situation eines Unternehmens beeinflussen bzw. restringieren können und fordern eine entsprechende Berücksichtigung im Strategischen Management. Sie betonen die Bedeutung der dynamischen Komponente bei der Erklärung der Wettbewerbsfähigkeit über einen gewissen Zeitraum hinweg.[299]

Die CbTF erscheint vor diesem Hintergrund als eine viel versprechende Theorie zur Erklärung der Wettbewerbsfähigkeit von Unternehmen. Sie berücksichtigt eine Vielzahl der Komponenten, die in den einzelnen angesprochenen Konzepten gefordert werden und kann dadurch eine integrierte Betrachtung dieser Forderungen leisten. Darüber hinaus will sie nicht nur ex post die negativen Wirkungen des Wettbewerbs erklären, sondern vielmehr auch die Chancen einer diversifizierten Wettbewerbslandschaft in den Fokus der Betrachtung rücken.[300] Die Entwicklung der CbTF in der Forschungslandschaft über die Zeit wird in Abbildung 5 visualisiert und anschließend kurz diskutiert. Dabei kann sich die Diskussion auf diejenigen jüngeren und aktuellen Vorläufer mit ihren zentralen Beiträgen zu einer CbTF beschränken, die im vorigen Kapitel unter der Überschrift der dynamischen Strategieansätze noch nicht vorgestellt wurden. Die bereits vorgestellten Ansätze finden sich jedoch zum Teil trotzdem in der Übersichtskarte, da sie für ein Gesamtbild notwendig sind und sich dadurch besser einordnen lassen.

---

298 Vgl. Freiling (2004a), S. 8.

299 Vgl. z.B. Markides (1999) und (2001), Abell (1999), Ghemawat/Del Sol (1998), Teece/Pisano/Shuen (1997) und Teece (1998), Argyris/Schön (1978) sowie Leonard-Barton (1992).

300 TEECE fordert diese Chancensuche und Chancenkreation im Rahmen seiner Spezifikation der „microfoundations of (sustainable) enterprise performance“. Er unterteilt den Prozess zum Umgang mit den Herausforderungen des Marktes in „sensing“, „seizing“ und „reconfiguring“. Vgl. hierzu Teece (2007), S. 1322f.

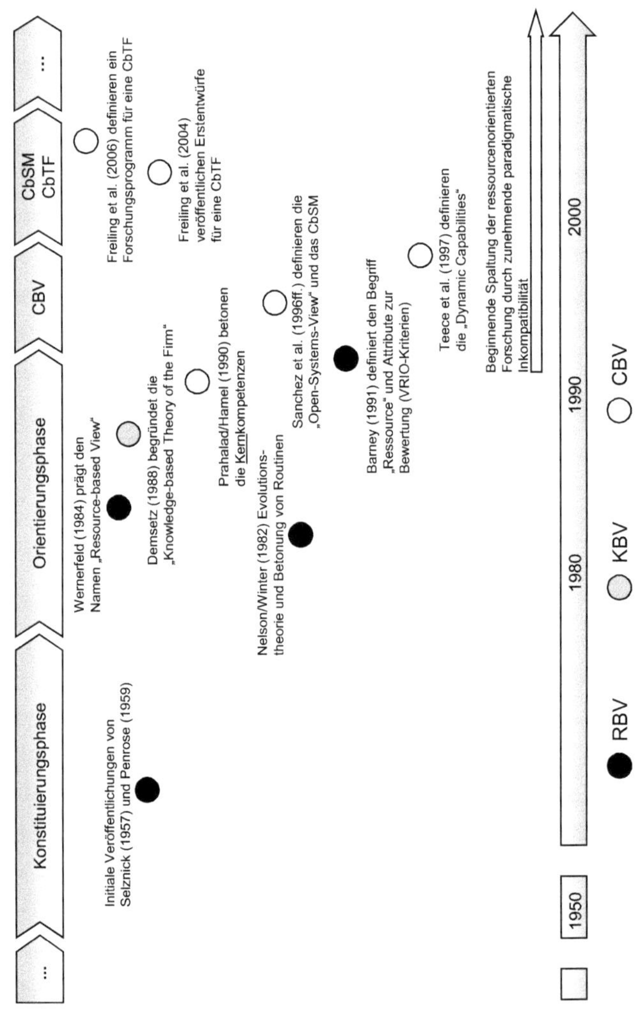

Abbildung 5: Entwicklungskarte der ressourcen- und kompetenzorientierten Forschung[301]

[301] Eigene Darstellung in Anlehnung an Freiling/Gersch/Goeke (2006b), S. 41. Die in der Abbildung genannten Werke können als Ursprungswerke der jeweiligen Forschungsrichtung verstanden werden. Vgl. hierzu Selznick (1957), Penrose (1959), Nelson/Winter (1982), Wernerfelt (1984), Demsetz (1988), Prahalad/Hamel (1990), Barney (1991), Sanchez/Heene (1996), Teece/Pisano/Shuen (1997), Freiling (2004) und Freiling/Gersch/Goeke (2006).

Ursprünglich geht die ressourcen- und kompetenzbasierte Forschung auf Arbeiten von SELZNICK und PENROSE Ende der 50er Jahre des vergangenen Jahrhunderts zurück.[302] Die weiteren Entwicklungen der Forschungsrichtung über den RbV, den KbV und den CbV wurden bereits vorgestellt, weshalb sich die Betrachtung an dieser Stelle auf die jüngeren Entwicklungen konzentrieren kann.

Die Kompetenzperspektive betont einen umfassenden Managementansatz, der auf ein *Competence-based Strategic Management (CbSM)* abzielt. Als Protagonisten dieser Ausrichtung gelten SANCHEZ UND HEENE, die in ihren Arbeiten einen Bezugsrahmen definieren, der Unternehmen als offene Systeme versteht, die permanent mit ihrer Umwelt interagieren.[303] Durch diese verfügungsrechtliche Erweiterung der Perspektive können Ressourcen zwischen der Unternehmung und der Umwelt ausgetauscht werden. Diese Ressourcen bilden die Basis für Neu- und Weiterentwicklungen von Kompetenzen (competence building) und die Übertragung von Kompetenzen (competence leveraging) in neue Aufgabenbereiche mit Marktpotenzial.[304] Dieser Ansatz wird als kognitiv-holistisch beschrieben, da er auf einer weitaus breiteren Basis als die *(Kern-)Kompetenz-perspektive* von PRAHALAD UND HAMEL aufsetzt und sich auch von dem *Dynamic-Capability-Approach* von TEECE, PISANO UND SHUEN unterscheidet.[305]

Mit der Evolution zu einem CbSM geht die Forderung nach der Entwicklung einer entsprechenden Theorie einher. Vornehmlich FREILING, GERSCH UND GOEKE forderten diesen nächsten Schritt und können mithin als Protagonisten der Entwicklung der

---

302 Vgl. Selznick (1957) und Penrose (1959). FREILING, GERSCH UND GOEKE sehen die Wurzeln der ressourcen- und kompetenzorientierten Forschung sogar noch früher ansetzen. Sie führen Arbeiten aus der Mitte des 19. Jahrhunderts an, die wiederum auf Arbeiten von Adam Smith aus dem 18. Jahrhundert aufsetzen. Vgl. hierzu Freiling/Gersch/Goeke (2006a), S. 5 und Freiling/Gersch/Goeke (2006b), S. 39 sowie auch Zahn (1996), S. 884f.

303 Vgl. hierzu vertiefend z.B. Sanchez/Heene (1996), S. 39ff., Sanchez/Heene (1997a) sowie Sanchez/Heene (1997b), S. 16ff., Sanchez/Heene (2004), S. 4ff. oder auch Sanchez (2004), S. 519ff.

304 Vgl. Sanchez/Heene/Thomas (1996), S. 8 und Sanchez/Heene (2004), S. 7ff. Vgl hierzu auch Danneels (2002), S. 1105ff. und Danneels (2007), S. 520ff.

305 Vgl. zu den beiden genannten Ansätzen Prahald/Hamel (1990) und (1991) sowie Teece/Pisano/Shuen (1997), Teece/Pisano (1994) aber auch Eisenhardt/Martin (2000).

Competence-based Theory of the Firm (CbTF) bezeichnet werden.[306] Auf dem Weg hierzu sehen sie sich mit einigen Hürden konfrontiert.

Die kompetenzbasierte Forschung sieht sich in den letzten Jahren einer mehr oder minder starken Kritik ausgesetzt, welche die Entwicklung einer eigenständigen Theorie bereits in ihrer Entstehungsphase bedroht.[307] Wie angedeutet werden konnte wird ihr eine paradigmatische Inkompatibilität in ihrer theoretischen Fundierung vorgeworfen. Zusätzlich sieht sie sich dem angesprochenen Tautologievorwurf ausgesetzt. Auf diese Kritik sowie auf Gegenargumente und potenzielle Lösungsmöglichkeiten wird im folgenden Kapitel näher eingegangen.

2.4 Lösungsorientierte Ansätze

FREILING, GERSCH UND GOEKE machen den Versuch einer Rekonzeptualisierung der Kompetenzforschung, um so den Grundstein für die Herausbildung einer kohärenten Theorie zu legen.[308] Sie wählen eine rekursive Vorgehensweise und versuchen, die bereits vollzogenen Entwicklungen rückwirkend auf ein bestandsfähiges Theoriegerüst zu stellen. Zunächst ziehen sie hierfür die von LAKATOS entwickelte *Methodologie des harten Kerns* für wissenschaftliche Forschungsprogramme heran und wenden diese auf das Programm der kompetenzbasierten Forschung an.[309] Anschließend unterziehen sie das ursprüngliche Erkenntnisziel der ressourcen- und kompetenzbasierten Forschung einer eingehenden Prüfung und definieren es neu, bevor die terminologischen Verwendungen der zentralen Begrifflichkeiten eine Überarbeitung erfahren. Schließlich wird die Competence-based Theory of the Firm in der wissenschaftlichen Theorielandschaft positioniert.

---

306 Vgl. hierzu Freiling (2004a) und (2004b) sowie Freiling/Gersch/Goeke (2005), (2006a), (2006b) und (2008b).

307 Vgl. Freiling/Gersch/Goeke (2006a), S. 5f.

308 Nach Sydow gibt es für die Überarbeitung eines Forschungsprogramms die vier Möglichkeiten der *Abkehr* von diesem Programm, der *Verbesserung*, der *Kombination* oder der *Rekonzeptualisierung*. Vgl. hierzu das Werk Sydow (1999), in dem er entsprechend die Transaktionskostentheorie auf den Prüfstand stellt.

309 Vgl. hierzu ausführlich Lakatos (1974).

Definition des harten Kerns

Für die ressourcen- und kompetenzbasierte Forschung wird versucht, einen harten Kern als Paradigma zu definieren, der aus den Basisannahmen des Forschungsprogramms besteht. Dieser harte Kern soll im Laufe weiterer Forschungsanstrengungen durch seine unangefochtene Akzeptanz nicht mehr hinterfragt, sondern vielmehr als tragfähige Basis verstanden werden. Anschließend kann der harte Kern um seine Basisannahmen herum um eine ihn umgebende Schutzhülle erweitert werden. Diese Schutzhülle setzt sich aus methodologischen Regeln zusammen, die wiederum als Grundlage für neue Hypothesen dienen sollen. Die Regeln und Hypothesen haben im Gegensatz zu den Grundelementen des harten Kerns keine festgeschriebenen, paradigmatischen Eigenschaften. Sie müssen daher nicht notwendiger Weise vor einer Evolution geschützt werden, sondern können im Laufe weiterer Forschungsanstrengungen adaptiert, erweitert oder ersetzt werden.

Im Rahmen einer ausführlichen, kritischen Reflexion der existenten ressourcen- und kompetenzbasierten Literatur konnten von FREILING, GERSCH UND GOEKE folgende sechs Basisannahmen für den harten Kern extrahiert werden. Sie wurden auf ihre Verbindungen und Interdependenzen hin überprüft, wodurch eine reflexiv deduktive Ableitung ausgeschlossen werden konnte:[310]

i. *Methodologischer Individualismus*
(Handlungen gehen über vorgelagerte Entscheidungen immer von einem Individuum aus)

ii. *Subjektivismus*
(Die Akteure unterscheiden sich in ihrem Wissen, Wollen und Können)

iii. *Bedeutung der Zeit*
(prozessuales Denken, Historizität, (Zeit-) Pfadabhängigkeiten, Entscheidungsirreversibilität, Kontexteinmaligkeit)

---

310 Vgl. hierzu ausführlich Freiling/Gersch/Goeke (2005), S. 8ff., Freiling/Gersch/Goeke (2006b), S.45ff. und Freiling/Gersch/Goeke (2008b), S. 1148f.

iv. *Radikale Unsicherheit*
(Handlung unter Unsicherheit und auf Prognosen beruhend)

v. *„Homo Agens" als Annahme des Entscheidungsverhaltens*
(„Ökonomisierer" mit dem Ziel der Wettbewerbsfähigkeit, „wachsam" bezüglich Handlungsoptionen, „findig" bezüglich Ziel-, Mittel- und Alternativenkombinationen, „kühn" bei mehrperiodigen Entscheidungskalkülen)

vi. *Nicht-konsummatorischer Ansatz / gemäßigter Voluntarismus*
(ergebnisoffene Entwicklungen, bedingter Einfluss des Akteurs)

Diese sechs Elemente des harten Kerns sind Basis und Ausgangspunkt für die schrittweise Konkretisierung einer kompetenzbasierten Theorie der Unternehmung. Sie tragen u.a. zu einer Klärung der erkenntnistheoretischen Ziele sowie der verwendeten Terminologie bei.[311] Der Beitrag des definierten harten Kerns zum epistemologischen Ziel sowie zur Klärung der verwendeten Begrifflichkeiten innerhalb des Theoriegebäudes wird in den folgenden Kapiteln weiter ausgeführt. An dieser Stelle ist klarzustellen, dass die Herkunft des Forschungsprogramms der Strategy-Content-School zugeordnet werden kann, der definierte harte Kern jedoch im Sinne der Strategy-Process-School explizit prozessuale Komponenten berücksichtigt. ZAHN diskutiert ausführlich die unterschiedlichen Einflussgrößen *Strategy Content*, *Strategy Process*, *Strategy Concept* und *Strategy Support* auf das strategische Denken, indem er für ein erfolgreiches *Strategizing* ein systemisches Denken fordert.[312]

Adaption des Erkenntnisziels

Um die oben angesprochene Schutzhülle des harten Kerns mit ihren methodologischen Regeln, Heuristiken und Hypothesen entwickeln zu können, wird eine klare Definition des Erkenntnisziels notwendig. Dieses Erkenntnisziel muss mit den Er-

---

[311] Die sechs Elemente werden in der vorliegenden Arbeit nicht weiter reflektiert oder kritisiert, da dies sehr ausführlich in den entsprechenden Publikationen vorgenommen wurde. Zur vertiefenden Lektüre vgl. Freiling/Gersch/Goeke (2005), S. 8ff., Freiling/Gersch/Goeke (2006b), S.45ff. und Freiling/Gersch/Goeke (2008b), S. 1148f.

[312] Vgl. Zahn (1999b), S. 3ff.

kenntnissen aus der Entwicklung der Elemente des harten Kerns konform gehen und sich in den zentralen Beiträgen der Forschungsströmung wieder finden. Die bisher bekannten Arbeiten aus der ressourcen- und kompetenzorientierten Forschung stimmen in ihrem Aussagegehalt darin überein, dass sie die Performanceunterschiede zweier oder mehrerer Unternehmungen primär auf deren Einzigartigkeit hinsichtlich ihrer Ressourcen- und Kompetenzausstattungen zurückführen. Sie alle eint, dass sie die Divergenzen zwischen Unternehmen unmittelbar weder über kurzfristige oder dauerhafte Marktmerkmale noch über die Spezifika der jeweiligen Wettbewerbskonstellation zu erklären versuchen. Daraus folgt, dass das ursprüngliche Erkenntnisziel, auf dessen Basis die diversen Ansätze der ressourcen- und kompetenzbasierten Forschung aufbauen, folgendermaßen lautet:

> 1. *„Erklärung der beobachtbaren divergierenden Performance (konkretisiert z.B. über Rendite, Gewinne oder Wettbewerbsvorteile) von Unternehmungen (auf Märkten) aus der unterschiedlichen Verfügbarkeit von Ressourcen und Kompetenzen."*[313]

Eine solche Formulierung des Erkenntnisziels zieht die Grenzen zu eng und vernachlässigt wichtige Tatbestände. Sie rückt lediglich das tatsächlich am Markt Erreichte in das Zentrum des Interesses und unterstellt, dass nur die erfolgreichen Spieler am Markt kompetent agieren. Möglichkeiten und Chancen, die sich in der Gegenwart oder gar in der Zukunft ergeben (können), bleiben völlig unberücksichtigt. Die Argumentation nimmt eine rückwärtsgewandte Sichtweise ein und erklärt lediglich ex post, woraus der beobachtete Unterschied resultiert. Mitunter aufgrund dieser Nachteile wird die ressourcen- und kompetenzbasierte Forschung auch berechtigterweise mit dem oben ausgeführten Tautologievorwurf konfrontiert. Auf diesen wissenschaftstheoretischen Missständen innerhalb der Forschungsrichtung der Ressourcen- und Kompetenzorientierung kann eine Entwicklung einer neuen Theorie nicht erfolgen. Um den Tautologievorwurf final obsolet werden zu lassen und die Erklärungsreichweite zu vergrößern, muss das grundlegende Erkenntnisziel neu formuliert

---

313 Freiling/Gersch/Goeke (2006b), S. 51. Vgl. hierzu z.B. auch Bamberger/Wrona (1996), S. 131f. sowie Freiling (2001), S. 8.

bzw. einer gänzlichen Neuausrichtung unterzogen werden. FREILING, GERSCH UND GOEKE formulieren das neue Erkenntnisziel folgendermaßen:

> 2. *„Erklärung der aktuellen und zukünftigen Wettbewerbsfähigkeit von Unternehmungen (auf Märkten) aus der unterschiedlichen Verfügbarkeit von Ressourcen und Kompetenzen.“*[314]

Durch diese Neuausrichtung wird die tatsächlich beobachtete Performance respektive der Performanceunterschied zweier oder mehrerer Unternehmen durch die Wettbewerbsfähigkeit der Unternehmen als Erkenntnisobjekt ersetzt. Notwendige Bedingung dafür, dass ein Unternehmen als wettbewerbsfähig bezeichnet werden kann ist, dass das Unternehmen am Markt zumindest nicht scheitert. Die Wettbewerbsfähigkeit sichert dem Unternehmen somit mindestens den Verbleib im Markt, indem sie zur Erreichung der Unternehmensziele beiträgt.[315] Sie kann jedoch auch deutlich über die reine Existenzsicherung in der Gegenwart hinausgehen, indem ein permanentes Streben nach einer gegenwärtigen Existenzsicherung auch die zukünftige Existenz sichert. Somit rückt die zeitliche Dimension stärker in den Fokus, wobei von Unternehmensseite versucht wird, die Rahmenbedingungen richtig zu antizipieren und den gestaltbaren Teil der zukünftigen Umwelt zu seinen Gunsten zu formen. Der weiter oben geforderten Zeitraumbetrachtung im Gegensatz zur reinen Zeitpunktbetrachtung wird damit Rechnung getragen, was einem zeitgemäßen Managementansatz entspricht. Allgemeines Ziel ist auch hier wiederum die Erzielung von Wettbewerbsvorteilen. Der Unterschied besteht jedoch darin, dass es um die Erzielung zukünftiger Wettbewerbsvorteile geht und nicht um gegenwärtige oder gar vergangene. Gegenwärtige Wettbewerbsvorteile wurden schließlich über Entscheidungen in der Vergangenheit geschaffen und vergangene Wettbewerbsvorteile stiften heute keinen Nutzen mehr. Dieser Analyseprozess, der sich aus Antizipation und Wertung, Entscheidung und Gestaltung zusammensetzt, ist ein permanent zu durchlaufender Prozess ohne absehbares Ende.[316] Diese Erkenntnis entspricht ebenfalls der Forderung

---

314 Freiling/Gersch/Goeke (2006b), S. 51.

315 Vgl. Schneider (1997), S. 68. SCHNEIDER spricht an dieser Stelle von einem horizontalen *Behaupten* gegenüber der Konkurrenz und einem vertikalen *Bewahren* gegenüber dem Markt. Vgl. Schneider (1998), S. 348.

316 Vgl. Freiling/Gersch/Goeke (2006b), S. 52.

von TEECE, der ein aktives Erkennen, Ergreifen und gar ein eigenes Gestalten von Chancen und Rahmenbedingungen fordert.[317]

Das erkenntnistheoretische Ziel der ressourcen- und kompetenzbasierten Forschung konnte einer Neuausrichtung unterzogen werden, um den Vorwurf der Tautologie obsolet werden zu lassen und die Vergangenheitsorientierung in eine Gegenwarts- bzw. Zukunftsorientierung umzulenken. Somit ist eine belastbare Basis geschaffen, auf der eine ressourcen- und kompetenzbasierte Argumentation zu nachhaltigen Erfolgen und Misserfolgen aufgebaut werden kann. Es bleibt jedoch die Frage offen, ob diverse, auf bestimmte Weise konzipierte, kompetenzorientierte Ansätze auch für eine Theorie der Unternehmung herangezogen werden können.[318]

Bei der Definition einer Theorie der Unternehmung muss geprüft werden, ob die theoretischen Erkenntnisse des neuen Forschungsprogramms Antworten auf bestimmte Fragen bereithalten. Folgende fünf Fragen wurden von verschiedenen Autoren als die zentralen Fragen innerhalb einer *Theory of the Firm* herausgearbeitet und müssen entsprechend auf Basis der neuen Forschungsströmung beantwortet werden können:[319]

i. Wie und warum entstehen Unternehmen?
ii. Wie und warum verändern sich Unternehmen im Zeitablauf?
iii. Wie ist der Untergang von Unternehmen über die Zeit zu erklären?
iv. Wie verlaufen die Grenzen eines Unternehmens über die Zeit?
v. Wie ist die interne Organisation von Unternehmen, die aus mehreren Personen besteht, zu erklären?

---

317 Vgl. Teece (2007), S. 1322ff.

318 Folgende Autoren haben sich bereits mit dieser Frage beschäftigt: Conner (1991), Osterloh/Frey/Frost (1999), Conner/Prahalad (1996), Madhok (1996) und Freiling (2004a).

319 Vgl. z.B. Morecroft/Sanchez/Heene (2002), S. 4, Freiling (2004a), S. 5, Foss (1996a), S. 1ff., Langlois/Robertson (1995), S. 7. sowie Freiling/Gersch/Goeke (2006b), S. 53.

Um eine epistemologische Basis für die Beantwortung dieser fünf Fragen zu schaffen, muss das Erkenntnisziel noch breiter bzw. grundlegender gefasst werden. Die Antwort auf die Frage nach der Erklärung der Wettbewerbsfähigkeit durch die Zurückführung auf verfügbare Ressourcen und Kompetenzen greift hierbei zu kurz. Das Erkenntnisziel, das für eine Theorie der Unternehmung herangezogen werden könnte, muss die ersten beiden Ziele beinhalten, jedoch in seiner grundlegenden Art eine theoriebildende Richtung einschlagen. FREILING, GERSCH UND GOEKE formulieren das dritte Erkenntnisziel, das sich in die Richtung einer Competence-based Theory of the Firm bewegt, folgendermaßen:

> *3. „Erklärung der Existenz, Veränderung und des Niedergangs von Unternehmungen."*[320]

Die Entwicklung des epistemologischen Ziels von 1. nach 2. war aus wissenschaftstheoretischer Sicht seit langem überfällig. Damit konnte dem Tautologievorwurf der Wind aus den Segeln genommen und das neue Ziel mit dem entwickelten harten Kern der Kompetenzforschung redundanzfrei und schlüssig formuliert werden.[321] Somit konnten die diversen Forschungsströmungen rekursiv auf einen belastbaren wissenschaftstheoretischen Sockel gestellt werden, der der bekannten Kritik trotzt. Das von FREILING, GERSCH UND GOEKE entwickelte dritte Erkenntnisziel ist für die Reise zu einer kompetenzbasierten Theorie der Unternehmung als forschungsleitend und richtunggebend hilfreich.

Als nächsten Schritt auf dem Weg zu einer kompetenzbasierten Theorie und der angestrebten Rekonzeptualisierung sehen FREILING, GERSCH UND GOEKE die eindeutige Klärung der zugrunde liegenden Terminologie als zentral an. Dieser Punkt wird an der vorliegenden Stelle nicht explizit ausgeführt, da die entsprechenden Begriffe in Kapitel 2.2 bzw. an ihrem Verwendungsort eindeutig und mit der hier vorliegenden Auffassung kompatibel definiert wurden. Die Begrifflichkeiten werden grundsätzlich sehr ähnlich wie bei FREILING, GERSCH UND GOEKE verstanden, weswegen das Be-

---

320 Freiling/Gersch/Goeke (2006b), S. 53.

321 Aufgrund der mit dem neuen Erkenntnisziel berücksichtigten Dynamik sieht auch MORECROFT den Vorwurf der Tautologie widerlegt. Vgl. hierzu Morecroft (2002), S. 20.

griffsverständnis der Autoren, um Redundanzen zu vermeiden, an dieser Stelle nicht erneut ausgeführt werden muss.[322] Viel wichtiger ist die Verortung der CbTF in der Theorielandschaft, um mögliche Parallelen aus nahe verwandten oder ganz entfernten Strömungen ausschließen oder ggf. mit einbeziehen zu können.

Positionierung der CbTF in der Theorielandschaft

Die Landschaft der Organisationstheorie mit ihren verschiedenen Strömungen stellt sich in der jüngeren Vergangenheit als immer heterogener dar. Vornehmlich in den 70er und 80er Jahren des vergangenen Jahrhunderts wurden verschiedene Vorschläge erarbeitet, um eine Struktur in das gesellschaftswissenschaftliche Theorienkonglomerat zu bringen. FREILING, GERSCH UND GOEKE konnten aus diesen Vorschlägen folgende vier Kriterien extrahieren, die für die Einordnung einer einzelnen Theorie in den großen Rahmen der Organisationstheorien ausschlaggebend sind:[323]

i. Die vorherrschende Betrachtungsebene
(*Mikro- vs. Makroebene*)

ii. Die Relation von der Organisation zur Umwelt
(*Voluntarismus vs. Determinismus*)

iii. Die Frage der Ausrichtung
(*objektivistisch vs. subjektivistisch*)

iv. Die Grundposition bezogen auf den Wandel
(*radikal vs. geregelt*)

Wird die kompetenzbasierte Theorie anhand dieser vier Kriterien analysiert, ergibt sich, dass die CbTF vornehmlich auf die *Mikroebene* und damit auf die Organisation

---

[322] FREILING, GERSCH UND GOEKE definieren an dieser Stelle die für sie relevanten terminologischen Grundlagen: *Inputgüter/Assets*, *Ressourcen*, *Kompetenzen*. Vgl. für eine sehr ausführliche Diskussion der terminologischen Grundlagen Freiling/Gersch/Goeke (2006b), S. 53 ff. oder kürzer Freiling/Gersch/Goeke (2005), S. 16., Freiling/Gersch/Goeke (2008b), S. 1151 und Freiling (2002).

[323] Vgl. Freiling/Gersch/Goeke (2008b), S. 1152ff.

und nicht die Branche oder eine Organisationspopulation fokussiert.[324] Zwar bestehen auch Anknüpfungspunkte mit anderen Marktteilnehmern der Branche oder in Netzwerken, jedoch ist die Mikroebene die vorherrschende Betrachtungsebene, der die Theorie zugeschrieben werden muss.

Darüber hinaus ist festzustellen, dass die CbTF eher dem Voluntarismus zuzuschreiben ist, ohne dabei deterministische Eigenschaften gänzlich außer Acht zu lassen. Entsprechend wurde im sechsten Punkt des harten Kerns ein *gemäßigter Voluntarismus* unterstellt, da Rückkopplungsprozesse aus der Interaktion mit der Unternehmensumwelt beim Streben nach Wettbewerbsfähigkeit zu einer Adaption des unternehmerischen Handelns führen können. Der oben bereits angemahnten stärkeren Integration von Außen- und Innenorientierung wird demnach an dieser Stelle ebenfalls entsprochen.

Im dritten Kriterium kann die CbTF als *subjektivistisch* bezeichnet werden, da die Organisation auf einer ungleichen Verteilung von Wissen, Wollen und Können der einzelnen Akteure basiert. Dieses Ergebnis geht mit dem zweiten Punkt des definierten harten Kerns einher, der auf den Subjektivismus abstellt. Die Ungleichverteilung des organisationalen Wissens rührt aus der Speicherbarkeit des Wissens in den Köpfen der Organisationsmitglieder her.

Beim vierten Kriterium ist vor allem die Zeitpfadabhängigkeit (dritter Punkt des harten Kerns) in Verbindung mit der radikalen Unsicherheit (Punkt 4 des harten Kerns) verantwortlich dafür, dass keine eindeutige Antwort auf die Frage nach der Grundposition bezüglich des Wandels gefunden werden kann. Ein radikaler Wandel kann einerseits ausgeschlossen werden, da die Akteure in der Gegenwart noch durch ihre Entscheidungen aus der Vergangenheit beeinflusst sind. Dazu kommt jedoch, dass die Akteure andererseits in der Gegenwart selbst versuchen, eine mehr oder weniger abrupte Veränderung auszulösen (Punkt 5 des harten Kerns). Dadurch ist die CbTF bezogen auf das vierte Kriterium im *Mittelfeld zwischen einer regelnden Soziologie*

---

[324] Vgl. Freiling/Gersch/Goeke (2006b), S. 65. Die Autoren weisen jedoch auch darauf hin, dass jüngere Veröffentlichungen Aussagen bezüglich des Branchenkontextes sowie über interorganisationale Gegebenheiten bereithalten. Vgl. ebenda, S. 66.

und einer Soziologie des radikalen Wandels anzusiedeln.[325] FREILING, GERSCH UND GOEKE kommen zu dem Schluss, dass die Competence-based Theory of the Firm ihre konsequente Einordnung als ein evolutorisches Forschungsprogramm findet.[326]

Die verschiedenen Ansätze innerhalb der Evolutionstheorie inklusive ihrer Unterkategorien stellen jedoch ein zu großes Dach dar, unter welchem die CbTF eindeutig klassifizierbar wäre. Vor diesem Hintergrund wird ihre Relation zu Konzeptionen der evolutorischen Marktprozesstheorie geprüft.[327] Der CbV konnte als Vorläufer auf dem Weg zu einer CbTF bereits der Marktprozesstheorie zugeordnet werden.[328] Die New oder Modern Austrian Economics können als Unterkategorie unter dem Dach der Marktprozesstheorie eingeordnet werden.[329] FREILING, GERSCH UND GOEKE prüfen grundsätzlich, ob der oben skizzierte harte Kern der CbTF eine paradigmatische Kompatibilität mit den Grundlagen der New Austrian Economics aufweist. Sie gleichen hierbei die einzelnen Elemente des harten Kerns der kompetenzbasierten Theorie der Unternehmung mit den paradigmatischen Eigenschaften der Marktprozesstheorie ab und kommen zu dem Schluss, dass eine eindeutige Vereinbarkeit besteht.[330]

Darüber hinaus stellen FREILING, GERSCH UND GOEKE fest, dass die Marktprozesstheorie von einer Competence-based Theory of the Firm unter dem von ihr aufgespannten Dach erheblich profitieren kann. Der Marktprozesstheorie wird vorgeworfen, zu wenig auf die von individuellen Akteuren gestalteten Marktzufuhrprozesse bzw. die generellen unternehmerischen Prozesse zur dezidierten Zielerreichung abzustellen.[331] Sie fokussiert dagegen zu sehr die Wissens- und Informationsveränderungen

---

325 Vgl. Freiling/Gersch/Goeke (2006b), S. 53f. und Freiling/Gersch/Goeke (2008b), S. 1152ff.

326 Vgl. für die jeweilige Spezifikation der vier Kriterien u.a. Freiling/Gersch/Goeke (2008b), S. 1152ff.

327 Vgl. Freiling/Gersch/Goeke (2006b), S. 66f.

328 Vgl. Freiling (2001), S. 77ff.

329 Vgl. zur Marktprozesstheorie im Algemeinen und zu den New Austrian Economics im Speziellen Rese (2000), S. 66ff., Ehret (2000), S. 94ff., Von Lingen (1993), S. 168ff. und Vaughn (1994), S. 112ff.

330 Vgl. zu den einzelnen Punkten des Vergleichs Freiling/Gersch/Goeke (2006b), S. 67f. FOSS, KLEIN, KOR UND MAHONEY argumentieren in ihrem Artikel ähnlich, indem sie die Kompatibilität des Resource-based View mit der Österreichischen Schule prüfen. Vgl. hierzu Foss/Klein/Kor/Mahoney (2008), S. 78ff.

331 Die Marktprozesstheorie fokussiert rein die Prozesse, die sich am Markt im Rahmen der marktseitigen Transaktionen abspielen. Ausgeblendet werden von ihr die Tätigkeiten der verschiedenen

am Markt und weist dadurch eine so genannte Realisierungslücke auf.[332] Verschiedene Autoren haben der ressourcen- und kompetenzbasierten Forschung das Potenzial zur Schließung der Realisierungslücke in der Marktprozesstheorie zugesprochen.[333] Sie konnten dies aber wissenschaftstheoretisch vor der Existenz einer CbTF nicht abschließend argumentieren. Der CbTF ist eine solche konsistente und fundierte Argumentation möglich. Mit dem formulierten harten Kern, der neu ausgerichteten Erkenntniszielsetzung und der Verortung der CbTF unter dem Dach der Marktprozesstheorie werden demnach zwei Ziele simultan erreicht. Zum einen ist die Formulierung des neuen Forschungsprogramms als eine eigenständige Theorie auf den Weg gebracht worden und zum anderen kann durch sie ein wissenschaftstheoretischer Kritikpunkt innerhalb der Marktprozesstheorie behoben werden.

SCHNEIDER fordert bereits im Kontext der Marktprozesstheorie eine zweigleisige Ursachenanalyse. Einerseits sollen die Ursachen für Wettbewerbsvorteile, andererseits die Ursachen für eine Wettbewerbsfähigkeit untersucht werden.[334] Hierzu bedarf es nicht nur der Generierung des richtigen Wissens über die Kundenwünsche, das Leistungsangebot sowie die Wettbewerber wie es die klassische Marktprozesstheorie leisten kann. Vielmehr muss dieses generierte Wissen auch gewinnbringend genutzt werden. Eine zur Marktprozesstheorie paradigmatisch kompatible Competence-based Theory of the Firm kann sich genau diesen Fragen annehmen und Antworten darauf geben.

Die CbTF ermöglicht unter dem Dach der Marktprozesstheorie eine umfassende und gleichzeitig detaillierte Sicht auf das Erkennen sowie auf das Nutzen von Chancen im unternehmerischen Kontext.[335] Dies kann über die Erklärung der Kreation und der

---

Marktakteure vor und nach der marktlichen Transaktion. Somit steht weder die Vorbereitung des Leistungsangebots seitens des Unternehmens, noch die Verwendung des Angebots auf Kundenseite im Zentrum der Analyse. Vgl. für eine vertiefende Diskussion der Marktprozesstheorie Schneider (1997), (1998) und (2001).

332 Vgl. zur Realisierungslücke der Marktprozesstheorie z.B. Foss/Klein/Kor/Mahoney (2008), S. 74

333 Vgl. z.B. Rese (2002), S. 272, Foss/Klein/Kor/Mahoney (2008), S. 79ff. oder Schneider (2001), S. 155f.

334 Vgl. Schneider (2001), S. 156f.

335 Vgl. hierzu auch Teece (2007), S. 1322ff. wo er die drei Herausforderungen *sensing and shaping opportunities und threats*, *seizing opportunities* und *managing threats and reconfiguration* des unternehmerischen Handelns ausführt.

Gestaltung von neuen Leistungsangeboten, Prozessstrukturen, Geschäftssystemen oder gar gänzlich neuen Märkten geleistet werden. Der Fokus verändert sich damit – weg von der reinen Absicherung und Optimierung des Bestehenden, worauf sich die betriebswirtschaftliche Forschung in der Vergangenheit stark konzentrierte und hin zur Entwicklung, Umsetzung und Etablierung unternehmerischer Innovationen, d.h. zur Kreation von Neuem.[336]

2.5 Kompetenztheoretische Eckpfeiler

Nachdem die wissenschaftstheoretische Verankerung der CbTF unter dem Dach der Marktprozesstheorie vorgenommen wurde, werden im Folgenden spezifische Elemente der CbTF näher beleuchtet. Hierbei geht es um die vier Eckpfeiler der Kompetenztheorie. Anschließend wird im darauffolgenden Kapitel das Verständnis der im Unternehmen ablaufenden Transformationsprozesse im Rahmen der Leistungserstellung herausgearbeitet.

SANCHEZ UND HEENE konstatieren, dass sämtliche theoretischen Ansätze seit den 40er Jahren des vergangenen Jahrhunderts im Spektrum zwischen der ökonomischen und der behavioristischen bzw. organisationalen Perspektive zur Theorie des kompetenzbasierten Strategischen Managements beigetragen haben. Die Autoren betrachten die Industrial Organization Economics neben der Theory of the Growth of the Firm und das General Management aus der Harvard-Schule als die drei grundlegendsten Theorien, aus denen sich sämtliche weitere Theorien herausgebildet haben.[337] Aus dieser Theorienevolution der letzten 60 bis 70 Jahre wurde die CbTF entwickelt, die als integrative Strategietheorie verstanden werden will, welche zusätzlich ökonomische, organisationale und verhaltensorientierte Belange mit einbezieht. Sie stellt sich dadurch als dynamisch, systemisch, kognitiv und holistisch dar bzw.

---

336 Dieser Wandel entspricht der Fokussierung auf Inhalte, die bereits von Schumpeter sowie von den Protagonisten der Marktprozesstheorie gefordert wurden. Vgl. hierzu auch Freiling/Gersch/Goeke (2006b), S. 72.

337 SANCHEZ UND HEENE involvieren an dieser Stelle die Spieltheorie, die Wertkettenanalyse, den Resource-based View und das Konzept der Kernkompetenzen ebenso wie die Evolutionstheorie, die Dynamic Capabilities, die Lernende Organisation, kognitive Modelle oder das Leadership um nur einige zu nennen. Für eine vertiefende Diskussion hierzu vgl. z.B. Sanchez/Heene (2004), S. 27f.

hat den Anspruch, diese Eigenschaften als ihre vier Eckpfeiler ihr Eigen zu nennen.[338]

Dynamik

Die Theorie des kompetenzbasierten Strategischen Managements nimmt beide Auslöser von Dynamik, die externen sowie die internen Quellen, ernst. SANCHEZ geht in seiner grundlegenden Definition von Kompetenz davon aus, dass eine Kompetenz zum einen zu einer schnellen und adäquaten Antwort auf die unternehmensinterne Dynamik, hervorgerufen durch die gewollt oder ungewollt ablaufenden Prozesse der Kompetenzentwicklung und der Kompetenzhebelung, befähigen muss. In gleicher Weise muss eine Kompetenz zum anderen aber auch Schlüssel zur Lösung von Herausforderungen seitens externer Dynamik, hervorgerufen durch die sich permanent ändernde Unternehmensumwelt, sein, um überhaupt als Kompetenz gelten zu dürfen.[339] Aufgrund dieser, im CbSM durch die Kompetenzorientierung möglichen, ständigen Abstimmung von internen Prozessen und externen Herausforderungen ist der erste Schritt auf dem Weg zu einer Kreation von unternehmensseitiger Wettbewerbsfähigkeit und ihrer Erklärung getan.

Eine solche Erklärung wird dadurch ermöglicht, dass die Organisation über einen gewissen Zeitraum hinweg betrachtet wird und ihre Handlungen bzw. Aktionen über die Zeit den Inhalt der Analyse und des Erklärungsprozesses darstellen. Dadurch werden nicht mehr nur Momentaufnahmen beleuchtet und analysiert, die in ruhigeren Fahrwassern für eine Erklärung ausreichen würden. In dieser Zeitraumbetrachtung kann die aus dem CbV geforderte Nachhaltigkeit von Wettbewerbsvorteilen und damit die Wettbewerbsfähigkeit an sich, die durch die Kompetenzausstattung des Unternehmens ermöglicht wird, deswegen genauer erklärt werden, da sie über eine gewisse Zeit hinweg beobachtet, analysiert und beschrieben werden kann.

---

338 Vgl. Sanchez/Heene (2004), S. 26. Vgl. für die folgende Diskussion v.a. Sanchez/Heene (2004), S. 26ff. Sanchez/Heene (1996), S. 41ff., Sanchez/Heene (1997b), S. 12ff. sowie auch Freiling/Gersch/Goeke (2008b), S. 1157ff. und Freiling (2004b), S. 41ff.

339 Vgl. Sanchez (2004), S. 521.

Nachhaltigkeit erfordert eine Kompetenzausstattung, auf deren Basis externe Herausforderungen adäquat gemeistert werden können. Sie muss es ermöglichen, wertschaffende Fähigkeiten auch in turbulenten Umfeldern aufrechterhalten zu können. Nachhaltigkeit erfordert gleichermaßen jedoch auch Kompetenzen, die die Bewältigung von intern ausgelöster Dynamik, welche aus diversen Formen von organisationaler „Entropie" resultieren kann, ermöglichen.[340] Gemeint ist damit, dass gewöhnlich auch für die reine Aufrechterhaltung des Status quo, also der Struktur und der Ordnung eines wertschaffenden Prozesses, Energie und Aufmerksamkeit aufgebracht werden muss.[341]

Systemik

Als zweiten Eckpfeiler nach der Dynamik betrachtet die CbTF Organisationen als Systeme aus interagierenden Ressourcen und Akteuren. Sie sieht eine Organisation als System an, das fähig ist, Komplexität, Wandel und Unsicherheit unabhängig von ihrer Herkunft (intern oder extern generiert) zu meistern. Aufgrund dieses Verständnisses von Unternehmen, die gleichzeitig extern sowie intern aufkommende Fragen ad hoc beantworten können müssen, werden sie als offene Systeme interpretiert. Es muss ihnen in beide Richtungen, d.h. von außen nach innen und von innen nach außen möglich sein, für alle Elemente der Kompetenzhierarchie wie Inputgüter, Informationen, Ressourcen, Produkte usw. durchlässig zu sein und diese zu koordinieren.[342] Hierbei geht es zum einen um firmenspezifische Assets, die innerhalb der Systemgrenze liegen und sich dadurch direkt unter der Kontrolle des Unternehmens befinden. Gemeint sind Aktiva für wertschaffende Prozesse wie beispielsweise verschiedene Inputgüter zur Kreation und Herstellung von Produkten. Zum anderen geht es um Assets, die außerhalb des direkten Einflussbereiches von Organisationen liegen. Anbieter dieser so genannten firmenassoziativen Assets sind zum Beispiel Ma-

---

340 Der Begriff „Entropie" aus der Thermodynamik wird von SANCHEZ bewusst gewählt. Sie ist eine Zustandsgröße, welche ein Maß an Unordnung eines abgeschlossenen Systems oder die Irreversibilität eines Vorgangs darstellt. Das Gesetz der Entropie besagt, dass Systeme dazu neigen in einen Status geringerer Energie überzugehen und zusätzliche Energie nötig wird, um lediglich den Ausgangszustand wieder herzustellen. Vgl. hierzu vertiefend Müller (2007).

341 Vgl. Sanchez (2004), S. 521.

342 Vgl. Sanchez/Heene (1996), S. 42 oder auch Sanchez (2004), S. 519.

terial- und Komponentenzulieferer, Berater, Finanzinstitute oder Kunden. Ein gemäß dieser Vorstellung strukturiertes Unternehmen gestaltet sich so, als sei es von einer permeablen Membran umgeben. Diese Membran hält auf der einen Seite zusammen, schottet die Organisation zugleich aber auch nicht gänzlich von der Außenwelt ab.[343]

Die Unternehmung im Sinne eines offenen Systems ist einerseits durch die Existenz bestimmter Systemelemente, andererseits durch eine offen gestaltbare Systemgrenze zwischen der Umwelt und dem Unternehmen charakterisiert. Abbildung 6 visualisiert dieses Verständnis einer Unternehmung als offenes System.

Unter der *strategischen Logik* verstehen SANCHEZ UND HEENE das operative Grundprinzip bzw. Verständnis zur unternehmerischen Zielerreichung durch eine koordinierte Verwendung von Ressourcen.[344] In ihr sind die mentalen Modelle der Führungspersönlichkeiten verkörpert, weswegen die unternehmensindividuelle strategische Logik und damit das gemeinsame mentale Modell der Mitglieder der Unternehmensführung die Entscheidungen bezüglich der Unternehmensstrategie und damit die Zukunft des Unternehmens maßgeblich bestimmt.[345] Sie selbst wird wiederum aufgrund ständiger externer Einflüsse aus der Unternehmensumwelt verändert. Das Management adaptiert dadurch bewusst oder unbewusst seine eigenen mentalen Modelle und passt infolge dessen seine Handlungsweise an.[346] Die strategische Logik steuert die Prozesse auf allen Ebenen des Unternehmens und kann nicht zuletzt daher bei einem Misfit mit den Umweltgegebenheiten zur Existenzgefährdung führen. Grundsätzlich kann der strategischen Logik ein ausgeprägtes Beharrungsvermögen attestiert werden, das eine Gefahr sich selbst verstärkender Misfits birgt. Diese Beharrlichkeit kann zu einer abnehmenden Passgenauigkeit der strukturellen Aufstellung des Unternehmens an den unternehmensexternen Erfordernissen führen, wodurch sich die Zielverfehlungen bzw. die Inadäquanz der Zieldefinitionen vergrößern. Eine solche Entwicklung kann schließlich in eine Existenzbedrohung mün-

343 Vgl. Sanchez (2004), S. 521.
344 Vgl. Sanchez/Heene (1996), S. 41.
345 Vgl. hierzu auch das Modell der *dominat logic* nach Bettis/Prahalat (1995).
346 Vgl. Freiling (2004a), S. 15.

den.[347] Bereits ARGYRIS UND SCHÖN haben bei ihrer Ausarbeitung des organisationalen Lernens im Allgemeinen und bei ihrer Vorstellung des Double-Loop-Learning im Speziellen darauf hingewiesen, dass die von Ihnen als *governing variables* bezeichneten Komponenten adaptiert werden müssen.[348] Darunter verstehen sie die handlungsleitenden Variablen in den Köpfen der Unternehmenslenker, die bei einer neuen Umweltsituation durch Adaption entsprechend neu kalibriert werden müssen, um einem Misfit und einer damit einhergehenden Zielverfehlung vorzubeugen.

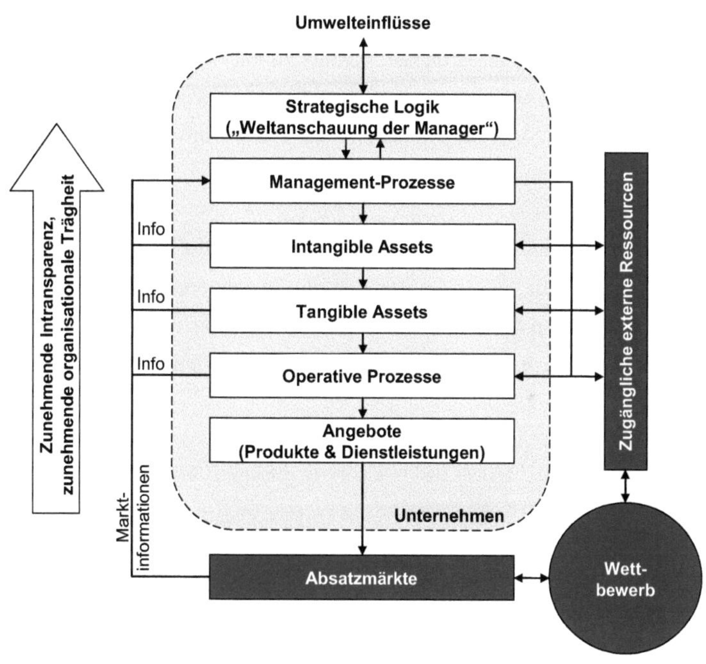

Abbildung 6: Die Unternehmung als offenes System[349]

[347] Vgl. Freiling (2004a), S. 16 sowie Sanchez/Heene (2004), S. 22ff. Vgl. für eine ausführliche Abhandlung zum strategischen Denken an der Unternehmensspitze auch Goldman (2007).

[348] Vgl. Argyris/Schön (1978), S. 2f.

[349] Eigene Darstellung in Anlehnung an Sanchez/Heene (1996), S. 41, Sanchez/Heene (2004), S. 47 und Freiling (2004a), S. 15.

Der wechselseitige Zusammenhang zwischen der strategischen Logik und den Aktionen des Managements bzw. den Management-Prozessen wird in Abbildung 6 durch die gegenläufigen Pfeile symbolisiert. Durch die Management-Prozesse werden die Inhalte und Sichtweisen der Manager, die in der strategischen Logik abgelegt sind, in Handlungen konkretisiert. Durch diese Handlungen werden von den Managern Erfahrungen gemacht, neue Sichtweisen kreiert und Einfluss auf die Umweltgegebenheiten genommen, was wiederum zu einer rekursiven Adaption der strategischen Logik führt. Die strategische Logik ist demnach kein starres Gebilde, sondern vielmehr ein dynamisches, sich entlang eines evolutorischen Pfads veränderndes Vorstellungsmodell. Diese Veränderungen werden zum einen durch Umwelteinflüsse und zum anderen durch Aktionen des Unternehmens hervorgerufen und somit mitunter durch eigenes Handeln des Managements sowie den damit einhergehenden Rückkopplungsprozessen ausgelöst.

Den Management-Prozessen kommt eine zentrale Rolle bei der Unternehmensentwicklung über die Zeit zu, indem sie den darunter folgenden Systemelementen (den intangiblen und tangiblen Assets, den operativen Prozessen sowie über das Produkt- und Serviceangebot auch dem Absatzmarkt) eine Art strategischen Rahmen verleihen:

> *Scrutinizing these system elements in close connection with the management processes in a path dependent manner is useful in order to understand macro and micro changes of the firm as well as system breakdowns. Notably, ... such a scrunity acknowledges the embeddedness of the firm in the market and the business environment.*[350]

Dieser Zusammenhang resultiert aus dem durch die Management-Prozesse ausgeübten Einfluss auf die einzelnen Systemelemente und der Wahrnehmung der dadurch hervorgerufenen Veränderungen durch die Entscheidungsträger. Durch sie wird über Routinen und Koordinationsmechanismen, die sich über die Zeit entwickelt haben, der Einsatz von intangiblen und tangiblen Assets gesteuert. Diese Koordinationsmechanismen bestehen beispielsweise aus dem Sammeln und Interpretieren

---

[350] Freiling (2004b), S. 43.

von Daten, aus Entscheidungsfindungsprozessen oder Ressourcenallokationen sowie aus der Beschaffenheit von internen Informations- und Kommunikationssystemen oder der Struktur des jeweils implementierten Anreizsystems.[351] Weiterhin sind die Management-Prozesse für die Steuerung der Beziehungen zur Unternehmensumwelt wichtig. Sie beeinflussen zusammen mit der strategischen Logik den Grad der unternehmensseitigen Öffnung zur Außenwelt. Die Management-Prozesse sind der Punkt innerhalb des Systems, an dem entschieden wird, mit welcher Intensität und Dauer der Versuch einer Ressourcen- oder Kompetenzakquise entsprechend der identifizierten Ressourcen- oder Kompetenzlücke verfolgt wird. Somit nehmen sie erheblichen Einfluss auf die strukturelle und inhaltliche Evolution des Unternehmens sowie auf die Permeabilität der Grenzmembran.[352]

Um mithilfe der Management-Prozesse und der Systemelemente den Erfolg und Misserfolg eines Unternehmens erklären zu können, muss die Unternehmung im Kontext ihrer Umgebung betrachtet werden. Es muss untersucht werden, wie und wodurch sich die Unternehmung verändern kann. Die externen Analysebereiche, die aus ressourcen- und kompetenzorientierter Sicht als Analyseobjekte notwendig erscheinen, sind in erster Linie alle potenziellen externen Ressourcenlieferanten. Im Speziellen geht es hierbei demnach sowohl um die Beschaffungs- und Absatzmärkte als auch um die Konkurrenten und weitere externe Stakeholder.

Die am häufigsten auszumachende Ursache für eine organisationale Veränderung ist eine bereits evidente oder nahe liegende Dissonanz zweier Spieler auf demselben Markt. Der Open System's View kennt dreierlei Interaktionen mit der Außenwelt (Internalisierung, Adaption, Informationsaustausch), die zu einer organisationalen Veränderung sowohl im positiven als auch im negativen Sinne führen können. Diese können durch ihre stimulierende Eigenschaft als Erklärung des Erfolgs oder des Niedergangs einer Unternehmung herangezogen werden:[353]

---

351 Vgl. Sanchez/Heene (1996), S. 40.

352 Vgl. Freiling (2004a), S. 16.

353 Vgl. zu den drei möglichen Veränderungen und/ oder Anpassungen des Unternehmens Freiling (2004a), S. 17f.

- Unternehmen, die eine Lücke in ihrer eigenen Faktorausstattung identifiziert haben, haben die Möglichkeit, diese Lücke durch Transaktionen mit anderen Unternehmen zu schließen. Durch die Internalisierung externer Faktoren und ihre Integration in die operativen Prozesse kann das Unternehmen in positiver Weise verändert werden.[354] Für eine erfolgreiche Internalisierung und anschließende Nutzung der Faktoren muss das Unternehmen jedoch über eine absorptive Kapazität verfügen.[355] Gleichzeitig kann eine solche Interaktion jedoch auch zur Erklärung von Misserfolg eines Unternehmens herangezogen werden. Dies ist einerseits der Fall, wenn die für eine erfolgreiche Internalisierung externer Faktoren notwendige, absorptive Kapazität nicht oder in zu geringem Maße vorhanden ist. Andererseits können für einen Niedergang eines Unternehmens in diesem Kontext aber auch eine Assimilation falscher oder unpassender externer Ressourcen sowie gegebenenfalls in zu großer Höhe angefallene Kosten für deren Internalisierung ursächlich sein.

- Abbildung 6 zeigt, dass sich eine Unternehmung an den Gegebenheiten des Absatzmarktes auszurichten hat. Werden die Anforderungen des Marktes durch das Angebotsportfolio des Unternehmens in vollem Umfang erfüllt, wird die Unternehmung Erfolg im Absatz ihrer Güter und Dienstleistungen haben und sich damit durch eine solide Wettbewerbsfähigkeit auszeichnen. In einer dynamischen Umwelt, in der die Nachfrageseite i.d.R. den größeren Teil der Machtfülle innehat, wird solch ein Zustand wenn überhaupt nur temporärer Natur sein. Zwar kann eine Organisation marktseitige Bedarfe über ein neues, kreatives Angebotssortiment von sich aus schaffen. Jedoch muss dieses Angebotssortiment auch von den Kunden angenommen werden. Somit wird ein Abgleich zwischen

---

354 In Abbildung 6 ist diese Art der Umweltinteraktion auf der rechten Seite eingezeichnet.

355 Der Begriff der absorptiven Kapazität wurde von COHEN UND LEVINTHAL im Kontext der Integration externen Wissens geprägt und von FREILING auf sämtliche Kategorien von Produktionsfaktoren im weitesten Sinne ausgeweitet. Vgl. ursprünglich Cohen/Levinthal (1990) und in der erweiterten Sicht Freiling (2001), S. 145ff. Der Absorptionserfolg ist von drei Komponenten abhängig: 1. der unternehmensseitigen Identifikationsfähigkeit geeigneter Ressourcen, 2. der unternehmensseitigen Integrations- bzw. Assimilationsfähigkeit dieser Ressourcen und 3. der unternehmensseitigen Applikations- bzw. Exploitationsfähigkeit dieser Ressourcen. Vgl. hierzu Freiling (2001), S. 146f. und Freiling (2004a), S. 17.

der Organisation und dem Markt notwendig.[356] VON MISES bemerkt bereits 1940, dass nur derjenige Unternehmer sich beständig am Markt behaupten kann, der sich täglich an den Bedarfen seiner Kunden und damit des Marktes ausrichtet.[357] Aus dem Umkehrschluss hieraus erklärt sich auch der Niedergang einer Unternehmung für den Fall, dass die Ressourcen- und Kompetenzausstattung entweder in zu geringem Maße, in eine falsche Richtung oder überhaupt nicht weiterentwickelt wird. Damit entfernt sich das unternehmensseitige Angebot über die operativen Prozesse und die tangiblen und intangiblen Assets hinweg immer weiter von den Wünschen der Kunden und kann nicht mehr am Markt abgesetzt werden.[358] Folglich ist eine Marktorientierung des Unternehmens, also die Veränderung des Unternehmens entsprechend der Marktentwicklungen für den Unternehmenserfolg unabdingbar.

- Der dritte Grund für eine Veränderung von Unternehmen über die Zeit liegt im permanenten Informationsaustausch der Marktteilnehmer. Mit jeder Transaktion am Markt geht eine Informationsrückkopplung einher, da die Transaktion nicht gänzlich ohne Interaktion stattfinden kann. Entsprechend Abbildung 6 finden dadurch Rückkopplungen zur Wertschöpfung des Unternehmens statt. Dieses marktrelevante Wissen findet meist seinen Niederschlag in den intangiblen Assets, es kann jedoch auch die oftmals rigiden Management-Prozesse beeinflussen.[359] Die Auswirkungen auf die Veränderlichkeit einer Unternehmung und dem damit verbundenen Erfolg bzw. Misserfolg liegen auf der Hand. Je mehr Rückkopplungen mit marktrelevantem Wissen stattfinden, desto besser werden die Ressourcen- und Kompetenzausstattung entsprechend der marktseitigen Erfordernisse entwickelt und desto größer ist der Fit zwischen Unternehmung und Markt. Vice versa bedeutet dies, dass mit sinkender Rückkopplungszahl auch die

---

356 Dieses Interaktionsfeld des Unternehmens mit dem Markt ist stark von der Marktprozesstheorie der Modern Austrian Economics geprägt. Im Umkehrschluss dürfen die angebotenen Dienstleistungen oder Produkte durch ihre Eigenschaften auch nicht die Bedarfe der Kunden in zu großem Maße übertreffen. Die Zahlungsbereitschaft der Kunden ist begrenzt und auch nur in der Höhe existent, wie die erworbenen Dienstleistungen oder Produkte einen Nutzen für den Kunden stiften. Kein Kunde wird bereit sei, ein Preispremium für Leistungseigenschaften, die er nicht nutzt oder nicht nutzen kann, zu bezahlen.

357 Vgl. Von Mises (1940), S. 271.

358 Vgl. Freiling (2004a), S. 18.

359 Vgl. Freiling (2004b), S. 44f.

Veränderungsrate und damit die marktgerechte Entwicklung des Ressourcengefüges sinken, wodurch der Misfit zwischen Kundenwünschen und Angebot stetig größer wird.[360]

Dem Verständnis eines Unternehmens als offenes System liegt schließlich zugrunde, dass die Konkretisierbarkeit der Inhalte und damit die Transparenz der jeweils ablaufenden Prozesse über die Systemelemente wie die Produkte und Dienstleistungen, die operativen Prozesse sowie die tangiblen und intangiblen Assets hinweg bis hin zu den Managementprozessen und schließlich zur Strategischen Logik abnehmen. Dies bedeutet im Umkehrschluss, dass sich die Strategische Logik durch den höchsten Grad an Intransparenz auszeichnet wodurch sie auch das Systemelement mit der größten organisationalen Trägheit und der höchsten Veränderungsresistenz ist. Sie kann, wie oben angedeutet, entweder durch externe Einflüsse (am ehesten durch externe Schocks) oder durch interne Veränderungsprozesse in den einzelnen Systemelementen adaptiert werden. Eine zielorientierte Steuerung dieser Veränderungsprozesse muss folglich das Ziel sein, das Unternehmen verfolgen müssen. ZAHN, KAPMEIER UND TILEBEIN argumentieren hierbei über einen systemisch evolutionären Ansatz, der diesen Anforderungen sehr nahe kommt.[361]

Kognition

Vor dem Hintergrund der bedeutenden intellektuellen Herausforderung, die in der Kreation und Erhaltung einer dynamisch-adaptiven Organisation steckt, erkennt die CbTF die essentielle Bedeutung des unternehmerischen Erkenntnisvermögens als ihren dritten Eckpfeiler an. Diese kognitiven Fähigkeiten der Unternehmensführung kommen vor allem bei der Vorstellung neuer Produkte und neuer Geschäftschancen sowie dem Design und der Implementierung effektiver organisationaler Prozesse zum tragen. Diese Prozesse sollen zum einen Wert schaffen und diesen Wert zum anderen auch distribuieren. Die kognitive Dimension adressiert die Forderung nach einem anforderungsgerechten Einsatz der Inputfaktoren wobei sie den menschlichen

360 Vgl. Sanchez/Heene (1996), S. 51ff.
361 Vgl. hierzu ausführlich Zahn/Kapmeier/Tilebein (2006), S. 129ff.

Aspekt in den Vordergrund rückt. Gemeint ist die notwendige Fähigkeit der Manager, vorhandene oder neue Ressourcen und Kompetenzen für spezifische, wertschaffende Aktivitäten effektiv und effizient einzusetzen.[362]

Die Unternehmensführung ist letztendlich dafür verantwortlich, Entscheidungen zu treffen, in welcher Art und Weise ein Unternehmen versucht, Wert in den anvisierten Zielmärkten zu generieren. Dadurch sehen sich die Manager einer zweifachen kognitiven Herausforderung ausgesetzt. Sie müssen zum einen fähig sein, festzulegen und sicherzustellen, dass der operative Betrieb das nötige Minimum an Effizienz erreicht, das die Umsetzung der Strategien ermöglicht. Zum anderen müssen sie jedoch auch fähig sein, diejenigen Strategien zu definieren und auszuwählen, die überhaupt das Potenzial haben, auf den Zielmärkten Wert zu schaffen. Die Unternehmensführung ist demnach sowohl für den effizienten als auch für den effektiven Einsatz der Aktiva verantwortlich.[363]

Diese kognitive Komponente steht in sehr engem Zusammenhang mit der strategischen Logik, die im vorigen Abschnitt im Rahmen der offenen Systemik diskutiert wurde. Sie bedingt in entscheidendem Maße, wie die Manager auf externe Einflüsse reagieren und ihre Logik respektive ihre mentalen Modelle dadurch anpassen.

Holismus

Den letzten Eckpfeiler der CbTF stellt die von ihr eingenommene ganzheitliche Perspektive auf das Management einer Unternehmung dar. Diese holistische Betrachtungsweise geht davon aus, dass die Unternehmensführung wertschaffende und distribuierende Prozesse gestalten und unterhalten muss, die auf die Interessen aller Ressourcenanbieter des Unternehmens ausgerichtet sind. Hierbei sind prinzipiell alle Stakeholder des Unternehmens gemeint. Die diversifizierten Interessen der verschiedenen Stakeholder müssen sich klar in den von der Unternehmensführung für das Unternehmen gesteckten Zielen wieder finden. Lediglich durch eine solche

---

362 Vgl. Sanchez/Heene (1997b), S. 19f.
363 Vgl. Sanchez (2004), S. 521.

ganzheitliche Berücksichtigung der Zielvarietät der unterschiedlichen Anspruchsgruppen durch das Management, auf die das Unternehmen angewiesen ist, kann die Überlebensfähigkeit der Organisation sichergestellt werden. Die Manager müssen folglich fähig sein, durch die Definition der unternehmerischen Ziele, die Interessenvielfalt der individuellen und institutionellen Lieferanten essentieller Ressourcen abzubilden.[364]

Eine ähnlich ganzheitliche Betrachtung des unternehmerischen Zielsystems wurde bis dato von keinem Vertreter bekannter theoretischer Ansätze gewagt. Alle bisherigen Ansätze haben sich auf eine bestimmte Zielgruppe oder ein gewisses Spektrum an Zielen fokussiert und weiterreichende Ziele meist durch die ihnen zugrunde liegenden Annahmen per definitionem aus der Betrachtung eliminiert. Dadurch konnten zwar viele Erklärungen gefunden werden, jedoch erscheint die Forderung nach einer holistischen Perspektive unumgänglich. Dieser Forderung versucht die CbTF nachzukommen.

Im Rahmen der Vorstellung der Kompetenztheorie und ihrer Eckpfeiler als neue Sichtweise auf ein Unternehmen und als neuen Erklärungsansatz für die Wettbewerbsfähigkeit sowie die Existenzfähigkeit eines Unternehmens wurde grundsätzlich diskutiert, wie ein Unternehmen am Markt agiert und interagiert.[365] Für ein umfangreiches Verständnis dessen, was in einem Unternehmen auf unterster Ebene stattfindet und an welchen Stellen Differenzierungspotenzial als ursächliche Basis für die Wettbewerbsfähigkeit und die Existenzfähigkeit besteht, muss der Blick noch tiefer in die Organisation hinein gerichtet werden.

Das folgende Kapitel beschäftigt sich infolge dessen mit der detaillierten Analyse der im Unternehmen ablaufenden Wertschöpfung sowie der Transformationsprozesse,

---

[364] Vgl. Sanchez (2004), S. 521.

[365] Die Begriffe der *Wettbewerbsfähigkeit* und der *Existenzfähigkeit* sind keinesfalls gleichzusetzen. Ein wettbewerbsunfähiges Unternehmen ist dadurch nicht notwendigerweise direkt in seiner Existenz bedroht. Mit einer entsprechenden absorptiven Kapazität, wie sie COHEN/LEVINTHAL geprägt haben, ist es einem nicht wettbewerbsfähigen Unternehmen trotzdem möglich, überlebenskritische Ressourcen (z.B. Subventionen vom Staat) zu beschaffen und zu integrieren. Vgl. Freiling (2004a), S. 18. Diese Unterscheidung gewinnt heute, in Zeiten globaler (Wirtschafts-)Krisen, in denen staatliche Subventionen in bisher unvorstellbarer Höhe ausbezahlt werden, immens an Bedeutung. Zum Begriff der absorptiven Kapazität vgl. vertiefend Cohen/Levinthal (1990).

die aus dem reinen Input entlang der internen Wertschöpfungskette eine marktfähige Leistung bzw. ein marktfähiges Produkt kreieren. Das detaillierte Verständnis dessen, was sich in einem Unternehmen abspielt ist wiederum die Grundlage für eine detaillierte Analyse des Konstruktes Kompetenz. Diese Analyseergebnisse sind von elementarer Bedeutung für die exakte Lokalisation von Kompetenzen und der Einordnung ihrer Schnittstellen zu vor- und nachgelagerten Einheiten im organisatorischen Prozess. Bevor eine solche Klärung nicht stattgefunden hat, können die Möglichkeiten eines gezielten Managements der Kompetenzen und der damit verbundenen Wettbewerbsfähigkeit eines Unternehmens auch nicht erörtert werden.

3. Kompetenzorientierte Analyse der unternehmerischen Wertschöpfung

Bei der Diskussion zur kompetenzbasierten Theorie der Unternehmung konnte herausgearbeitet werden, welch wichtige Rolle die Kompetenzen eines Unternehmens für dessen Wettbewerbsfähigkeit spielen. Nach dieser Erkenntnis stellt sich die Frage nach der Möglichkeit eines gezielten Managements dieser Kompetenzen. Erst ein zielorientiertes, kontextadäquates Management der Kompetenzen eines Unternehmens kann zu einer nachhaltigen Wettbewerbsfähigkeit führen.

Im Verlauf des dritten Kapitels der Arbeit wird deshalb ein Vorschlag zur Analyse der im Unternehmen ablaufenden Veränderungs- und Upgradingprozesse, der die unternehmensseitigen Ressourcen und Kompetenzen im Fokus hat, erarbeitet. Das Ergebnis der Analyse ist für potenzielle Ansatzmöglichkeiten eines umfassenden Prozesses zum Management der Unternehmensressourcen und -kompetenzen notwendig. Ein Verständnis über die im Unternehmen ablaufenden Wertschöpfungsprozesse sowie die Rolle und die Einordnung der Kompetenzen in diesen Prozessen alleine reicht für ein erfolgreiches kompetenzorientiertes Management zwar nicht aus, es schafft aber die Voraussetzung für eine Diskussion möglicher Ansatzpunkte dazu und wird daher in den folgenden Unterkapiteln erarbeitet.

Der erste Schritt eines Managementprozesses besteht grundsätzlich in der Diagnose des Ist-Zustands und damit in der Bestimmung und Definition des zu managenden Inhaltes.[366] Jeder Analyse-, (Re)Organisations-, Erklärungs-, oder Optimierungsprozess startet mit der Identifikation des zu bearbeitenden Objektes. Um in einer volatilen Unternehmensumwelt, die durch eruptive Veränderungen gekennzeichnet ist, auf Basis der Kompetenzausstattung zukunftsorientiert und nachhaltig wirtschaften zu können, ist eine profunde Kenntnis der eigenen Kompetenzausstat-

366 Vgl. Grant (2008), S. 123ff.

tung sowie ihrer Wirkungsweise und den damit verbundenen zielorientierten Einsatzmöglichkeiten notwendig.[367]

KRÜGER UND HOMP gehen davon aus, dass sich ein Kompetenzmanagement nicht generell von einem Management anderer Objekte unterscheiden kann.[368] Dementsprechend beginnt auch der Prozess der Kompetenzdiagnose mit der Identifikation der Kompetenzen im Unternehmen. Bevor jedoch der Prozess des Kompetenzmanagements mit der Identifikation der Kompetenzen beginnen kann, muss eine Klärung des Kontextes stattfinden, in dem Kompetenzen des Unternehmens zum Einsatz kommen bzw. wirken sollen. Dies geschieht über die Analyse der Transformationsprozesse, die zur Leistungserstellung im Unternehmen ablaufen. Anschließend kann auf ein hinreichend exaktes Verständnis des Konstruktes Kompetenz an sich eingegangen und untersucht werden, wie sich Kompetenzen zusammensetzen, wie Kompetenzen über die Zeit evolvieren und wie sie (re)konfiguriert und koordiniert werden können. Erst im Anschluss an diese Erörterungen kann auf ganzheitliche Möglichkeiten eines gezielten Managements von Kompetenzen oder der Kompetenzausstattung für eine Wettbewerbsfähigkeit des Unternehmens eingegangen werden. Die Abfolge der Untersuchungsschritte orientiert sich entsprechend an dem logischen Ursache-Wirkungszusammenhang von Ressourcen, Capabilities und Wettbewerbsfähigkeit des Unternehmens.

> *While resources are the source of a firm's capabilities, capabilities are the main source of its competitive advantage.*[369]

3.1 Verständnis von der Leistungserstellung

Aus einer Prozessperspektive lassen sich Unternehmen als eine Menge von Akkumulationen und Transformationen interpretieren, die unterschiedliche Bestände verändern und/oder in Stocks (temporär) gesammelt werden. So entstehen Innovationen aus der Transformation von Wissen, welches wiederum als eine durch Lernpro-

---

367 Vgl. Freiling (2004a), S. 6ff. und Freiling/Gersch/Goeke (2008b), S. 1151f.
368 Vgl. Krüger/Homp (1997), S. 92 und Krüger/Homp (1996) sowie Homp (2000).
369 Grant (1991), S. 119.

zesse adaptierte Bestandsgröße verstanden werden kann. Leistungserstellung auf Unternehmensebene erfolgt in verketteten Prozessen vom Bezug der Inputfaktoren bis zur Vermarktung von Produkten und Dienstleistungen. Dabei kommen im Rahmen von Veredelungs-, Aktivierungs-, Konfigurations- und Entscheidungsprozessen Ressourcen, Kompetenzen und Fähigkeiten zum Einsatz.

Im Folgenden gilt es zwischen den Wertschöpfungsprozessen eines Unternehmens und seinen Leistungserstellungsprozessen im Verständnis der vorliegenden Arbeit zu unterscheiden. Unter Wertschöpfungsprozessen sind die (Produktions-)Prozesse zu verstehen, die klassisch in einem Produktions- oder Dienstleistungserstellungsprozess durchlaufen werden – vom Rohstoff bis zum Fertigprodukt bzw. vom Anfang des Prozesses bis zur finalen Erbringung der Dienstleistung. Sie laufen rein auf der Sach- bzw. Faktenebene ab und sind gut zu beobachten und zu beschreiben. Von weit größerem Interesse sind im Folgenden jedoch vielmehr die Prozesse der Leistungserstellung aus der Ressourcen- und Kompetenzperspektive, die sich weniger auf der Fakten- und vielmehr auf der Potenzialebene des Unternehmens abspielen. Sie sind daher weniger durch ihre gute Beobacht- oder Beschreibbarkeit charakterisiert, sondern zeichnen sich vielmehr durch ihr ihnen immanentes Differenzierungspotenzial aus.

Die Betrachtung unterscheidet grundsätzlich in zwei Arten von Bestandsgrößen.[370] Zum einen werden Stocks mit direkt zählbarem, physischem und tangiblem Inhalt als graue eckige Kästen dargestellt. Zum anderen werden Stocks mit nicht direkt zählbarem, intangiblem Inhalt als weiße Kästen mit abgerundeten Ecken gezeichnet. Später wird ersichtlich, dass sich im Bereich der weißen, abgerundeten Kästen das Herzstück der unternehmerischen Leistungserstellung befindet. Dieser Bereich weist das höchste Differenzierungspotenzial eines Unternehmens auf und kann von der Konkurrenz am schwersten imitiert oder kopiert werden. Die Prozesse eines Unternehmens, die bei entsprechend guter Beherrschung das Potenzial haben, zur Differenzierung gegenüber der Konkurrenz beizutragen und damit zu Kompetenzen zu wer-

---

[370] Unter den Akkumulationen werden Stocks verstanden, die in Abbildung 4 als Badewannen dargestellt waren.

den, sind in den folgenden Abbildungen als graue Kreise dargestellt.[371] Kompetenzen können sich per definitionem immer nur in Prozessen manifestieren, da sie ansonsten die geforderten Eigenschaften bzw. den geforderten Ergebnisbeitrag nie leisten könnten.[372] Die Prozesse mit Kompetenzpotenzial komplettieren damit den Bereich der weißen Stocks und sind auf den dicken schwarzen Pfeilen angeordnet, die generell einen Prozessablauf bzw. einen Übergang von einer Bestandsgröße zur nächsten symbolisieren.

Die dünnen schwarzen Pfeile stellen Informationsflüsse dar, die bei der jeweils vorgelagerten Stufe durch zurückgespielte Informationen im Sinne einer Informationsrückkopplung zu Veränderungen führen können. Diese Informationsrückflüsse haben Einfluss auf zwei Aspekte. Zum einen bewirken sie Veränderungen bzw. Anpassungen in der operativen Prozessgestaltung, da sie Antworten auf Fragen wie z.B. *„Was machen wir aktuell wie und machen wir das für heute und für die Zukunft richtig?"* geben. Sie nehmen damit direkten Einfluss auf die operative Prozessgestaltung der handelnden Einheiten. Zum anderen haben sie im Sinne einer Feedbackschleife aber auch Einfluss auf die mentalen Modelle der verantwortlichen Manager, die die Erkenntnisse aus den operativen Ebenen berichtet bekommen. Dadurch werden die Einschätzungen der Manager und ihre Vorstellungen von grundsätzlich Machbarem und idealtypischem Vorgehen adaptiert.[373]

Bevor eine Leistung, sei es die Erstellung eines Produktes oder die Erbringung einer Dienstleistung, durch ein Unternehmen erbracht werden kann, müssen die dafür notwendigen Voraussetzungen geschaffen sein. Gemeint sind zum Beispiel das Vorhandensein der notwendigen Inputfaktoren, die entsprechende Ausstattung der Produktionseinheiten oder die Fähigkeiten der involvierten Mitarbeiter. Grundsätzlich kann daher zwischen einem Bereich der Leistungsbereitschaft und einem Bereich der Leistungserstellung unterschieden werden. Die Basis für eine erfolgreiche Leis-

---

371 Prozesse sind in Abbildung 4 als Rohrleitungen zwischen den Badewannen dargestellt und zeichnen sich auch weiterhin durch ihr Potenzial aus, die Bestandsgrößen verändern zu können.

372 Vgl. Lorino/Tarondeau (2002), S. 129ff. sowie Morecroft/Sanchez/Heene (2002), S. 5.

373 Vgl. hierzu z.B. Zahn (2006a), S. 88, Klimecki/Probst/Eberl (1991), S. 130, Dutton/Dukerich (1991), S. 517 oder Sanchez/Heene (1996), S. 41 sowie Mintzberg (1973), Thomas/Clark/Gioia (1993) oder Ferrier (2001).

tungserstellung ist immer eine zielorientierte Leistungsbereitschaft – ohne grundsätzlich bereit zu sein und sämtliche Vorkehrungen getroffen zu haben, können auch keine herausragenden Leistungen erbracht werden. Abbildung 7 zeigt zunächst den Bereich der Leistungsbereitschaft eines Unternehmens bevor in Abbildung 8 spezifischer auf die Leistungserstellung eingegangen werden kann.

Das erkenntnistheoretische Ziel der kompetenzbasierten Theorie der Unternehmung ist die Erklärung der gegenwärtigen und die Prognose der zukünftigen unternehmerischen Wettbewerbsfähigkeit infolge überlegener Kompetenz- und Ressourcenverfügbarkeiten.[374] Die Argumentationslogik des Kompetenzansatzes startet mit den Assets respektive den Inputfaktoren am Ursprung der Wertschöpfung. Unter Assets werden definitionsgemäß homogene, externe oder interne Faktoren verstanden, die unter normalen Umständen von jedem Marktteilnehmer am freien Markt beschafft und als Input für Wertschöpfungsprozesse eingesetzt werden können. Sie sind frei zugänglich und lassen sich ohne größeren Aufwand in Art und Anzahl zählen, beschreiben und handhaben.

Assets werden über ihre Beschaffung und der damit verbundenen Internalisierung zu Unternehmensressourcen. Durch die Integration in das Unternehmen sind die Assets nicht mehr für jeden anderen Marktteilnehmer frei am Markt zu beschaffen. Sie sind für eine spezifische Nutzung vorgesehen und können entsprechend angepasst werden. Die Beschaffung von Assets ist als weißer Kreis dargestellt, da sie geringeres Differenzierungspotenzial aufweist als die folgenden Prozesse und dadurch eine für die weitere Diskussion untergeordnetere Rolle spielt. Nach der unternehmensseitigen Internalisierung der Inputfaktoren werden diese (zunächst) zu tangiblen Ressourcen im Sinne von *Haben-Ressourcen*, die sich aber immer noch nicht durch ein weitreichendes Differenzierungspotenzial auszeichnen.[375] Zwar sind sie ab diesem Zeitpunkt nicht mehr gänzlich frei am Markt zugänglich, sie sind jedoch auch (noch)

---

[374] Vgl. Freiling/Gersch/Goeke (2008b), S. 1150.

[375] Vgl. Hall (1992), S. 136ff. Durch dieses Verständnis können die Haben-Ressourcen eindeutig von den Assets abgegrenzt werden, da sie durch ihre Internalisierung nicht mehr frei für jedes Unternehmen am Markt zugänglich sind und ggf. bereits unternehmensindividuelle Adaptionen an ihnen vorgenommen wurden.

nicht in einem so ausgereiften Maße spezifiziert oder angepasst, dass sie nicht mehr zählbar oder nur schwerlich zu beschreiben wären.

Für eine detaillierte Analyse der unterschiedlichen Manipulationen auf dem Weg von den Inputfaktoren bis hin zu den am Markt abgesetzten Produkten oder Dienstleistungen greift eine generelle Betrachtung von Ressourcen zu kurz. Es gilt daher in Anlehnung an HALL innerhalb des Ressourcenbestands vielmehr in Besitz- oder Haben-Ressourcen und Befähigungs- oder Tun-Ressourcen zu unterscheiden, die auch Unterschiede in ihrem Tangibilitätsgrad aufweisen. Unter *Haben-Ressourcen*, die personenunabhängig sind, können u.a. Maschinen, Immobilien, Patente, registrierte Designs, Verträge, Handelsgeheimnisse, Reputation oder Netzwerke, die tendenziell eher der Leistungsbereitschaft zuzurechnen sind, verstanden werden.[376] Unter den *Tun-Ressourcen*, die auch als Skills bzw. Fähigkeiten bezeichnet werden und die personenabhängig sind, können z.B. das Mitarbeiter-Know-How und die Unternehmenskultur verstanden werden, die eher der Leistungserbringung zuzuordnen sind.[377] Damit zeichnen sich Tun-Ressourcen in erster Linie durch einen hohen Grad an Intangibilität aus, da sie weder zählbar noch gut beschreibbar sind. Mit dieser Unterscheidung wird ein Übergang von einer rein faktenbasierten Ebene mit geringem Differenzierungspotenzial (Assets und tangible Haben-Ressourcen) auf die Potenzialebene mit größerem Differenzierungspotenzial (intangible Tun-Ressourcen sowie die nachfolgenden Ebenen) geschaffen. Spätestens mit der Berücksichtigung von Tun- oder Befähigungsressourcen im Analysegegenstand des Leistungserstellungsprozesses findet der Aspekt der Dynamik seinen geforderten Niederschlag. Diese Ansicht deckt sich mit den Erkenntnissen von CHATTERJEE UND WERNERFELT, die vor allem intangiblen Ressourcen ein Potenzial zuschreiben, das für zukünftiges wirtschaftliches Handeln und die Entwicklungsrichtung des Unternehmens ausschlaggebend zu sein scheint.[378]

---

[376] Vgl. Hall (1992), S. 136ff.

[377] Die Tun-Ressourcen befähigen durch ihre Personenabhängigkeit die einzelnen Mitarbeiter, ihre Aufgabe besser zu erledigen, als Mitarbeiter, die nicht im Besitz dieser Tun-Ressource sind. Vgl. Hall (1992), S. 139ff.

[378] Vgl. Chatterjee/Wernerfelt, (1991), S. 35.

Auf dieser Betrachtungsebene unterscheidet sich das Verständnis der vorliegenden Arbeit bereits von dem von FREILING, GERSCH UND GOEKE geprägten Verständnis, das alle Arten von Ressourcen unter einem Überbegriff und entsprechend als eine Kategorie subsumiert. Ressourcen werden dabei undifferenziert zwischen den Input und die Kompetenzen eingeordnet. Das Verständnis der grundsätzlichen Einordnung der Ressourcen zwischen Assets und Kompetenzen wird in dieser Arbeit geteilt, das Konstrukt Ressource wird jedoch differenzierter betrachtet. Frühere Studien zeichnen sich durch diverse Unterschiede im Verständnis von Ressourcenkonfigurationen aus.[379] Einigkeit besteht darüber, dass Ressourcen aufgrund ihres Tangibilitätsgrades in tangible und intangible, also greif- oder zählbare und nicht greif- oder zählbare Ressourcen unterteilt werden können. Dem konnte durch die Unterscheidung in (tangible) Haben- und (intangible) Tun-Ressourcen auch Rechnung getragen werden.[380]

Im vorliegenden Verständnis setzen die Prozesse mit Differenzierungspotenzial demnach nicht schon an den Assets, sondern erst an den bereits internalisierten Inputfaktoren und damit an den (tangiblen) Haben-Ressourcen an. Die Haben-Ressourcen tragen bereits zur Heterogenität des Unternehmens am Markt bei, da sie für die reinen Faktorausstattungsunterschiede diverser Unternehmen verantwortlich sind. Durch ihre Internalisierung werden sie über ihre Schnittstellen zu weiteren unternehmensspezifischen Assets und Ressourcen im Kontext des Unternehmens zwar in Teilen individualisiert, in einem so frühen Stadium der Wertschöpfung wird jedoch trotzdem weder von heterogener Faktorausstattung mit relevanter Differenzierungs-

379 Vgl. hierzu u.a. Chatterjee/Wernerfelt (1991), Grant (1991), Hall (1992) und Hall (1993). GRANT schlägt beispielsweise vor, die Ressourcen in die drei Oberkategorien Tangibel (Finanziell und Physisch), Intangibel (Technologie, Reputation und Kultur) und Human (Fähigkeiten/Know-how, Kommunikations-/Kooperationsfähigkeiten sowie Motivation) mit den jeweiligen Unterkategorien in Klammern zu unterteilen. Vgl. Grant (2008), S. 131 und (1991), S. 116ff. CHATTERJEE UND WERNERFELT schlagen den Unternehmen vor, die produktiven Ressourcen, wie physikalische, finanzielle und vor allem intangible Ressourcen als Referenzpunkt für ihre zukünftigen Expansionspläne heranzuziehen. Vgl. Chatterjee/Wernerfelt (1991), S. 35ff.

380 Für eine ausführliche Diskussion der Ressourcen-Terminologie und ihrem Verständnis vgl. Freiling (2002), S. 5ff.

wirkung noch von hoher Dynamik in den Prozessen der Leistungserbringung ausgegangen.[381]

Mit ihrer Vorbereitung zur erstmaligen Nutzung in Prozessen des Unternehmens werden die Haben-Ressourcen durch Aktivierung auf eine unternehmensspezifische Weise angepasst und damit um prozessuale Komponenten angereichert. Durch diese Einsatzvorbereitung, zu der auch individuelle und/oder organisationale Fähigkeiten notwendig sind, werden sie zu *Tun-Ressourcen* veredelt und aufgewertet bzw. angereichert.[382] Der Grad an Intagibilität der Ressourcen steigt und entsprechend auch der Schwierigkeitsgrad für Wettbewerbsunternehmen, diese aktivierten Ressourcen zu imitieren. Mit der Aktivierung von Haben-Ressourcen zu Tun-Ressourcen findet ein Tangibilitätsübergang statt, wodurch für ein Unternehmen an dieser Stelle erstmals im Leistungserstellungsprozess die Möglichkeit besteht, sich für eine nachhaltige Differenzierung im Wettbewerb auszurichten. Ressourcen, die durch den Einsatz von Fähigkeiten von reinen Haben-Ressourcen zu Tun-Ressourcen aktiviert wurden, tragen damit zu einer steigenden Heterogenität eines Unternehmens bezogen auf seine Wettbewerber bei und sind dadurch mit Differenzierungspotenzial ausgestattet. Im Leistungserbringungsprozess ist mit dem Einsatz der Ressourcen in unternehmerischen Prozessen auch ein gewisses Mindestmaß an Dynamik verankert, das die Tun-Ressourcen vor einer simplen oder unmittelbaren Imitationsmöglichkeit durch Wettbewerber zusätzlich schützt. Tun-Ressourcen treten lediglich im Rahmen ihrer faktischen Anwendung in Erscheinung was im Umkehrschluss wiederum bedeutet, dass ohne ihren Einsatz auch nur die tangiblen Haben-Ressourcen des Unternehmens sicht- und zählbar bleiben. Haben-Ressourcen werden dementsprechend nicht zu Tun-Ressourcen umgewandelt, sondern durch Einsatz von Fähigkeiten über ihre Aktivierung mit intangiblen Komponenten zu Tun-Ressourcen angereichert.

Auf dem Weg entlang der unternehmerischen Leistungserstellung findet irgendwo zwischen den Aktivierungsprozessen von Ressourcen und ihrem ständigen Einsatz in Wertschöpfungsprozessen also im Übergang von den Ressourcen zu den Kompe-

---

381 Vgl. Freiling/Gersch/Goeke (2008b), S. 1151.
382 Vgl. Hall (1992), S. 139ff.

tenzen auch die nicht ganz trennscharfe Überleitung von der Ressourcenperspektive zur Kompetenzperspektive statt. Abbildung 8 visualisiert diesen Übergang, der unabhängig vom Perspektivenwechsel ebenfalls den Sprung von der reinen Leistungsbereitschaft hin zur tatsächlichen Leistungserstellung markiert.

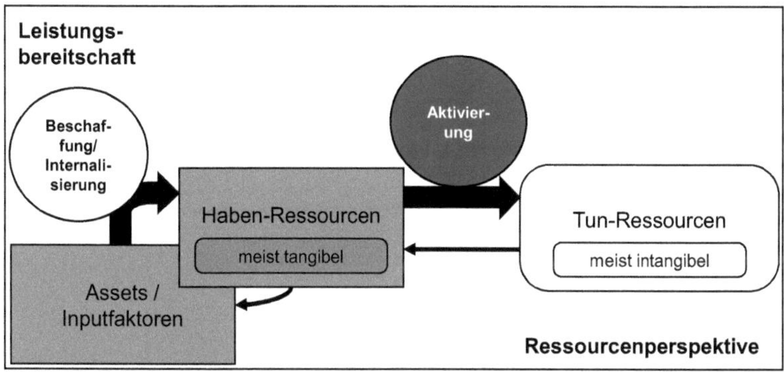

Abbildung 7: Unternehmerische Leistungsbereitschaft[383]

Entlang der Prozesskette der Leistungserstellung und damit in jedem Schritt der Anreicherung bzw. des so genannten Upgrading zwischen den einzelnen Stufen, laufen spezifische Prozesse ab. Diese Prozesse der jeweiligen Übergänge, ausgehend von den Ressourcen bis hin zu den am Markt veräußerbaren Produkten und Dienstleistungen, weisen Differenzierungspotenzial auf. Sie erhöhen zum einen den Komplexitätsgrad der einzelnen Elemente auf den unterschiedlichen Stufen der Leistungserstellung und steigern damit zum anderen das tatsächliche Differenzierungspotenzial des Unternehmens im Wettbewerb mit jeder Stufe. Wenn dieses Potenzial genutzt wird bzw. wenn diese Prozesse dergestalt beherrscht werden, dass sich das Unternehmen dadurch von der Konkurrenz abhebt, manifestieren sich in ihnen eine oder

---

[383] Eigene Darstellung. Die Abbildung ist aus didaktischen Gründen an dieser Stelle bereits als Ausschnitt aus der gesamtunternehmerischen Leistungserstellung dargestellt. Vgl. für die zugrundeliegende Literatur die Verweise an Abbildung 8. Dieser Teilbereich der unternehmerischen Leistungserstellung basiert in erster Linie auf den Erkenntnissen der ressourcenorientierten Sichtweise. Für vertiefende Literatur hierzu vgl. z.B. Barney (1991), S. 100ff., Collis/Montgomery (1998), S. 27ff., Thiele (1997), S. 46ff., Zahn/Foschiani/Tilebein (2000a), S. 50f., Bouncken (2003), S. 39ff., Freiling (2001), S. 21ff., Rasche (1994), S. 68ff., Fearns (2004), S. 23ff., Proff (2000), S. 143ff., Fahy (2000), S. 96ff. oder Nasner (2004), S. 12f.

mehrere Kompetenzen. Kompetenzen können per definitionem nur in Prozessen in Erscheinung treten, wodurch der dynamischen Komponente Rechnung getragen wird.[384] LORINO UND TARONDEAU definieren in diesem Zusammenhang einen Prozess im Unternehmen wie folgt:

> *A process is a set of coordinated activities combining and implementing resources and capabilities in order to produce an output which, directly or indirectly, creates value for an external client.*[385]

Damit heben sie bereits den Prozess an sich auf die Ebene einer Kompetenz was im Umkehrschluss bedeutet, dass sich eine Kompetenz aufgrund ihrer dynamischen Komponente nur in einem Prozess manifestieren kann. TEECE, PISANO UND SHUEN bestätigen diese zentrale Rolle von organisationalen Prozessen, indem sie die Essenz von unternehmensseitigen Kompetenzen und DC in diesen Prozessen sehen.[386] In jüngeren Publikationen nimmt der Konsens hinsichtlich der Erkenntnis weiter zu, dass Prozesse und Routinen eine spezifische Relevanz für unternehmerische Fähigkeiten haben. Die Aussagen gehen sogar so weit, dass die Prozesse als unternehmerische Fähigkeiten, besonders bei rührigen Unternehmen und in dynamischen Märkten, nicht nur ausschlaggebend für die Strategie sind, sondern vielmehr als die Strategie selbst angesehen werden können.[387]

FREILING, GERSCH UND GOEKE haben aufgrund dieser Erkenntnis in ihren ursprünglichen Darstellungen zu den Transformationen im Unternehmen den Prozessen eine eigene Stufe in der Argumentationslogik zwischen den Kompetenzen und dem Ergebnis bzw. dem Output eingeräumt. Zusätzlich zu dieser Prozessstufe laufen jedoch auch in ihrem Verständnis weitere Prozesse im Unternehmen ab, die nicht in diese eine Ebene einzuordnen wären. Sie sind beispielsweise für den Übergang zwischen

---

[384] Vgl. u.a. Morecroft/Sanchez/Heene (2002), S. 5, Sanchez/Heene (2005), S. XI. Für eine ausführliche Diskussion und Definition von Prozessen in Unternehmen vgl. Davenport/Short (1990), S. 11ff.

[385] Lorino/Tarondeau (2002), S. 131.

[386] Vgl. Teece/Pisano/Shuen (1997), S. 524.

[387] Vgl. Bingham/Eisenhardt/Furr (2007), S. 28, Bingham/Eisenhardt (2008), S. 242 sowie Helfat/Finkelstein et al. (2007) und Maritan (2001).

den restlichen Ebenen der Leistungserstellung im Rahmen der jeweiligen Höherstufungen verantwortlich.[388]

Abbildung 8 verzichtet auf die Einordnung der Prozesse als eigene Stufe im Sinne einer Bestandsgröße, da Prozesse überall zwischen den einzelnen Stufen beim Upgrading sowie darüber hinaus in jeglichen unternehmerischen Handlungen ablaufen. Eine Reduktion der Prozesse auf eine Prozessebene innerhalb der Leistungserstellung des Unternehmens würde diesem grundsätzlichen Prozessverständnis widersprechen. Schließlich manipulieren, verändern, erweitern, verkleinern oder reichern Prozesse zwischen und auf den einzelnen Ebenen die Leistungserstellung an und wirken dadurch auf alle Ebenen des Unternehmens ein. Dies wäre einerseits im Sinne von Abbildung 8 nicht möglich, da sich die Prozesse eben nicht auf eine einzelne Stufe reduzieren lassen. Andererseits können sich Kompetenzen nur in Prozessen manifestieren, wodurch sie aufgrund ihrer noch größeren Relevanz für die Leistungserstellung eines Unternehmens noch viel eher durch eine eigene Ebene abgebildet werden müssten.

Kompetenzen werden in Abbildung 8 in diesem Sinne jedoch ebenfalls nicht als eine eigene Bestandsgröße visualisiert, die durch reinen Zulauf oder Abfluss von Kompetenzen ihren Füllstand ändern würde.[389] Entweder müssten beide Konstrukte – Prozesse und Kompetenzen – als jeweils eine Ebene skizziert werden oder keines von beiden. Eine Aufnahme der Kompetenzen als eigene Ebene neben der Ebene der Prozesse hätte für die Darstellung der Leistungserstellungskette zweierlei Folgen. Zum einen würde eine solche Darstellung zu Redundanzen führen, da zwei Ebenen mit ähnlichen bis teilweise identischen Inhalten abgebildet würden. Zum anderen würde hierdurch das gesamte Basisverständnis über die Herkunft und die Zusammensetzung von Kompetenzen eines Unternehmens ad absurdum geführt werden.

---

[388] Vgl. zu diesem ursprünglichen Bild Freiling (2004a), S. 7 oder Freiling/Gersch/Goeke (2006a), S. 20.

[389] FREILING, GERSCH UND GOEKE stellen die Kompetenzen ebenfalls als eine eigene Ebene innerhalb ihrer Argumentation dar. Vgl. hierzu z.B. Freiling (2004a), S. 7 oder Freiling/Gersch/Goeke (2006a), S. 20.

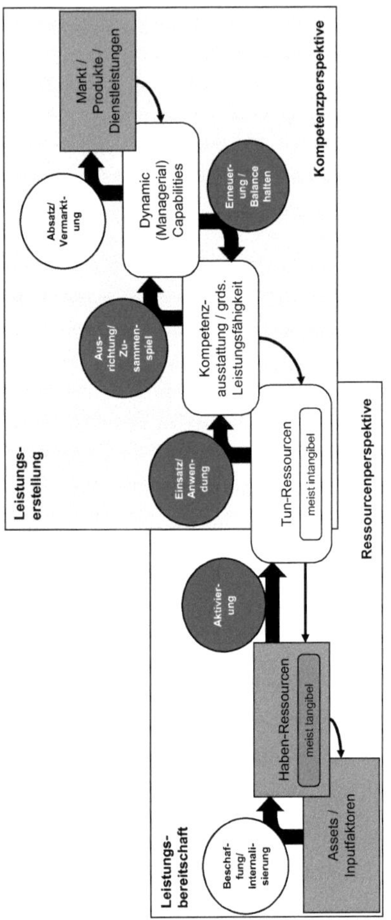

Abbildung 8: Unternehmerische Leistungserstellung[390]

[390] Eigene Darstellung. Ganz grundlegend baut diese Argumentationskette auf dem von HAMEL UND PRAHALAD entwickelten Wettbewerbsmodell aus dem Jahre 1994 auf. Vgl. hierzu Hamel/Prahalad (1994), S. 47.Die Abbildung ist an FREILINGS ursprüngliche Argumentationskette des Kompetenzansatzes aus dem Jahre 2004 und seine eigenen Erweiterungen der Jahre 2006 und 2008 angelehnt. Vgl. Freiling (2004a), S. 7, Freiling/Gersch/Goeke (2006a), S. 20, Freiling/Gersch/Goeke (2006b), S. 54 und Freiling/Gersch/Goeke (2008b), S. 1152. Sie wurde jedoch an verschiedenen zentralen Stellen um weitere Erkenntnisse ergänzt und angepasst. Vgl. hierzu u.a. Hall (1992), S. 136ff. und (1993), S. 609f., Bingham/Eisenhardt/Furr (2007), S. 41, Eisenhardt/Martin (2000), S. 1107, Teece/Pisano/Shuen (1997), S. 515ff. sowie Winter (2003), S. 991f.

Kompetenzen innerhalb der Unternehmung entstehen durch ein Upgrading bzw. eine Aktivierung, Nutzung oder den Einsatz von Ressourcen, worunter die Anwendung der tangiblen und intangiblen Ressourcen in Prozessen durch Einsatz von Fähigkeiten einzelner oder mehrerer Mitarbeiter verstanden wird. FREILING, GERSCH UND GOEKE sehen im Übergang von Ressourcen zu Kompetenzen die grundsätzliche Aktivierbarkeit der Ressourcen und im Übergang von Kompetenzen zu Prozessen ihre konkrete Aktivierung als ursächlich an.[391] Dadurch wären Kompetenzen eine vorgelagerte und untergeordnete Stufe von Prozessen und würden sich durch einen geringeren Komplexitätsgrad als Prozesse auszeichnen. Es kommt hinzu, dass eine *grundsätzliche Aktivierbarkeit* als Erklärung für einen Übergang von Ressourcen zu Kompetenzen nicht schlüssig herangezogen werden kann, da sie keine Transformation, sondern lediglich eine Eigenschaft darstellt und dadurch die prozessuale Komponente einer Transformation vermissen lässt. Ob eine Ressource grundsätzlich aktivierbar ist oder nicht mag eine relevante Frage sein, die Antwort beschreibt jedoch unabhängig von ihrem Inhalt eine Eigenschaft der Ressource und keine dynamische Manipulation. Beim Übergang von Ressourcen zu Kompetenzen wird jedoch in jedem Fall ein Aktivierungs- und/oder Anwendungsprozess durchlaufen, sodass für diesen Übergang ein Vorhandensein bestimmter Eigenschaften zwar notwendig aber nicht hinreichend sein kann.

Ohne eine Aktivierung in Prozessen sind Unternehmensressourcen nutzlos. Sie würden lediglich Kapital binden ohne Wert zu generieren. Es würden Erosionseffekte auftreten und die Chance, neues Wissen durch zielorientiertes Handeln zu generieren, bliebe ungenutzt. Dadurch blieben die Ressourcen- wie auch die Kompetenzausstattung des Unternehmens unverändert, wodurch die Lücken zwischen der gegenwärtigen Kompetenzausstattung und den kontextadäquaten Erfordernissen aufgrund der externen Dynamik stetig vergrößert würden.[392]

Die durch Aktivierung von Ressourcen in Prozessen entstandenen Kompetenzen des Unternehmens werden in Abbildung 8 auf der nächsten Ebene in einem Bestand ge-

---

391 Vgl. Freiling/Gersch/Goeke (2006a), S. 20 und Freiling (2004a), S. 6.

392 Vgl. für die Basis der kritischen Würdigung im Text Freiling (2004a), S. 6. Vgl. hierzu auch Grant (2008), S. 157.

sammelt dargestellt. Hier sind jedoch im Sinne der obigen Argumentation ausdrücklich nicht die einzelnen Kompetenzen des Unternehmens als reine Ansammlung oder Anhäufung gemeint. Vielmehr stellt die Bestandsgröße „Kompetenzausstattung" die kontextadäquate Schlagkraft des Unternehmens bzw. seine dynamische Reaktionsfähigkeit mithilfe des kompetenten Einsatzes von Ressourcen in Prozessen dar. Die Ebene der Kompetenzausstattung kann in diesem Sinne auch mit dem Begriff „grundsätzliche Leistungsfähigkeit" des Unternehmens betitelt werden. In dieser Form wird die Bestandsgröße *Leistungsfähigkeit* als Stock im Sinne der System Dynamics Methode verstanden. Die Leistungsfähigkeit des Unternehmens kann sich abhängig von den jeweils gegebenen internen und externen Rahmenbedingungen sowie den entsprechenden Einflussgrößen und ihren Wirkungsweisen über die Zeit vergrößern oder verkleinern. Die Kompetenzausstattung im Sinne der Leistungsfähigkeit ist demnach als der zentrale Punkt innerhalb der kompetenzorientierten Argumentationsführung anzusehen und kann als unternehmerisches Leistungspotenzial betrachtet werden. Sie ist die zentrale (Stell-)Größe für die Wettbewerbsfähigkeit eines Unternehmens über die Zeit, da sie für die interne Ausrichtung an externen Erfordernissen verantwortlich ist. Die Leistungsfähigkeit ist nicht zuletzt auch deswegen das Zentrum der Argumentation, da auf sie die meisten Einflüsse wirken und sie dadurch von der größten Zahl an Variablen determiniert wird und für die strategische Balance des Unternehmens zwischen Exploitation und Exploration verantwortlich ist.

Eine weitere wichtige Einflussgröße auf die unternehmerische Leistungsfähigkeit sind die DC. Sie tragen in elementarer Weise zu einer permanenten Erneuerung der Kompetenzbasis bei, indem sie sowohl externe als auch interne Informationen aggregiert nutzen und damit entsprechenden Einfluss auf Entscheidungen des Managements nehmen bzw. sich in diesen i.S.v. Dynamic Managerial Capabilities manifestieren. Dies ist für die Wettbewerbsfähigkeit und damit den Fortbestand der Unternehmung über die Zeit ausschlaggebend. DC einer Unternehmung wurden oben bereits als Fähigkeiten zur Rekombination, Weiterentwicklung und Protektion von Kompetenzen bzw. als Ausdruck strategischer respektive evolutionärer Fitness bezeichnet. Sie helfen die internen wie auch die externen Kompetenzen effizient und effektiv zu koordinieren, sie flexibel zu (re-)kombinieren und damit eine hohe Responsivität zu demonstrieren. Sie sind dafür verantwortlich, dass das Unternehmen seine Kompetenzen für eine schnelle und flexible Entwicklung von Produkten und Dienstleistungen zielgerichtet und adäquat weiterentwickeln und einsetzen kann.[393]

Dynamic Managerial Capabilities (DMC) sind dynamische Fähigkeiten im Sinne der DC auf der Ebene des Individuums, die sich durch die zusätzliche Integration von Aspekten des Humankapitals, Sozialkapitals und der Kognition auszeichnen.[394] Sie ermöglichen es dem Top Management durch diese drei zusätzlichen Aspekte, ihre individuellen sowie ihre gemeinsamen mentalen Modelle und damit die strategische Logik des Unternehmens passgenau entlang der Möglichkeiten aus internen Potenzialen und externen Chancen auszurichten. Durch eine über die DMC gesteigerte absorptive Kapazität der Manager können mehr und detailliertere Informationen über externe Marktgegebenheiten verarbeitet werden, was wiederum ihre kognitiven Fähigkeiten und damit ihre unternehmerischen Entscheidungen unmittelbar positiv beeinflusst.[395]

Die Leistungsfähigkeit des Unternehmens wird als einzige Bestandgröße unmittelbar über ihre vor- und nachgelagerten Stufe beeinflusst, manipuliert und determiniert. Die vorgelagerte Stufe verändert durch den reinen Einsatz der Ressourcen unter Anwendung von Fähigkeiten die Kompetenzausstattung des Unternehmens. Über Lern- und Erfahrungseffekte können unmittelbar Anpassungen an den Ressourcenkombinationen und Kompetenzen vorgenommen und im Sinne einer Feedbackschleife ständig inkrementelle Verbesserungen erzielt werden. DMC als die nachgelagerte Stufe der Leistungsfähigkeit von Unternehmen können Organisationen in ihrer Balance zwischen einer gesunden Stetigkeit und der damit verbundenen Bewahrung von alt Bewährtem und einer notwendigen kontextadäquaten Veränderung und dem damit verbundenen unternehmerischen Wandlungs- und Erneuerungsprozess halten.[396] Sie sorgen dadurch für eine Strategische Balance zwischen einem Ausbeuten von Bekanntem und einem pionierhaften Wagen in Unbekannt-Neues. Damit kann

---

393 Vgl. hierzu z.B. Eisenhardt/Martin (2000), S. 1107, Teece/Pisano/Shuen (1997), S. 516ff., Teece/Pisano (1994), S. 64f. oder auch Zahn/Foschiani (2000), S. 99 und Danneels (2002), S. 1095.

394 Vgl. Kor/Mesko (2013), S. 236f.

395 Vgl. Koprax/Kronlechner (2014), S. 18f. und Kor/Mesko (2013), S. 241.

396 Vgl. Zott (2003), S. 114 und Winter (2003), S. 993f.

eine Ausgewogenheit zwischen einer flexiblen Kurzfristorientierung und einer richtunggebenden Langfristorientierung der strategischen Ausrichtung über die DMC gewährleistet werden, indem operationale und kognitive Fähigkeiten kontextorientiert und zielgerichtet zusammenwirken. Sie nehmen in der Leistungserstellung folglich starken Einfluss auf die Ebene der unternehmerischen Leistungsfähigkeit, da sie selbst sehr stark durch ständiges Lernen und damit von Veränderungen geprägt sind. Eine reine Ansammlung der Kompetenzen reicht für die Fähigkeit, im Wettbewerb zu bestehen, nicht aus. Deswegen muss aus vergangenen Aktionen gelernt und Erfahrungen müssen neu gemacht werden. Das Gelernte oder Erfahrene muss über die DMC wieder in das Unternehmen eingebracht und entsprechend sinnvoll bzw. zielführend genutzt werden.[397]

In dynamischen Umwelten können Unternehmen nur dann nachhaltig wettbewerbsfähig sein, wenn sie sich koevolutiv mit ihrem Umfeld entwickeln. Der Schlüssel dazu sind DC auf organisationaler und DMC auf individueller (Manager-)Ebene. In ihnen manifestiert sich die Fähigkeit zur kontextadäquaten strategischen Balance.[398] Sie tragen dazu bei, dass Unternehmen sich und ihre Produkte oder Services nicht am Markt und damit an den Kundenbedürfnissen vorbei, sondern speziell an diesen ausgerichtet entwickeln. Eine erfolgreiche Unternehmensführung kann sich zwar durch herausragende unternehmerische und kognitive Fähigkeiten auszeichnen, gänzlich ohne unternehmensseitige Kompetenzen wird sie damit jedoch nichts ausrichten können. Selbst in einer solchen Konstellation wäre es für ein Unternehmen unmöglich, im Wettbewerb zu bestehen. Die Kompetenzausstattung des Unternehmens ermöglicht dem Management zum Teil erst die Entwicklung einer Vorstellung des Machbaren. Ohne eine ausgeprägte Kompetenzausstattung im Sinne der Leistungsfähigkeit des Unternehmens kann sich die Unternehmensführung auch kein Bild davon machen, was machbar sein und wohin sich das Produkt- und/oder Dienstleis-

---

[397] Vgl. Tilebein (2005), S. 23.

[398] Vgl. hierzu ausführlich Teece (2007), Augier/Teece (2007), Barney/Wright/Ketchen (2001), S. 630ff., Zollo/Winter (2002), S. 340ff., Danneels (2002), S. 1095ff. sowie Zahn (2017), S. 201f. und 205ff.

tungsportfolio entwickeln könnte.[399] In einem solchen Fall wäre die Wettbewerbsfähigkeit eines Unternehmens auch mit noch so fähigem Management nicht gegeben.

> *„Ein Mangel an geeigneten Ressourcen und Kompetenzen ist ursächlich für den Verlust von Wettbewerbsfähigkeit – und letztlich auch Existenzfähigkeit.“*[400]

Diese umfassende Informationslage in Verbindung mit herausragenden kognitiven Fähigkeiten, versetzt Top Manager über die DMC in die Lage, grundsätzlich strategische Balance zu halten und wenn nötig, im richtigen Moment, richtungsweisende Entscheidungen treffen und umzusetzen zu können. Aufgrund dessen spielen die DMC eine so entscheidende Rolle für die kompetenzorientierte Leistungserstellung eines Unternehmens. Diese Argumentation zeigt wie wichtig DMC für die kontextadäquate Entwicklung eines Unternehmens und seine kontextadäquate Balance sind, weshalb sie im vorliegenden Bild keinesfalls unberücksichtigt bleiben dürfen.

Der letzte in Abbildung 8 dargestellte Schritt ist lediglich deswegen aufgenommen, da seine Informationsrückkopplung für die externe Informationsversorgung der DMC relevant ist. Der Kasten *Markt/Produkte/Dienstleistungen* ist mit dunklem grau gefüllt, da er ähnlich wie die Assets und die Haben-Ressourcen weniger auf der Potenzialebene, als vielmehr auf der Faktenebene des Unternehmens anzusiedeln und eher der handfesten Wertschöpfung als der weniger greifbaren Leistungserstellung zuzuordnen ist. Der Absatz- bzw. Vermarktungsprozess ist analog zum ersten Prozess in der Kette (Beschaffung und Internalisierung) nicht dunkelgrau, sondern weiß hinterlegt, da er im aktuellen Fokus nicht entscheidend zur Differenzierung des Unternehmens beträgt.[401] Die hergestellten Produkte oder die erbachten Dienstleistungen, die

---

[399] Einer Ideen- oder Perspektivenarmut der Unternehmensführung wird weiterhin dadurch vorgebeugt, dass die Organisation im Rahmen des *Open-System-View* durch ihre semi-permeable Membran mit der Unternehmensumwelt interagiert. Dadurch wird sichergestellt, dass neue Ideen auch von außen in das Unternehmen integriert werden können und nicht nur intern entwickelt werden müssen. Vgl. hierzu Freiling (2004a), S. 15.

[400] Freiling (2004a), S. 14.

[401] An dieser Stelle könnte diskutiert werden, inwieweit Marketing-Kompetenzen zu überdurchschnittlichem finanziellen Rückfluss führen können oder auch, inwieweit das Marketing von Kompetenzen als Quelle für Kundenwert angesehen werden kann. Für eine vertiefende Diskussion zu diesen beiden Fragen vgl. Golfetto/Gibbert (2006), S. 905ff. und Golfetto/Mazursky (2004), S. 26.

es am Markt abzusetzen bzw. zu vermarkten gilt, sind ganz offensichtlich von der gesamten Prozesskette der Leistungserstellung beeinflusst, da sie am Ende der Kette stehen und somit das Ergebnis von mehr oder weniger jeder vorgelagerten Stufe sind. Der Absatzprozess kann nur erfolgreich durchgeführt werden, wenn abschließend verstanden wird, was das Produkt oder die Dienstleistung auszeichnet und wodurch sich diese jeweils von Konkurrenzangeboten am Markt abheben.[402]

Als elementarer Bestandteil und für die vorliegende Arbeit von zentraler Bedeutung sind die von den Managern gemachten Erfahrungen, das von ihnen Erlernte sowie das dadurch generierte Wissen über den Markt und die Kunden. Diese Erfahrungen, das Lernen und das Generieren von Wissen entstehen über Informationsrückflüsse im Leistungserstellungsprozess und verändern über eine Adaption der mentalen Modelle der involvierten Manager die unternehmerischen Fähigkeiten und damit die DMC an sich.[403] Diese Informationsrückkopplung findet auf jeder einzelnen Stufe des Transformationsprozesses statt und kann sich dadurch verändernd auf die jeweils vorgelagerte Stufe auswirken. Die Rückkopplungen können im Sinne von Feedback-Loops der System Dynamics Methodik verstanden werden. Jede gemachte Erfahrung führt zu Lernen was die mentalen Modelle adaptiert und beeinflusst dadurch wiederum die vorgelagerte Stufe. Prinzipiell zieht sich dieser Kreislauf kaskadisch durch jede Ebene, also – bildlich gesprochen – von ganz unten bis ganz oben und wieder zurück. Die am Markt gewonnenen Erfahrungen liefern über die einzelnen Ebenen ein Feedback bis hin zu den für die Beschaffung der Inputgüter verantwortlichen Mitarbeiter, die sich dadurch wiederum ein Bild für zukünftige Ausgestaltungen der Produkte und Dienstleistungen machen können.[404]

Die Informationsflüsse sind von elementarer Bedeutung für die Leistungserbringung des Unternehmens, da sie für ein Öffnen des Blickwinkels der involvierten Manager

---

Vgl. in diesem Zusammenhang auch Danneels (2007), S. 527f. und Danneels (2002), S. 1102ff., der die Unterscheidung von Kunden- und Markt-Kompetenzen vornimmt.

402 Diese spezifische Herausforderung im unternehmerischen Wertschöpfungsprozess soll an dieser Stelle nicht weiter vertieft werden, da sie nicht elementarer Bestandteil der vorliegenden Arbeit ist und sie in ein eigenes Forschungsfeld der Betriebswirtschaftslehre fällt. Für vertiefende Literatur vgl. hierzu z.B. Homburg/Krohmer (2009a) und (2009b).

403 Vgl. Freiling/Gersch/Goeke (2008b), S. 1152.

404 Vgl. Freiling/Gersch/Goeke (2006a), S. 20.

sorgen und vor einem Verkrusten eingefahrener Routinen schützen können. In Abbildung 8 sind die Informationsflüsse als schmale schwarze Pfeile in entgegengesetzter Richtung verlaufend dargestellt.

EISENHARDT UND MARTIN gehen zunächst paradoxerweise davon aus, dass in wenig dynamischen Märkten die wirklich gefährlichen Bedrohungen für ein Unternehmen lediglich von extern wirken können. In einem turbulenten Marktumfeld können existenzgefährdende Bedrohungen dahingegen nicht nur außerhalb, sondern auch innerhalb des Unternehmens lauern. Wenn sich beispielsweise die DMC durch ein zu geringes Maß an Anpassungsfähigkeit auszeichnen und die mitunter dadurch resultierende mangelnde Informationsverarbeitungskapazität zu falschen Entscheidungen führt, liegt das Problem nicht außerhalb des Unternehmens sondern innerhalb.[405] In einem solchen Szenario werden die eigentlichen *core capabilities*, die das Unternehmen auszeichnen sowie schlagkräftig und widerstandsfähig machen sollten, zu *core rigidities*,[406] die das Unternehmen hemmen, sich kontextadäquat und vital zu entwickeln. Informationsrückkopplungen zwischen den Ebenen des Unternehmens und über die Unternehmensgrenzen hinweg gewinnen vor diesem Hintergrund an Bedeutung.

Durch die vorgestellte Logik des Verständnisses der kompetenzorientierten Leistungserstellung im Unternehmen kann einem weiteren Kritikpunkt an der kompetenzbasierten Forschung auf dem Weg zu einer CbTF begegnet werden. Die Kopplung der Kompetenzausstattung an die marktseitige Verwertbarkeit der mit ihrer Hilfe generierten Produkte und Dienstleistungen widerlegt die Kritik, dass die kompetenzorientierte Sichtweise eine rein innenorientierte Sichtweise ist.[407] Bei der dargestellten Sicht des Unternehmens geht es nicht mehr lediglich darum, die unternehmensinterne Seite zu analysieren und zu optimieren. Vielmehr ist es von entscheidender Bedeutung, die Innenausstattung des Unternehmens optimal an die externe Umgebung anzupassen und entsprechend an ihren Erfordernissen auszurichten. Von elementa-

---

405 Vgl. Eisenhardt/Martin (2000), S. 1113f.
406 Vgl. für eine ausführliche Abhandlung zum Begriffspaar der *core capabilities* und *core rigidities* Leonard-Barton (1992b) und (1995), S. 3ff.
407 Vgl. Sanchez/Heene/Thomas (1996), S. 3ff.

rer Relevanz ist hierbei die Berücksichtigung der DMC, die den Brückenschlag zwischen strategischer Innen- und strategischer Außenorientierung leisten können.[408] Ein kontextadäquates und zeitgemäßes Management kann sich vor dem Hintergrund des erreichten Turbulenzlevels in den Wettbewerbslandschaften nur durch engste Abstimmung und Ausrichtung der unternehmensinternen Potenziale an den unternehmensexternen Chancen auszeichnen. Dieser Notwendigkeit konnte durch die Adaption der Argumentationslogik entsprochen werden, wodurch zusätzlich einem zentralen Angriffspunkt für Kritik von wissenschaftstheoretischer Seite begegnet werden konnte. Auf dem Weg zu einer CbTF konnte die Argumentationslogik in Zusammenhang mit dem Verständnis der Wertschöpfung derart angepasst werden, dass sie weder eine rein innenorientierte Logik geblieben ist noch lediglich ein paar wenige externe Faktoren mit einbezieht. Vielmehr zeichnet sich die Argumentationskette im Verständnis der Kompetenzperspektive durch die Notwendigkeit eines permanenten Abgleichs der unternehmensseitigen Möglichkeiten mit den marktseitigen Chancen aus. Dies geschieht zum einen durch DMC und zum anderen über DC durch eine permanente Anpassung der grundsätzlichen Leistungsfähigkeit des Unternehmens.

Im vorliegenden Kapitel konnte die Argumentationslogik der kompetenzbasierten Sichtweise auf die unternehmerische Leistungserstellung herausgearbeitet werden. Es wurde gezeigt, welchen zentralen Stellenwert die einzelnen Kompetenzen des Unternehmens für die Produkt- oder Leistungserstellung einnehmen. Sie wurden als prozessuale Elemente beschrieben, die sich für den Übergang zwischen den unterschiedlichen Ebenen im Leistungserstellungsprozess verantwortlich zeigen. Des Weiteren konnte gezeigt werden, dass die Kompetenzausstattung des Unternehmens im Sinne seiner Leistungsfähigkeit in Verbindung mit den DC und den DMC die zentralen Größen der kompetenzorientierten Diskussion sein müssen. Den Kompetenzen des Unternehmens konnte damit eine elementare Bedeutung für dessen Wettbewerbsfähigkeit über die Zeit attestiert werden. Es liegt auf der Hand, dass eine Sicherstellung und Aufrechterhaltung der Wettbewerbsfähigkeit über ein gezieltes Management der Kompetenzen im Abgleich mit den Kontextgegebenhei-

---

[408] Vgl. Zahn/Foschiani (2001), S. 416.

ten erreicht werden kann und muss. Befindet sich ein Unternehmen in einem ungesunden oder nicht wettbewerbsfähigen Zustand, so scheint auch in dieser Situation ein kontextadäquates Management der Kompetenzen das richtige Mittel zu sein, um die verloren gegangene Wettbewerbsfähigkeit wiederzuerlangen. Eine vertiefende Diskussion zu diesen Gedanken folgt im nächsten Abschnitt der Arbeit.

3.2 Transformationen in der Leistungserstellung

Ausgehend von der Erkenntnis, dass Kompetenzen sich in Übergangsprozessen zwischen unterschiedlichen Ebenen der Leistungserstellung manifestieren und als Summe die Leistungsfähigkeit im Sinne der Schlagkraft eines Unternehmens bilden, ist eine detaillierte Analyse dieser Übergangsprozesse angebracht. Auf Basis der Analyseergebnisse kann danach abgeleitet werden, wie Kompetenzen effizient und effektiv gehandhabt und entwickelt werden können. Zunächst muss jedoch analysiert werden, wodurch sich Kompetenzen genau auszeichnen und wie sie zu verstehen sind. Des Weiteren ist von Interesse an welchen (Schnitt-) Stellen Kompetenzen mit welchen weiteren Elementen des Unternehmens wie interagieren und entsprechend auch rekursiv selbst bedingt werden. Durch ein tieferes Verständnis dieser wechselseitigen Einflüsse von und auf Kompetenzen können im Idealfall Rückschlüsse für ein erfolgreiches strategisches Management von Kompetenzen gezogen werden. Auf dieser Basis kann dann der Frage nachgegangen werden, wie Kompetenzen verändert, entwickelt und zielgerichtet im jeweils aktuellen Kontext eingesetzt und genutzt werden können.

Die Übergänge und Schnittstellen zwischen den Ebenen der Leistungserstellung werden im Folgenden näher betrachtet und untersucht. FREILING , GERSCH UND GOEKE nennen Kompetenzen, die sich für einen Übergang von Inputfaktoren zu Ressourcen verantwortlich zeigen, *Veredelungs-Kompetenzen.*[409] In der vorangegangenen Diskussion wurden die unternehmensseitigen Ressourcen jedoch bereits in die zwei Bereiche der Haben- und der Tun-Ressourcen unterteilt.[410] Diese beiden Bereiche unterscheiden sich durch ihren Aktivierungsgrad, der durch die Aktivierungsprozesse

[409] Vgl. Freiling/Gersch/Goeke (2006b), S. 59.

[410] Vgl. hierzu Hall (1992), S. 136ff. und auch z.B. Grant (2008), S. 131 und Barney (2002), S. 36f.

unter Zuhilfenahme von Fähigkeiten bestimmt wird. Sowohl dieser Aktivierungsprozess als auch der erste Übergang von den Assets bzw. Inputfaktoren zu den Haben-Ressourcen besitzt zu wenig Differenzierungspotenzial im kompetenzorientierten Sinne und kann daher auch (noch) nicht als Kompetenz bezeichnet werden.[411] Diese Prozesse können zwar von verschiedenen Unternehmen mit unterschiedlicher Qualität beherrscht werden, und die Unternehmen können sich dadurch voneinander unterscheiden. Es kann an dieser Stelle jedoch nicht von Kompetenzunterschieden zweier Unternehmen gesprochen werden, weshalb diese ersten Prozesse der Leistungserstellung nicht im Fokus der folgenden Diskussion stehen.

Veredelungs-Kompetenzen finden sich erst in der Anwendung bereits internalisierter, tangibler und intangibler Haben- und Tun-Ressourcen wieder. Sie basieren auf einer managerseitigen Vision bzw. einer Vorstellung zukünftig notwendiger Leistungserstellungen, die gewöhnlich durch Informationsrückkopplungen aus marktseitigen Interaktionen induziert werden.[412] Eine Kreation und Sicherstellung der Voraussetzungen für zukünftig notwendige Leistungserstellungen – und damit die Sicherstellung der Leistungsbereitschaft – kann als ihr primäres Ziel verstanden werden. Sie dienen demnach dazu, die internalisierten Assets in Form von Haben-Ressourcen entsprechend zielorientiert zu (intangiblen) Tun-Ressourcen zu aktivieren und durch deren Einsatz zu wertvollen, integrierten Kompetenzen zu veredeln. Hierdurch erfahren die vormals tangiblen Haben-Ressourcen unter Einsatz von Fähigkeiten eine Adaption bzw. eine Ausrichtung auf die zu durchlaufenden, wertschöpfenden Prozesse innerhalb der Leistungserstellung und damit ein Art Höherstufung im Komplexitätsniveau. Der Vorgang dieser Hochstufung verleiht den Ressourcen einen unternehmensindividuellen Charakter. Hiernach tragen die veredelten Ressourcen in einem ersten Schritt zur Heterogenisierung des Unternehmens bei und weisen damit Differenzierungspotenzial auf. Über den Manipulationsvorgang im Rahmen des Einsatzes der Haben- und Tun-Ressourcen findet eine kontextadäquate Berücksichtigung des As-

---

411 Für die vorliegende Arbeit stellen die Themen des Sourcing, des Procurements oder des Supplies bzw. des Einkaufs, der Logistik oder der Beschaffung eine untergeordnete Rolle und halten keine ergebnisorientierten neuen Erkenntnisse bereit, weswegen sie hier keiner weiteren Ausführung bedürfen. Vgl. für eine vertiefende Lektüre z.B. Arnold (1995), Heß (2010) oder kurz in Bea/Haas (2001), S. 507ff. und Welge/Al-Laham (2005), S. 574f.

412 Vgl. Freiling/Gersch/Goeke (2006a), S. 20 und Freiling/Gersch/Goeke (2008b), S. 1152.

pektes der Dynamik dergestalt ihren notwendigen Niederschlag, als dass die Art und Weise des Einsatzes der Ressourcen vom Informationsrückfluss aus der grundsätzlichen Leistungsfähigkeit des Unternehmens bedingt wird, welche wiederum den dynamischen Kontext des Unternehmens umfänglich berücksichtigt.[413] Die greif-, zähl- und beschreibbaren tangiblen Ressourcen erhalten durch den Prozessschritt der Veredelung ihren intangiblen und damit unternehmensindividuellen Charakter wodurch sie anschließend nicht mehr trivial greif-, zähl- oder beschreibbar sind.

Veredelungs-Kompetenzen, wie bspw. die eben beschriebenen, verfolgen grundsätzlich zwei Subziele. Zum einen dienen sie dazu, bereits vorhandene Asset-, Ressourcen- und Kompetenzgefüge des Unternehmens entsprechend dem Primärziel des Unternehmens, der Erzielung von Wettbewerbsvorteilen, weiterzuentwickeln. Zum anderen sind sie für eine zielkonforme Akquise externer, am Markt verfügbarer Inputgüter und Ressourcen sowie deren Veredelung von großer Wichtigkeit.[414] In anderen Worten katapultieren sie die unternehmerische Wertschöpfung sowohl in ihrer Bedeutung für das eigene Unternehmen als auch in ihren Abgrenzungsmöglichkeiten zur Konkurrenz von der Faktenebene auf die Potenzialebene. Mit diesem Schritt der Veredelung werden im ursprünglichen Sinne des Wortes Ressourcen veredelt – sie werden durch die Höherstufung mit wertvollen Bestandteilen angereichert, wodurch sie deutlich größeres Potenzial zur Differenzierung oder zum Wertbeitrag haben. Ohne eine solche Höherstufung verbleiben sie auf einem niedrigen Niveau ohne wettbewerbsrelevante Auswirkungen erzielen zu können.

Der Übergang zur nächst höheren Ebene, zwischen den Ressourcen und der Kompetenzausstattung im Sinne der grundsätzlichen Leistungsfähigkeit des Unternehmens, ist vom *Einsatz* und der *Anwendung* der Ressourcen unter Zuhilfenahme von individuellen und organisationalen Fähigkeiten gekennzeichnet. Je besser ein Unternehmen in der Lage ist, seine Haben- und Tun-Ressourcen der jeweiligen Situation entsprechend zu aktivieren und einzusetzen, desto leistungsfähiger ist das Unternehmen. FREILING, GERSCH UND GOEKE bezeichnen den Bereich der Inputfaktoren

---

[413] Vgl. Chatterjee/Wernerfelt, (1991), S. 35.
[414] Vgl. Freiling/Gersch/Goeke (2006b), S. 59.

und der Ressourcen als Leistungsbereitschaft des Unternehmens.[415] Damit meinen sie grundsätzlich die Existenz verfügbarer Assets, internalisierter Ressourcen und eingespielter Prozesse als Basis für die Leistungserstellung. Im vorliegenden Bild kann der Bereich der Leistungsbereitschaft mit der Fläche der Ressourcenperspektive gleichgesetzt werden. Die Kompetenzperspektive bezieht sich demgegenüber auf die tatsächliche Leistungserstellung. Um von der Leistungsbereitschaft, die als unmittelbare Voraussetzung für die Leistungserstellung anzusehen ist, in die tatsächliche Leistungserstellung überzugehen, werden wiederum Kompetenzen benötigt. Diese dienen dazu, verfügbare Ressourcen des Unternehmens zu aktivieren und überführen über die dafür notwendigen Prozessschritte das Handlungspotenzial in konkrete Leistungsangebote. Potenziell am Markt zu erzielende Wettbewerbsvorteile konkretisieren sich in überlegenen Leistungsangeboten und in allen ihnen zugrunde liegenden Kompetenzen.[416] Die Kompetenzen sind demnach elementare Voraussetzung für später realisierbare Wettbewerbsvorteile am Markt. Sie determinieren unmittelbar die Kompetenzausstattung im Sinne der grundsätzlichen Leistungsfähigkeit des Unternehmens, indem sie sämtliche im Leistungserstellungsprozess vorgelagerte Ebenen und Prozesse ergebnisorientiert kanalisieren.

Die Leistungsfähigkeit eines Unternehmens, die sich über die Kompetenzausstattung definieren lässt, kann als Stock der Kompetenzen im folgenden Sinne verstanden werden:

> *„... repeatable, non-random ability to render competitive output. This ability is based on knowledge, channeled by rules and patterns. The more competences that are applied, the less room there is for windfall profits. Competences direct goal-oriented processes for surfacing future performance potential while offering concrete input to the market."*[417]

Die Leistungsfähigkeit wird aber nicht nur von der Aktivierung der tangiblen und intangiblen sowie dem Einsatz der Haben- und Tun-Ressourcen beeinflusst. Eine weitere zentrale Determinante sind die DMC des Unternehmens. Diese dienen auf

---

415 Vgl. Freiling/Gersch/Goeke (2006b), S. 59.
416 Vgl. Freiling/Gersch/Goeke (2006b), S. 59.
417 Freiling/Gersch/Goeke (2008b), S. 1151.

der einen Seite einer *Erneuerung* der Leistungsbereitschaft, sofern diese nicht mehr den internen oder externen Ansprüchen und Gegebenheiten genügt. DMC dienen dazu, die Kompetenzausstattung des Unternehmens ständig auf einem aktuellen, kontextadäquaten und zielkonformen Stand zu halten. Zum anderen sorgen DMC für eine Balance im Umgang mit den Kompetenzen des Unternehmens indem sie einen kontextadäquaten, ausgeglichenen Kompetenzeinsatz aus effizienter Nutzung bestehender Geschäftschancen mit vorhandenen Kompetenzen (Exploitation) und ständigem Entdecken und Realisieren neuer Geschäftschancen mit neu entwickelten Kompetenzen (Exploration) sicherstellen.[418] MARCH konstatiert in diesem Zusammenhang:

> *„Adaptive systems that engage in exploration to the exclusion of exploitation are likely to find that they suffer the costs of experimentation without gaining many of its benefits. They exhibit too many undeveloped new ideas and too little distinctive competence. Conversely, systems that engage in exploitation to the exclusion of exploration are likely to find themselves trapped in suboptimal stable equilibria. As a result, maintaining an appropriate balance between exploration and exploitation is a primary factor in system survival and prosperity.“*[419]

Hierbei geht es um die Aufrechterhaltung einer strategischen Fitness des Unternehmens mit evolutionären sowie revolutionären Aspekten. Elementare Einflussgrößen auf die Fitness sind die unternehmensseitigen Fähigkeitsausprägungen zur kontextadäquaten (Re)Kombination, (Weiter)Entwicklung und Protektion der Kompetenzausstattung im Sinne einer laufend adaptierten Leistungsfähigkeit. Sie dienen einerseits der zielbewussten Vertiefung und/oder Verbreiterung des eingeschlagenen Entwicklungspfades und beugen andererseits Risiken der Pfadabhängigkeit im Sinne von Kompetenzfallen vor.[420] Darüber hinaus fungieren DMC gegen die Verkrustung von tradierten Routinen, hinterfragen die unternehmerische Entwicklungsrichtung und stellen damit die Trajektorie, auf der sich das Unternehmen befindet, permanent in Frage. Sie gleichen hierbei ständig das marktseitig neu Erlernte oder Erfahrene mit

---

418 Vgl. Lewin/Long/Carroll (1999), S. 537f. und Levinthal/March (1993), S. 105f.

419 March (1991), S. 71.

420 Vgl. zum Thema der Pfadabhängigkeiten bzw. der Kompetenzfallen Leonard-Barton (1995) oder auch Levitt/March (1988).

den Grundeigenschaften des Unternehmens ab und verfolgen das Ziel, neue Einsatzmöglichkeiten von Ressourcen und Kompetenzen aufzuspüren und diese aufzuzeigen.[421]

Die Leistungsfähigkeit des Unternehmens wird u.a. über die Aktivierungs-, die Erneuerungs- und die Balanceanstrengungen determiniert und stellt die zentrale Basis für den tatsächlichen *ergebnisorientierten Einsatz* der veredelten Ressourcen und Kompetenzen in der Leistungserstellung dar. Die Leistungserstellung in ihrer komplexen Anwendung von Kompetenzen und dem Durchlaufen differenzierter Prozesse hat wiederum Auswirkungen auf die unternehmerischen bzw. kognitiven Fähigkeiten der Unternehmensführung, die ihren Niederschlag in den DMC finden. Die DMC determinieren rekursiv die Leistungserbringung dadurch, dass sie über ihre die Kognition der Manager beeinflussende Eigenschaft die mentalen Modelle der Führungskräfte und hierüber die strategische Logik des Unternehmens adaptieren. Darüber hinaus haben marktseitige Erkenntnisse, die über Lernschleifen oder gemachte Erfahrungen der Unternehmensführung erzielt werden, Einfluss auf deren unternehmerische Fähigkeiten. Alles neu Erlernte in Kombination mit den gemachten Erfahrungen sowie der Kenntnis der Leistungsfähigkeit des eigenen Unternehmens determiniert die Kreativität zur Entwicklung einer Vorstellung des Machbaren.[422] ZAHN stellt in diesem Zusammenhang heraus, dass ein gemeinsames Verständnis und damit eine identische Interpretation der (beobachteten) Realität auf gemeinsamen Kognitionen basiert und einen strategischen Konsens repräsentiert, was wiederum auf eine Überlappung einzelner mentaler Modelle der involvierten Manager zurückzuführen ist.[423] Gemeinsam Erlerntes oder gemeinsam gemachte Erfahrungen sowie gemeinsame Zeit im selben Unternehmen lassen mentale Modelle und grundsätzliche Vorstellungen von Machbarem ähnlicher werden. Die Entwicklung eines (gemeinsamen) strategischen Denkens sowie die Adaption des jeweils eigenen mentalen Modells wer-

---

421 Vgl. Teece (2007), S. 1322ff.

422 Vgl. Thomas/Clark/Gioia (1993), S. 262

423 Vgl. Zahn (2006a), S. 88 sowie Zahn (1999b), S. 10f.

den folglich durch (gemeinsam) gemachte Erfahrungen und die individuelle Kreativität der Manager beeinflusst.[424]

Die Unternehmensführung ist zwar durch ihre Position (auch) für einen reibungslosen Ablauf der operativen Produktions- und Dienstleistungserbringungsprozesse verantwortlich, sie nimmt aber meist nur indirekt Einfluss darauf. Dieser indirekte Einfluss wird dadurch wahrgenommen, dass die Manager die grundsätzlichen Voraussetzungen für einen reibungslosen, sinnvollen und zielführenden Ablauf in den Werkhallen, Produktionsstätten und Servicebüros schaffen und damit auf einer höheren Ebene Einfluss nehmen. In anderen Worten sollen hier nicht operative Probleme in den Werkhallen, Produktionsstätten oder Servicebüros adressiert werden, sondern vielmehr Probleme auf einer vorgelagerten, kognitiven Ebene der Unternehmensführung.

Hierunter zählen Aufgaben wie die zielkonforme Beschaffung der Inputfaktoren, das Upgrading der Ressourcen, ihre Aktivierung oder die Erneuerung bzw. Adaption der Zielvorgaben oder Geschäftsbereichsstrategien. Voraussetzung hierfür ist ein permanenter Abgleich der aktuellen Positionierung des Unternehmens mit den marktseitigen Erfordernissen sowie die ständige Überprüfung der Strategie auf ihre Aktualität und Sinnhaftigkeit. Auf dieser höheren, kognitiven Ebene kann die Geschäftsführung über ihre Entscheidungen wiederum Einfluss auf die Basis der Geschäftstätigkeit in den Werkhallen und Produktionsstätten nehmen. Da (eine Entwicklung von) Kompetenzen im Grundsatz nicht nur auf einer Selbststeuerung,[425] sondern in einem nicht zu vernachlässigendem Maße auch auf einer Fremdsteuerung[426] basiert, nimmt das Management auch hierüber Einfluss auf die Leistungserstellung.[427]

Vorstellbar ist an dieser Stelle ein strategischer Richtungswechsel, der auf kognitiv-strategischer Ebene entschieden wird und anschließend direkt auf operativer Ebene

424 Vgl. Goldman (2007), S. 75f. und S. 80.

425 Hierunter ist beispielsweise die intrinsische Motivation, zu Lernen, Erfahrungen zu machen und zu nutzen o.ä. eines jeden einzelnen Mitarbeiters zu verstehen.

426 Hierunter ist beispielsweise der zielgerichtete Versuch der Unternehmensführung, einige operative Prozesse und Vorgänge effizient zu kanalisieren zu verstehen.

427 Vgl. Freiling/Gersch/Goeke (2006b), S. 58.

in der Produktion und Dienstleistungserbringung umgesetzt werden muss. Diese operative Umsetzung und Anpassung der tatsächlichen Leistungserstellung ist jedoch erst ein zweiter Schritt, der nicht weiter ausgeführt werden soll. Abbildung 8 zeigt die Ausrichtung bzw. das Zusammenspiel der Kompetenzen als Verbindungsprozess zwischen der Leistungsfähigkeit des Unternehmens und den unternehmerischen Fähigkeiten. Hierbei ist die Schaffung der optimalen Voraussetzungen für eine sinnvolle, effiziente und effektive Produktion und/oder Dienstleistungserbringung gemeint sowie die damit verbundenen richtungsweisenden Entscheidungen der Unternehmensführung. Diese Entscheidungen basieren wiederum auf der grundsätzlichen Leistungsfähigkeit des Unternehmens und ergeben sich aus den zu durchlaufenden operativen Prozessen. Die Entscheidungen bzw. der zielgerichtete Einsatz der Kompetenzausstattung nimmt Einfluss auf die unternehmerischen und kognitiven Fähigkeiten des Managements, die wiederum über Informationsrückkopplungen die Leistungsfähigkeit der Organisation beeinflussen.

Im Rahmen dieser Interaktionen zwischen der Kompetenzausstattung des Unternehmens und den unternehmerischen Fähigkeiten des Managements nehmen auch Metakompetenzen eine zentrale Rolle ein.[428] Die Relevanz bzw. der Einfluss von Metakompetenzen korreliert positiv mit der steigenden hierarchischen Eingruppierung des betroffenen Managers oder des betroffenen Führungsteams da sie den Einsatz der Ressourcen und Kompetenzen des Unternehmens in enger Ausrichtung an der Unternehmensstrategie über ihren Bezug zur Umgebung und zum Leistungserstellungssystem steuern.[429] Lernen und Wissen sowie deren gegenseitiges Bedingen spielen bei den Metakompetenzen und ihrem Einsatz eine zentrale Rolle. Hier ist jedoch kein operatives Lernen und Wissen im engen Sinne gemeint, sondern vielmehr ein Lernen und Wissen über die Rahmenbedingungen des Wirtschaftens.[430] Auf die-

---

[428] Vgl. Danneels (2008), S. 519ff. und Danneels (2016), S. 2174ff. DANNEELS spricht in diesem Zusammenhang von *Second-Order* Kompetenzen und meint hiermit die Kompetenz, neue Kompetenzen zu entwickeln.

[429] Vgl. Klein/Edge/Kass (1991), S. 3ff., Bouncken (2003), S. 69 und 121ff., Hamel (1994), S. 12, Rasche (1994), S. 160f. und Zahn (1996), S. 888f.

[430] Vgl. Bouncken (2003), S. 67ff. Durch ihre übergeordnete Meta-Eigenschaft können Metakompetenzen für verschiedene Prozesse auf oberster Führungsebene wie z.B. die Interpretation der aktuellen Situation, die Antizipation zukünftiger Anforderungen der Unternehmensumwelt an die Unternehmensstrategie oder die Planung und Erschaffung neuer evtl. notwendig werdender Potenzialarchitekturen herangezogen werden. Die Flexibilität der organisationalen Struktur, ihre Verände-

ser kognitiv-strategischen Ebene der Unternehmensführung werden unter Zuhilfenahme von Metakompetenzen die wichtigsten Fragen des Unternehmertums beantwortet. Beispielsweise geht es um Fragen danach, welche Produkte oder Leistungen in welcher Qualität angeboten werden müssen oder welche Strukturen hierfür geschaffen und welche Inputfaktoren und Ressourcen zur Verfügung gestellt werden müssen. Deduktiv abgeleitet können dann ebenfalls Antworten auf Fragen nach der Art und Weise des Ressourceneinsatzes oder nach Prozessabläufen gefunden werden.

Im letzten Schritt der Leistungserstellung eines Unternehmens müssen die hergestellten Produkte und Dienstleistungen vermarktet und abgesetzt werden. Hier müssen Informationen in beide Richtungen ausgetauscht werden, um eine erfolgreiche Marktabsatzstrategie entwickeln und umsetzen zu können. Zum einen muss über Marketing- und Vertriebsaktivitäten den potenziellen Kunden kommuniziert werden, welches Produkt oder welchen Service das Unternehmen zu welchem Preis und an welchem Ort anbieten wird. Zum anderen müssen Informationen vom Markt in das Unternehmen zurückgespielt werden, die für den zukünftigen Produktentwicklungsprozess oder die zukünftige strategische Stoßrichtung des Unternehmens entscheidend sein können. An dieser Stelle untersucht die Fachliteratur zwei unterschiedliche Ausprägungen von Kompetenzen, die hierbei eine Rolle spielen können. Zum einen wird der Frage nachgegangen, inwieweit Marketing-Kompetenzen für einen überdurchschnittlichen finanziellen Rückfluss verantwortlich zu machen sind und wie sie für die Steigerung von Zahlungsflüssen eingesetzt werden können.[431] Zum anderen stellen sich z.B. GOLFETTO, GIBBERT UND MAZURSKY die Frage, ob die Kompetenzausstattung des Unternehmens an sich bereits als Quelle für Kundenwert angesehen werden kann. Sie gehen der Frage nach, ob die Leistungsfähigkeit eines Unternehmens bereits ohne das explizite Angebot eines Produktes oder einer Dienstleistung

rungs- und Anpassungsfähigkeit, die Lernbereitschaft der Organisation sowie die Modifikationsmöglichkeiten in puncto Entwurf neuer Szenarien liegen in ihrem Einflussbereich. Dies alles ist wiederum notwendig, um neue Kompetenzen kontextadäquat entwickeln zu können. Vgl. Freiling/Gersch/Goeke (2006b), S. 59 und Danneels (2016), S. 2179f.

431 Vgl. z.B. Möller (2006b), S. 915f.

vermarktet werden kann und Kunden bereit sind, dafür zu bezahlen.[432] Im Fokus steht hierbei eine Potenzialebene, auf der eine Kundenerwartung an zukünftige Produkte oder Leistungen eines Unternehmens durch positive Erfahrungen aus der Vergangenheit vermarktet werden. Wurden beispielsweise spezifische Produktentwicklungs- oder Produkterweiterungskompetenzen entwickelt und realisiert, wodurch in der Vergangenheit spezielle Kundenbedürfnisse befriedigt werden konnten, können die Erfahrungen der Kunden und das gewonnene Vertrauen in das Unternehmen auch an sich zu einer wahrgenommenen Wertsteigerung für den Kunden beitragen.[433] Sie können neben den eigentlichen Produkt-Markt-Aktivitäten für Werbezwecke eingesetzt werden, um am Rand der bisherigen Wertschöpfung neue Potenziale zu erschließen. Blois und Ramirez sprechen in diesem Zusammenhang bereits von einem Exploiting der Kompetenzen, das neue Herausforderungen, aber eben auch neue Chancen mit sich bringt.[434] Auch Danneels unterscheidet zum einen zwischen unterschiedlichen Kompetenzarten wie bspw. den Kunden-, Marketing-, Technologie und Forschungs-&Entwicklungs-Kompetenzen und zum anderen zwischen unterschiedlichen Ebenen, auf denen diese Kompetenzarten angesiedelt sein können.[435]

Im Rahmen der Diskussion über Transformationen in der Leistungserstellung konnten die einzelnen Kompetenzausprägungen an den jeweiligen Übergängen zwischen zwei Ebenen der Leistungserstellung thematisiert werden. Im folgenden Kapitel soll auf dieser Basis aufbauend detaillierter in den eigentlichen Aufbau einer Kompetenz geblickt werden. Die Analyse des Aufbaus und der Beschaffenheit einer Kompetenz soll dazu beitragen, Unternehmenskompetenzen besser handhabbar zu machen und schneller auf Chancen, aber auch auf Risiken durch kurzfristig mögliche Manipulation der Kompetenzen reagieren zu können. Ein strategisches Management der Kompe-

---

432 Vgl. Golfetto/Gibbert (2006), S. 905ff. und Golfetto/Mazursky (2004), S. 26. In diesen beiden Artikeln wird die Frage behandelt, inwieweit die reine Leistungsfähigkeit eines Unternehmens bereits veräußert werden kann, ohne ein konkretes Produkt oder eine Dienstleistung angeboten zu haben. Da diese Gedanken für die vorliegende Arbeit von untergeordneter Bedeutung sind, werden sie hier nicht weiter ausgeführt.

433 Vgl. Levitt (1980), S. 83ff.

434 Vgl. Blois/Ramirez (2006), S. 1030.

435 Danneels spricht in diesem Zusammenhang von First-Order und Second-Order Kompetenzen. Vgl. Danneels (2002), S. 1108ff., Danneels (2007), S. 526ff., Danneels (2008), S. 519ff. und Danneels (2016), S. 2174ff.

tenzen kann dadurch möglich werden, was vice versa unmittelbaren Einfluss auf das strategische Management des Unternehmens hat.

3.3 Transformationsprozess und Manipulationsmöglichkeiten

Im Rahmen der Diskussion über die unternehmerische Leistungserstellung konnte herausgearbeitet werden, dass die unterschiedlichen Upgradingprozesse im Sinne von Kompetenzen als zentrale Einflussgrößen auf die Leistungsfähigkeit des Unternehmens wirken. Kompetenzen, die daher integraler Bestandteil der unternehmerischen Leistungsfähigkeit sind, bedürfen einer tieferen Analyse, um besser zu verstehen, woraus die Kompetenzen bestehen, wodurch sie determiniert werden und wie sie (besser) handhabbar werden bzw. strategisch zu managen sind. Analyseobjekt ist daher im Folgenden nicht mehr die Leistungserstellung im Unternehmen als Prozesskette von der Internalisierung der Inputfaktoren bis hin zur Vermarktung der Produkte. Analysegegenstand wird im Folgenden vielmehr der einzelne Upgradingprozess im Sinne einer Kompetenz an sich sein, der jeweils im Übergang zwischen zwei Ebenen der Leistungserstellung stattfindet. Damit wird der Prozess im Sinne einer Kompetenz, die für die jeweilige Manipulation, Transformation, Veredelung oder das Upgrading entlang der Leistungserstellungskette verantwortlich ist, an sich in den Fokus der Betrachtung gerückt und damit zum Analysegegenstand.[436]

Diese Analyse kann unabhängig von der exakten Position des (Uprading-) Prozesses in der Leistungserstellung und damit auch unabhängig von den beiden durch ihn verbundenen Ebenen der Leistungserstellung stattfinden, da sich die verschiedenen (Upgrading-) Prozesse in ihren grundsätzlichen Eigenschaften auf der Potenzialebene nicht elementar voneinander unterscheiden. Die über die (Uprading-) Prozesse verbundenen Stufen der Leistungserstellung nehmen zwar jede für sich unmittelbaren Einfluss auf die Spezifität und Ausprägung des jeweiligen Prozesses, im Grundsatz jedoch lassen sich die (Uprading-) Prozesse und damit die Kompetenzen unab-

[436] Im Folgenden werden die Begrifflichkeiten Transformations-, Veredelungs-, Manipulations- und Upgrading-Prozess synonym verwendet. Sie bezeichnen allesamt den Prozess im Sinne einer Kompetenz, der für den Übergang von einer Ebene der Leistungserstellung auf die nächsthöhere Ebene verantwortlich ist.

hängig von ihrer exakten Verortung im Leistungserstellungsprozess analysieren. Der Übergang von einer auf die nächste Ebene der Argumentationskette wird daher aus dem Gesamtbild der Leistungserstellung extrahiert und in Form eines dunkelgrauen Kreises auf einem Übergangspfeil von einer auf die nächste Stufe im Zentrum der folgenden Abbildungen dargestellt.

Bevor in diese Diskussion eingestiegen werden kann, gilt es den genauen Ausschnitt aus dem Gesamtbild des kompetenzorientierten Strategischen Managements herauszuarbeiten, in den die folgende Diskussion einzuordnen ist. Im Rahmen eines kompetenzorientierten Prozesses zur strategischen Analyse ist die Identifikation der Lücken in der unternehmensseitigen Kompetenzausstattung ein zentraler Prozessschritt.[437] Abbildung 9 zeigt übersichtlich, welche Antworten auf die Frage nach dem (kompletten) Vorhandensein einer notwendigen Kompetenz im Unternehmen möglich sind und welche Implikationen diese jeweils für das verantwortliche Management haben.

Sollte die Frage nach der Existenz einer spezifischen Kompetenz im Unternehmen mit einem eindeutigen „ja komplett" beantwortet werden können, befindet sich die Organisation im linken Bereich von Abbildung 9, und es ist als nächstes zu entscheiden, ob sich die zu bewertende Kompetenz zur Differenzierung im Wettbewerb eignet oder nicht. Wenn diese zweite Frage negativ beschieden wird, dann gibt es mehrere Möglichkeiten. Das Unternehmen kann sich entweder von diesem Ballast befreien und „Entlernen"[438], um Ressourcen freizusetzen, die an anderer Stelle sinnvoller eingesetzt werden können. Es kann sich aber auch auf andere Themen konzentrieren und den Bereich bzw. die Kompetenz outsourcen,[439] stilllegen oder verkaufen.[440]

---

[437] Vgl. für eine ausführliche Diskussion zu Möglichkeiten und Grenzen einer Lückenidentifikation innerhalb eines Kompetenz-Managementprozesses z.B. Hamel/Prahalad (1994), S. 224f., Hamel (1994), S. 25ff., Krüger/Homp (1997), S. 92ff., Homp (2000), S. 42ff. oder Deutsch/Diedrichs/Raster/Westphal (1997b), S. 32ff.,

[438] Vgl. z.B. Reiß/Beck (1995), S. 44, Hinterhuber/Handlbauer/Matzler (2003), S. 61 oder Zehnder (1997), S. 48. HAMEL UND PRAHALAD gehen an dieser Stelle sogar weiter indem sie keine lernende, sondern eine verlernende Organisation fordern: *„Although much in vogue, creating a ‚learning organization' is only half the solution. Just as important is creating an ‚unlearning organization'. … To create the future, a company must unlearn at least some of its past. We're all familiar with the 'unlearning curve', but what about the 'forgetting curve' – the rate at which a company can unlearn those habits that hinder future success?"* Hamel/Prahalad (1994), S. 60.

[439] Vgl. z.B. Friedrich (1995b), S. 90,

Sollte die zweite Frage positiv beantwortet werden und die Kompetenzen damit auch für eine zukünftige Differenzierung im Wettbewerb potenziell heranziehbar sein, müssen sie entsprechend gepflegt, geschützt[441] und im Unternehmen verankert[442] werden. Eine Verankerung lässt sich beispielsweise über die Involvierung in Projekten, die Einrichtung von Kompetenzzentren oder das Bilden von Netzwerken realisieren.[443]

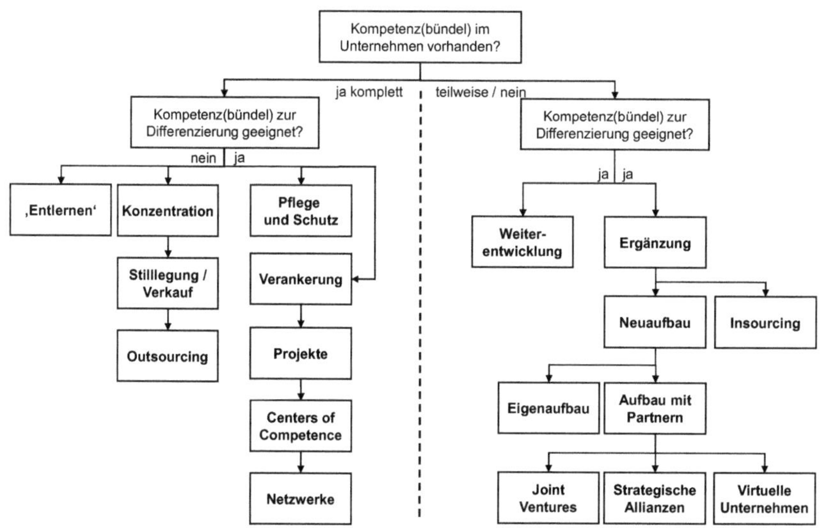

Abbildung 9: Entscheidungsbaum in der kompetenzorientierten strategischen Analyse[444]

---

440 Vgl. z.B. Nasner (2004), S. 130, Krüger/Homp (1997), S. 110, Homp (2000), S. 108 und Wolfrum/Rasche (1993), S. 69.

441 Vgl. z.B. Knafl (1995), S. 79, Nasner (2004), S. 135, Hamel (1994), S. 32, Zahn (1996), S. 892 oder Reiß/Beck (1995), S. 41f.

442 Vgl. z.B. Boos/Jarmai (1994), S. 25.

443 Vgl. z.B. Krüger/Homp (1997), S. 210f., Hanser (1998), S. 39 oder Boos/Jarmai (1994), S. 26.

444 Eigene Darstellung. Die Abbildung ist eine Übersicht aus diversen Quellen, die sich alle mit dem Thema Kompetenzmanagement im Generellen und der Lückenidentifikation bzw. mit Möglichkeiten zur Schließung dieser Lücken sowie dem Aufbau von Kompetenzen im Speziellen beschäftigen. Vgl. hierzu sowie zu den Ausführungen zur Abbildung Rasche (1994), S. 173ff., Verdin/Willimason (1994), S. 83ff., Boos/Jarmai (1994), S. 20ff., Hamel/Prahalad (1994), S. 337ff., Zahn (1995), S. 357 und Zahn (1996), S. 891, Friedrich (1995a), S. 335ff. und (1995b), S. 88ff., Reiß/Beck (1995), S. 39ff., Deutsch/Diedrichs/Raster/Westphal (1997b), S. 41ff., Krüger/Homp (1997), S. 87ff., Seibert (1997), S. 111ff., Zehnder (1997), S. 34, Thiele (1997), S. 88ff., Riess

Unternehmen können nicht zu jedem Zeitpunkt über sämtliche notwendigen Kompetenzen und Kompetenzbündel im Unternehmen entlang der gesamten Leistungserstellungskette verfügen.[445] In der folgenden Diskussion liegt der Fokus auf Unternehmen, die sich nicht durch ein problemloses und ergebnisorientiertes Durchlaufen des gesamten Leistungserstellungsprozesses über sämtliche Ebenen der Wertschöpfung hinweg auszeichnen. Diese Unternehmen befinden sich auf der rechten Seite von Abbildung 9, wobei die Frage nach dem Vorhandensein einer Kompetenz bereits mit „teilweise" oder „nein" beantwortet werden musste. Dies kann zwei Ursachen haben. Im ersten Fall ist die notwendige Kompetenz nicht in vollem Umfang vorhanden oder wird nicht in ausreichendem Maße beherrscht. In einem solchen Fall kann die bestehende Kompetenzlücke durch Weiterentwicklung oder Ergänzung geschlossen werden.[446] Im zweiten Fall ist die erforderliche Kompetenz überhaupt nicht vorhanden. Sie muss also gänzlich neu aufgebaut werden, was entweder intern oder mit externer Hilfe von Partnern geschehen kann.[447] Die Frage nach dem Differenzierungspotenzial der betrachteten Kompetenz bleibt hierbei zunächst unberücksichtigt. Wenn eine Kompetenz garnicht oder nur in kleinen Teilen vorhanden ist und kein Differenzierungspotenzial bietet, muss sich das Unternehmen auch nicht weiter mit ihr beschäftigen.

Probleme bei Upgrading- oder Veredelungsprozessen entlang der unternehmerischen Leistungserstellung sind oft auf Lücken in der Kompetenzausstattung zurückzuführen. Es gilt daher zunächst herauszuarbeiten, mit welchen Optionen eine kontextadäquate Kompetenzausstattung erreicht werden kann. Erst dann können Antworten auf Fragen zu geeigneten (Uprading-) Prozessen gegeben werden. Ausge-

(1998), S. 117ff., Homp (2000), S. 78ff., Thomsen (2001), S. 129ff., Hümmer (2001), S. 125ff., Marquardt (2003), S. 209ff., Nasner (2004), 104ff. und Fearns (2004), S. 83ff.

445 Sollte dies der Fall sein, so konnte bereits festgestellt werden, dass ein solches Unternehmen zum aktuellen Zeitpunkt wohl keine akuten Probleme in der Überlebensfähigkeit aufweist und sich damit, zumindest in der kurzfristigen Zukunft, keinen unmittelbaren Herausforderungen im Sinne einer bedrohten Überlebensfähigkeit gegenübergestellt sehen sollte. Ein solches Unternehmen sollte es zwar ebenfalls tunlichst vermeiden, sich auf der aktuellen Erfolgswelle auszuruhen. Ein solcher Zustand steht jedoch hier aufgrund des geringen Handlungsdrucks und einer dadurch nicht unmittelbar akuten Notwendigkeit zu einer Entscheidungsfindung oder Aktion nicht im Zentrum des Untersuchungsinteresses.

446 Vgl. z.B. Hümmer (2001), S. 318, Bogner/Thomas (1994), S. 139, Thomsen (2001), S. 120, Nasner (2004), S. 129, Probst/Büchel (1994), S. 17ff. und Thiele (1997), S. 88f.

447 Vgl. z.B. Krüger/Homp (1997), S. 112ff., Bruch (2000), S. 210, Thiele (1997), S. 88, Hümmer (2001), S. 265 oder Müller (2006), S. 249.

hend hiervon werden im Folgenden unterschiedliche Manipulationsmöglichkeiten[448] diskutiert, wie Kompetenzlücken zweckmäßig geschlossen werden können.

Abbildung 10 veranschaulicht allgemein irgendeinen Upgrading- bzw. Transformationsprozess der Leistungserstellung im Unternehmen, der Kompetenzlücken aufweist. Die Kompetenzlücken sind durch die weißen Flächen im grauen Kreis visualisiert. Umgangssprachlich würde man von einem Prozess sprechen, der nicht rund läuft. Ist dieser Prozess jedoch erfolgskritisch, muss er umfassend beherrscht und die Kompetenzlücken geschlossen werden. Die nachstehenden Abbildungen sind alle nach dem gleichen Muster strukturiert, und zeigen jeweils im unteren rechten Bereich einen willkürlichen Ausschnitt aus der Leistungserstellung des Unternehmens.

Die beiden abgebildeten Stocks der Leistungserstellung, Stock bzw. Bestand I und II, stehen für zwei Ebenen im Leistungserstellungsprozess, die, wie oben beschrieben, sowohl durch einen Upgradingprozess im Sinne einer Kompetenz als auch durch eine Informationsrückkopplung miteinander verbunden sind. Der Übergang von Bestandsgröße I auf Bestandsgröße II erfolgt durch einen Upgradingprozess, wie zum Beispiel dem Prozess der Anwendung bzw. des Einsatzes von intangiblen Tun-Ressourcen, wodurch die Kompetenzausstattung des Unternehmens im Sinne seiner grundsätzlichen Leistungsfähigkeit erweitert wird.[449] Würden in diesem Fall die (Tun-) Ressourcen falsch eingesetzt oder fehlerhaft angewendet so würde die Leistungsbereitschaft des Unternehmens durch diesen fehlerhaften Einsatz nicht verbessert und im schlimmsten Fall sogar verschlechtert. Der Prozess hätte dann bildlich gesprochen eine Lücke bzw. eine fehlerhafte Ausprägung und wäre entsprechend der aktuellen Erfordernisse nicht vollkommen. Die folgenden Abbildungen unterscheiden sich zum einen in der Lückenausprägung bzw. der Art der Unvollkommenheit des Trans-

---

[448] Der Begriff der „Manipulation" wird in dieser Arbeit explizit technisch verstanden und ist damit als Synonym zu „Handhabung" oder „Lenkung" zu verstehen. Die umgangssprachliche, eher negative Wertung ist weder beabsichtigt noch gewünscht.

[449] Vgl. hierzu auch die Diskussion zur kompetenzorientierten Leistungserstellung im Unternehmen und den dazugehörigen Transformationsprozessen in den vorangegangenen Kapiteln der Arbeit. Im vorliegenden Beispiel sind die (intangiblen) Tun-Ressourcen der Bestand I, ihr Einsatz bzw. ihre Anwendung der Upgradingprozess und die Kompetenzausstattung bzw. die grundsätzliche Leistungsfähigkeit des Unternehmens der Bestand II.

formationsprozesses, vor allem aber auch zum anderen in den Ansätzen zur Schließung dieser Lücken bzw. zur Fehlerbehebung.

Der lückenhafte graue Kreis steht als Symbol für die unterschiedlichen Transformationen über die Leistungserstellung hinweg und soll veranschaulichen, dass Teile dieser Transformationsprozesse oder gar ganze Prozessabschnitte fehlerhaft ablaufen können. Er kann z.B. für eine Aktivierung von Haben- zu Tun-Ressourcen oder auch für den Prozess der Erneuerung und der Balance zwischen den D(M)C und der Kompetenzausstattung des Unternehmens und damit für eine kreative (Weiter-) Entwicklung von Kompetenzen stehen.

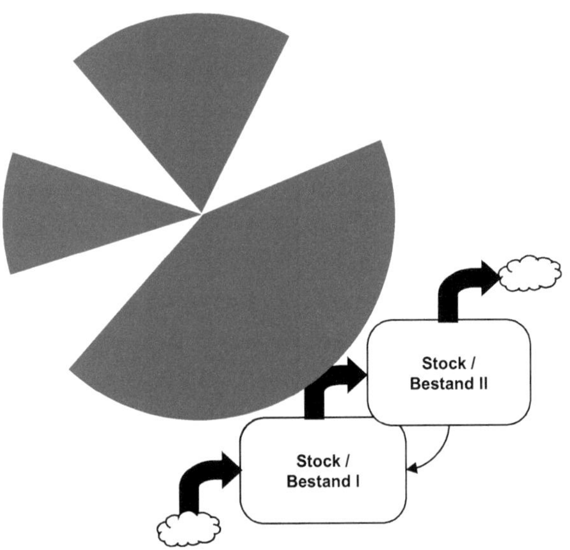

Abbildung 10: Kompetenzlückenschließendes Upgrading[450]

Fehler, Unvollkommenheiten oder Zieldivergenzen in den Upgradingprozessen der Leistungserstellung gehen mit Fehlern oder Unvollkommenheiten in der Kompetenzausstattung eines Unternehmens einher, da sich Kompetenzen immer in Pro-

[450] Eigene Darstellung.

zessen und damit v.a. auch in den erfolgskritischen (Upgrading-) Prozessen eines Unternehmens manifestieren. Zeichnet sich ein Unternehmen dadurch aus, dass es (fast) keine Lücken in der Kompetenzausstattung aufweist, so wird es auch (fast) keine Probleme bei seiner Leistungserstellung im Sinne der Potenzialebene und schon gar nicht bei seiner Wertschöpfung im Sinne der Faktenebene haben.

Im Folgenden stehen daher Lücken bzw. Unvollkommenheiten in Transformations- bzw. Upgradingprozessen im Fokus, die auf eine lückenhafte Kompetenzausstattung des Unternehmens zurückgeführt werden können. Aufgezeigt werden daher Optionen zur Schließung von Kompetenzlücken in der Kompetenzausstattung.

Grundsätzlich ist es vorstellbar, dass erfolgreiche Unternehmen (zumindest kurzfristig bzw. vorübergehend) ein Stadium erreichen, indem sie alle Transformationsprozesse exzellent beherrschen. Aufgrund dynamisch-turbulenter Umweltveränderungen kann ein solcher Zustand jedoch nicht dauerhaft erreicht werden, ohne dass das Unternehmen seine Kompetenzausstattung und damit auch seine Leistungserstellung permanent anpasst oder erneuert. Es muss also davon ausgegangen werden, dass immer wieder Kompetenzlücken auftreten können.

Im dynamischen Wettbewerb sind kompetenzbasierte Exzellenzpositionen grundsätzlich der Erosionsgefahr durch Innovationen von Wettbewerbern, etwa durch die erfolgreiche Einführung einer neuer Technologie, ausgesetzt. Dadurch mehr oder weniger unangekündigt entstehende Kompetenzlücken sind besonders schmerzlich, wenn solche Wettbewerbsaktionen beim fokalen Unternehmen mit einer tückischen Obsoleszenz bislang überlegener Kompetenzpositionen und in der Folge mit einer Verschlechterung der Wettbewerbsfähigkeit einhergehen.[451]

---

[451] Mögliche Ursachen für die Existenz von Kompetenzlücken in Unternehmen wurden bereits erforscht. Grundsätzlich können hierfür externe Schocks oder interne Trägheiten verantwortlich gezeichnet werden. Vgl. hierzu z.B. Barney (1991), S. 99f., Buchner (2002), S. 93, Zahn (2000), S. 156 und (2006b), S. 124f., Zahn/Foschiani (2000), S. 91 oder Zahn/Foschiani/Tilebein (2000b), S. 249.

Wird eine Lücke in der Kompetenzausstattung erkannt, ergeben sich mehrere Möglichkeiten zu deren Schließung.[452] Grundsätzlich können zwei Ansätze zur Lückenschließung unterschieden werden – der interne Ansatz, bei dem aus eigener Kraft heraus versucht wird, die Lücke zu schließen, und der externe Ansatz, bei dem externe Hilfe in Anspruch genommen wird. Interne Optionen sind die *Kompetenz(-weiter-)entwicklung* und der *Kompetenztransfer*. Die externe Option betrifft den *Kompetenzbezug* von außen durch Insourcing.

Kompetenz(-weiter-)entwicklung

Abbildung 11 illustriert die erste Möglichkeit der internen Lückenschließung in Form einer Kompetenz(-weiter-)entwicklung. Hierbei spielen Lernprozesse (im Speziellen die Prozesse des Single-Loop- und des Double-Loop-Learning)[453] eine wichtige Rolle. In Abhängigkeit vom Entwicklungsstadium der Kompetenz(lücke) sind zwei Konstellationen denkbar: Entweder ist die betroffene Kompetenz in einem mehr oder weniger ausgereiften Stadium vorhanden, das jedoch noch nicht dem angestrebten Niveau entspricht und dementsprechend *weiter*entwickelt werden muss, oder die zu entwickelnde Kompetenz ist nur rudimentär bzw. überhaupt nicht vorhanden, weshalb sie im ersten Fall nur adaptiert (etwa durch Rekombination oder Ergänzung), aber im zweiten Fall kreativ von Grund auf *neu* entwickelt werden muss.[454]

---

452 Die Herausforderungen zur Identifikation von Lücken in der Kompetenzausstattung wurden ebenfalls bereits ausführlich erforscht. Sie sind hier explizit nicht Gegenstand der Diskussion, sondern werden als gegeben vorausgesetzt. Ansatzpunkt zu den hier vorliegenden Ausführungen sind bereits ausgemachte Lücken sowie unterschiedliche Möglichkeiten zur Schließung der Lücken. Vgl. zur Identifikation von Lücken in der Kompetenzausstattung z.B. Grant (2008), S. 157 und (1991), S. 115, Deutsch/Diedrichs/Raster/Westphal (1997a), S. 24ff. und (1997b), S. 38ff., Probst/Deussen/Eppler/Raub (2000), S. 74ff., Krüger/Homp (1997), S. 92ff., Homp (2000), S. 42ff. oder auch Hamel/Prahalad (1994), S. 227ff.

453 Vgl. grundsätzlich Argyris/Schön (1978), S. 18ff. sowie z.B. Levitt/March (1988),S. 320, Volberda (1998), S. 55 oder Zahn/Tilebein (2000), S. 123.

454 In diesem Fall kann es sich jedoch nur um eine verhältnismäßig einfach zu entwickelnde Kompetenz handeln, die sich durch einen hohen Verwandtschaftsgrad zu angrenzenden Kompetenzen in dem betrachteten Kompetenzbündel auszeichnet, welche das Unternehmen bereits exzellent beherrscht. Sollte sich die für die Lücke ursächlich ausgemachte und neu zu entwickelnde Kompetenz grundsätzlich von den angrenzenden Kompetenzen des Bündels unterscheiden, so fällt sie nicht in diese Kategorie und wird im Verlaufe der Arbeit separat adressiert.

Im ersten Fall ist das Single-Loop-Learning[455] eine erfolgskritische Größe. Bei dieser Art von Verbesserungslernen in Form einer einfachen Rückkopplungsschleife werden inkrementelle Verbesserungen z.B. durch Identifikation und Behebung von Fehlerquellen im Produktionsprozess zum Zweck der angestrebten Effizienzverbesserung vorgenommen.[456] Eine Lückenschließung durch adaptive (Weiter-) Entwicklung kann i.d.R. erfolgreich bei mehr oder weniger routinemäßig durchlaufenen Prozessen, die durch eine intern oder extern aufgetretene Veränderung aus den Fugen geraten sind, angewendet werden.[457] Solche routinierten Prozesse weisen gewöhnlich ein geringes Differenzierungspotenzial auf, wie z.B. einfachere Beschaffungs- und Vermarktungsprozesse oder auch einfache Aktivierungsprozesse von Haben-Ressourcen.

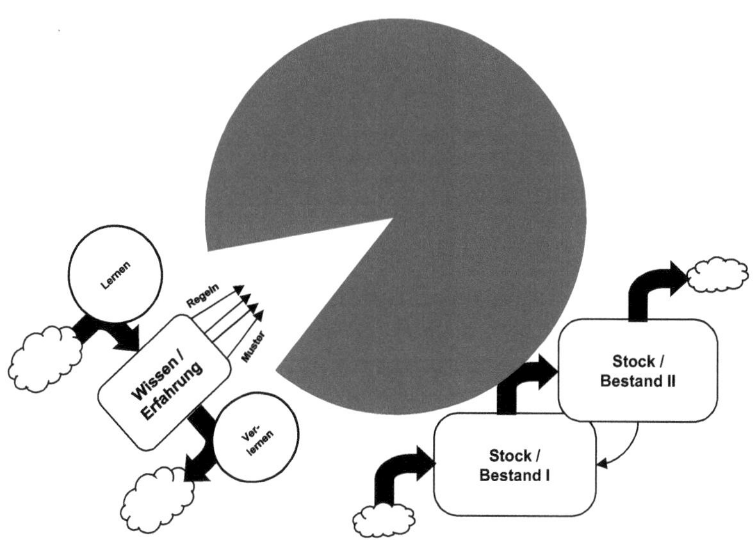

Abbildung 11: Interne Kompetenz(-weiter-)entwicklung[458]

---

[455] Vgl. Argyris/Schön (1978), S. 18ff. und Zahn/Greschner (1996), S. 53f.
[456] Vgl. Argyris/Schön (1978), S. 20ff., Zahn/Greschner (1995), S. 610 und Zahn/Greschner (1996), S. 53f.
[457] Vgl. Tilebein (2005), S. 22.
[458] Eigene Darstellung.

In Lernprozessen wird Wissen generiert, insbesondere im Rahmen des Double-Loop-Learning, das auch als Erneuerungslernen bezeichnet werden kann.[459] Dieser Lernprozess ist fundamentalerer Natur als das Verbesserungslernen. Hier wird nicht nur neues Wissen gelernt, sondern gleichzeitig altes Wissen verlernt. Während die adaptive Kompetenzentwicklung eher evolutionär verläuft, hat die kreative Kompetenzentwicklung einen mehr revolutionären Charakter und impliziert oft einen Quantensprung[460] in der Kompetenzausstattung, so etwa bei der Einführung einer grundlegend neuen Produkttechnologie.

Die intellektuellen Herausforderungen der kreativen Entwicklung revolutionär neuer Kompetenzen sind ungleich größer als die der inkrementellen Anpassung vorhandener Kompetenzen. Hinzu kommt, dass die Ergebnisunsicherheit bei der revolutionären Kompetenzentwicklung weit höher ist als die bei der evolutionären Kompetenzentwicklung.

Trotz der vermeintlich relativ einfachen Aufgabe einer adaptiven (Weiter-) Entwicklung in der vorhandenen Kompetenzausstattung darf auch ein solches Vorhaben nicht unterschätzt werden. KRÜGER UND HOMP stellen in diesem Zusammenhang fest, dass Entwicklungsaufgaben einer gesamtheitlichen Betrachtung kompetenzorientierter Um- und Aufbaumaßnahmen von Ressourcen und Fähigkeiten bedürfen.[461] Eine Festlegung der Entwicklungsrichtung und der Entwicklungsinhalte sollte auf unterschiedlichsten Quellen basieren, sodass kein wichtiger Aspekt unberücksichtigt bleibt. Heranzuziehen sind auf jeden Fall unternehmensindividuelle Besonderheiten – Informationen aus marktseitigen Transaktionen, Ergebnisse aus Benchmarkinganalysen sowie Ergebnisse aus Soll-/Ist-Abweichungsanalysen. Ein schlichtes Verlassen auf Ergebnisse aus Analysen nur einiger (Teil-)Bereiche wie z.B. die Ideen Anderer (Berater oder Wettbewerbsbeobachtungen) oder eine Beschränkung auf unternehmensinterne Erkenntnisse, kann nicht zu einem befriedigenden Ergebnis füh-

---

459 Vgl. Von Krogh/Venzin (1995), S. 429.

460 Unter einem Quantensprung wird umgangssprachlich ein großer Schritt bzw. eine radikale Veränderung verstanden – in diesem Sinne ist der Begriff auch hier zu verstehen. In der Physik, aus der die Wortschöpfung kommt, stellt das Quantum eigentlich die kleinste vorstellbare Einheit und der Quantensprung eine Veränderung im aktuellen Kontext dar, sodass ein Quantensprung im eigentlichen Sinne vielmehr den kleinsten möglichen Schritt beschreibt.

461 Vgl. Krüger/Homp (1997), S. 92.

ren.[462] Für eine (Weiter-) Entwicklung, die auf bereits vorhandene Strukturen und Prozesse aufbauen kann, erscheint die Etablierung eines kontinuierlichen, inkrementellen Verbesserungsprozesses erfolgversprechend. Zielführendes Konzept hierfür kann die *lernende Organisation* sein, die über eine geeignete Unternehmenskultur die geforderten, inkrementellen Verbesserungsprozesse und radikalen Erneuerungsprozesse befördert.[463]

Kompetenztransfer

Neben der internen Kompetenz(-weiter-)entwicklung besteht auch die Möglichkeit des internen Kompetenztransfers, der in Abbildung 12 visualisiert ist. Durch einen Transfer von Kompetenzen oder Kompetenzteilen in einen anderen als den ursprünglichen Produkterstellungs- oder Dienstleistungserbringungsprozess kann dieser u.U. effizienter oder zur besseren Befriedigung der Kunden realisiert werden. Solche und weitere positiven Effekte, wie die Erschließung neuer Wachstumspotenziale[464] durch die Gewinnung neuer Kunden, erfordert natürlich das Vorhandensein geeigneter Kontextbedingungen für einen internen Kompetenztransfer.

Das nachstehende Beispiel, das so oder in ähnlicher Form in der Praxis nicht unüblich ist, kann die Zweckmäßigkeit eines Kompetenztransfers unterstreichen. Angenommen ein produzierendes Unternehmen verfügt über zwei Geschäftsbereiche. Während Geschäftsbereich A in Massenfertigung hergestellte Fahrräder zu Niedrigpreisen anbietet, vertreibt Geschäftsbereich B in Kleinserien hergestellte Sport- und Freizeiträder im oberen Preissegment. Wenn die Geschäftsbereiche zielbewusst voneinander lernen, etwa durch gemeinsame Lernzirkel oder gezielten (temporären) Personalaustausch, dann können beide Seiten im Interesse der Stärkung ihrer Wettbewerbsfähigkeit profitieren. Geschäftsbereich B kann von der Produktionseffizienz des Geschäftsbereichs A lernen und mit diesem Wissen die eigene Produktionseffi-

---

462 Vgl. Sanchez/Heene (2004), S. 119 und Gassmann/Keller (2004), S. 51f.

463 Vgl. hierzu ausführlich Fiol/Lyles (1985), Helleloid/Simonin (1994), Kim (1993), Levitt/March (1988), Lorino (2001), Probst/Büchel (1994), Raub/Büchel (1996), Prange (2002) oder Klimecki/Laßleben/Thomae (2000) und ganz grundsätzlich zum organisationalen Lernen Argyris/Schön (1978) und March/Olsen (1976).

464 Vgl. z.B. Prahalad/Hamel (1990), S. 81 oder Krüger/Homp (1997), S. 125ff.

zienz verbessern, und Geschäftsbereich A kann das von Geschäftsbereich B erlernte Wissen zu inkrementellen Produktinnovationen oder auch zu besseren Produktdesigns nutzen. Erfolgskritisch ist allerdings, dass einseitiger oder auch wechselseitiger Kompetenztransfer keine neuen Lücken reißt.

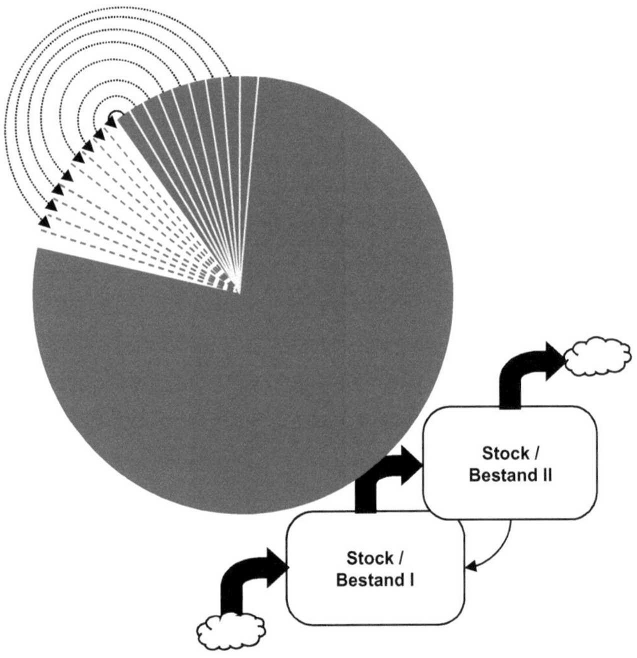

Abbildung 12: Interner Kompetenztransfer[465]

Bei dieser Art der Lückenschließung kann auch von einem intraorganisationalen Exploiting vorhandener Kompetenzausstattungen gesprochen werden. In Wettbewerbslandschaften, die sich durch eine hohe Dynamik auszeichnen, können es sich Unternehmen nicht leisten, Kompetenzen mit Transferpotenzial nicht zu transferieren und damit ein mögliches Exploiting nicht zu nutzen.[466] Es ist davon auszugehen, dass der

---

465 Eigene Darstellung.

466 Bereits Ende der 1950er Jahre hat PENROSE auf diesen Sachverhalt im Kontext der ressourcenbasierten Forschung aufmerksam gemacht indem sie darauf hinwies, dass Ressourcen oft nicht in

Wert einer Kompetenz mit der Breite ihres Anwendungsgebietes wächst und dass die Verbreitung von Kompetenzen über eine bereichsübergreifende Zusammenarbeit mit offener Kommunikation sowie Freiräumen für selbstorganisatorische Prozesse gefördert werden kann.[467] Ähnlich argumentieren HAMEL UND PRAHALAD, die von Kompetenzmobilität aufgrund häufiger Meetings zum Wissens- und Erfahrungsaustausch von Kompetenzträgern sprechen.[468]

Abbildung 12 könnte den Schluss zulassen, dass Kompetenzlücken in einem Unternehmensbereich immer durch Kompetenzüberschuss in anderen Unternehmensbereichen via Kompetenztransfer kompensiert werden können. Dem ist in den meisten der Fälle (natürlich) nicht so. Kompetenztransfers erfordern für gewöhnlich Adaptionsprozesse, in denen eine zu transferierende Kompetenz nach den Anforderungen des neuen Einsatzgebietes angepasst werden muss, wofür ein Unternehmen zunächst unterschiedliche Voraussetzungen schaffen muss. Kompetenztransfers können z.B. durch eine transferaffine Kultur[469] erleichtert und vor allem durch unternehmerische Orientierung gefördert werden. Darunter werden die simultane Manifestation von innovativem, risikofreudigem und proaktivem Verhalten[470] bzw. strategische Entscheidungspraktiken, Managementphilosophien und Verhalten auf Unternehmerebene verstanden.[471] Unternehmerische Orientierung bietet eine Art Mobilisierungsvision[472] für Kompetenzen in Unternehmen zum Zwecke ihrer Nutzung. Sie liefert

---

vollem Maße genutzt werden und eigentlich jedes Unternehmen über einen Pool an aktuell ungebrauchten aber eigentlich produktiven Diensten/Services verfügt. Sie weist darauf hin, dass aus diesen vorhandenen Ressourcen über eine Extraktion neuer Services eine Erneuerungsmöglichkeit für das Unternehmen bestehen würde. Vgl. Penrose (1959), S. 76.

467 Vgl. Zahn (1996), S. 893.

468 Vgl. Hamel/Prahalad (1994), S. 234. Unter „kompetenzkritisch" sind an dieser Stelle Mitarbeiter gemeint, die eine zentrale Rolle in wichtigen Prozessen innehaben und i.d.R. mit das meiste Wissen und die größte Erfahrung weitergeben können.

469 Wie in einem Unternehmen eine bestimmte Kultur zur Akzeptanz von Neuerungen oder Veränderungen im Kontext der Kompetenzdiskussion geschaffen werden kann, wurde bereits in diversen Studien erforscht. An dieser Stelle soll dies nicht näher ausgeführt werden, vielmehr seien zwei zentrale Elemente genannt: eine offene und aktive Kommunikation ist ebenso wichtig wie der unbeirrbare Glaube an den Erfolg bei den Initiatoren. Für vertiefende Literatur vgl. z.B. Fichtner (2008) sowie Thiele (1997), S. 81, Deutsch/Diedrichs/Raster/Westphal (1997b), S. 42ff., Collis/Montgomery (1995), S. 120, Hänggi (1998), S. 180f., Whiddett/Hollyforde (1999), S. 16f., Bühner (2004), S. 14 oder Heyse/Erpenbeck (1997), S. 10 sowie Dürrschmidt/Mahn (1996), S. 131 und Bea/Haas (2001), S. 456.

470 Vgl. Covin/Slevin (1989), S. 77f. und Miller (1983), S. 772ff.

471 Vgl. Anderson/Covin/Slevin (2009), S. 220.

472 Vgl. Sirmon/Hitt/Ireland/Gilbert (2011), S. 1391ff.

nicht nur Ziele, sondern hilft auch, die notwendigen Ressourcen und Kompetenzen zur Erreichung dieser Ziele zu identifizieren.[473]

Für einen erfolgreichen Kompetenztransfer müssen die verschiedenen beteiligten Bereiche gewisse Eigenschaften aufweisen. Zum einen spielen die Motivation der involvierten Mitarbeiter, eine klare Definition des Bedarfs sowie die bisherige Beziehung der beteiligten Parteien eine wichtige Rolle.[474] Zum anderen müssen die notwendigen Ressourcen und Kompetenzen klar abgegrenzt werden und die zu transferierende Kompetenz muss mit einem gewissen Grad an Adaptabilität ausgestattet sein, damit sie an ihrem neuen Platz problemlos eingefügt werden kann.

Ebenso kritisch für einen erfolgreichen Kompetenztransfer sind die Fähigkeiten und die Bereitschaft der dafür verantwortlichen Manager zu unternehmensübergreifendem Denken und Handeln. Die Mitarbeiter müssen ebenfalls für einen Kompetenztransfer bereit sein, entsprechend kooperieren und dazu ihr Wissen und ihre Fähigkeiten einbringen. Sie dürfen deshalb nicht das Gefühl haben, ihnen würde im Zuge eines Transfers etwas Wertvolles ohne adäquate Kompensation weggenommen. Ein so denkender und auf Abwehr eingestellter Mitarbeiter wird niemals die für das erfolgreiche Anwenden einer zu transferierenden Kompetenz notwendige Wissen weitergeben.

Ähnlich problematisch wird ein Kompetenztransfer, wenn die Mitarbeiter in deren Aufgabenbereich eine Kompetenz transferiert werden soll, nicht bereit für deren Aufnahme und Integration sind. Sollten auf der Aufnahmeseite ungeklärte Vorbehalte gegen einen Kompetenztransfer bestehen, wird die beabsichtigte Kompetenzintegration im neuen Anwendungsbereich scheitern. HILL UND LEVENHAGEN fordern in diesem Zusammenhang ein zweidimensionales Vorgehen, in welchem die Manager zunächst eine Vorstellung davon entwickeln müssen, was eine Kompetenz im neuen Anwendungsfeld bewirken kann. Sie nennen diesen ersten Schritt *sense-making*. Im

---

473 Vgl. zu den Vorstellungskräften und den visionären Fähigkeiten der Manager Sanchez/Heene (1996), S. 45. und Thomas/Clark/Gioia (1993), S. 240.

474 Vgl. Deutsch/Diedrichs/Raster/Westphal (1997b), S. 43.

zweiten Schritt, dem *sense-giving*,[475] muss es den verantwortlichen Führungskräften gelingen, diese Vorstellung an die Beteiligten Mitarbeiter überzeugend zu kommunizieren und die Unterstützung der Mitarbeiter für einen Kompetenztransfer zu gewinnen.

Aus Abbildung 12 geht hervor, dass nicht immer lediglich in einem direkt angrenzenden Unternehmensbereich nach transferierbaren Kompetenzen gesucht werden muss. Transferierbare Kompetenzen können in verschiedenen Aufgabenfeldern unabhängig von ihrer horizontalen oder vertikalen Verankerung angesiedelt sein.

Ein wichtiger Zusatznutzen des intraorganisationalen Kompetenztransfers ist seine beschützende und paradoxerweise auch bewahrende Eigenschaft. Mit der Transferhäufigkeit einer spezifischen Kompetenz erfährt diese Kompetenz Schutz vor Erosion und Imitation.[476] Eine aktiv gelebte (Kompetenz-)Transferkultur schützt vor einer Verkrustung von Routinen, vor Pfadabhängigkeiten und einem damit einhergehenden Zuschnappen sogenannter Kompetenzfallen.[477] Durch die mehr oder weniger automatisch notwendig werdende Adaption einer Kompetenz im Rahmen jedes Transferprozesses erfährt diese eine kontextadäquate Anpassung. Sie wird entsprechend der neuen Erfordernisse ziel- und ergebnisorientiert manipuliert und aktualisiert dadurch ihre Schlagkraft – entsprechend den kontextbedingten Erfordernissen. Ein Kompetenztransfer bewahrt damit die Einsatzfähigkeit einer Kompetenz durch Aktualisierung und Anpassung an neue Rahmenbedingungen über die Zeit.

SANCHEZ UND HEENE stellen auf einen weiteren Vorteil ab, indem sie betonen, dass ein häufig durchgeführter Kompetenztransfer eine Begrenzung der kognitiven Fähigkeiten der Manager überkompensieren kann. Sie argumentieren mit einem erweiterten strategischen Handlungsraum durch die Mehrfachnutzung einzelner Kompeten-

---

475 Vgl. Hill/Levenhagen (1995), S. 1057. Vgl. darüber hinaus für vertiefende Diskussionen zum Begriffspaar des *sense-making* und *sense-giving* im Kontext des strategischen Managements im Generellen und des strategischen Wandels im Speziellen u.a. Brown (2000), Ericson (2001), Gioia/Chittipeddi (1991), Thomas/Clark/Gioia (1993), Zahn (2006b) sowie Weick (1995) und (2001).

476 Vgl. Hülsmann/Wycisk (2006), S. 327 und Fearns (2004), S. 43.

477 Vgl. zum Thema der Kompetenzfallen bzw. Competence-traps z.B. Lei/Hitt/Bettis (1996), S. 565, Zahn/Tilebein (2000), S. 128, Zahn/Foschiani/Tilebein (2000a), S. 55, Schreyögg/Kliesch (2005), S. 17 sowie Probst/Deussen/Eppler/Raub (2000), S. 73f.

zen, der mehr und diversifiziertere Informationsrückflüsse aus marktseitigen Interaktionen des Unternehmens ermöglicht.[478] Ein Kompetenztransfer stellt demnach eine Möglichkeit dar, Kompetenzen des Unternehmens im positiven Sinne auszubeuten, ihr Einsatzgebiet zu erweitern, ihr gesamthaftes Potenzial zu entfalten, es nutzbar zu machen und damit den Wert einer Kompetenz für das Unternehmen zu erhöhen. Intraorganisationaler Kompetenztransfer kann damit als eine Art von Kompetenz-Exploiting verstanden werden.

Kompetenzhebelung

Eine Kompetenzhebelung kann im weitesten Sinne auch als Kompetenztransfer verstanden werden. Sie ist ebenfalls intraorganisational, hat aber sowohl andere Vorteile als auch andere Einsatzgebiete als ein klassischer Kompetenztransfer. Unter einer Hebelung wird im Allgemeinen eine intensivere bzw. höherwertige Nutzung eines Objektes verstanden, was sich sowohl auf Ressourcen, als auch auf Kompetenzen beziehen kann.[479] Die Kompetenzhebelung ist deshalb im Gegensatz zum Kompetenztransfer eher einem Kompetenz-Exploring zuzuordnen, weshalb sie auch als explorativer Transfer bezeichnet werden kann.[480] Hierbei wird nicht an einer identifizierten Kompetenzlücke des Unternehmens angesetzt, sondern vielmehr an vorhandenen Kompetenzen, über die sich das Unternehmen in den aktuellen Wettbewerbsarenen differenziert. Diese Kompetenzen werden darauf hin überprüft, in welchen anderen, vom eigenen Unternehmen bereits bedienten oder entstehenden, neuen Märkten sie zusätzlich gewinnbringend eingesetzt werden können.[481] Eine Kompetenzhebelung zielt darauf ab, den vom Kunden wahrgenommenen Wert eines Produktes oder einer Dienstleistung zu erhöhen, indem die Kompetenz explorativ eingesetzt wird.[482] Es handelt sich hierbei demnach nicht um eine qualitative Adaption der

[478] Vgl. Sanchez/Heene (1996), S. 45.
[479] Vgl. Sanchez/Heene (1996), S. 55 oder Lienhardt (2008), S. 286.
[480] Vgl. u.a. für eine ausführliche Diskussion des Begriffspaares der Exploitation und der Exploration z.B. Burr/Moog (2010), Benner/Tushman (2003), Fisch/Kertels (2010), Gupta/Smith/Shalley (2006), He/Wong (2004), Kaiser/Rössing (2010), Lavie/Rosenkopf (2006), Lee/Lee/Lee (2003), March (1991), Siggelkow/Rivkin (2006) und Wollersheim (2010) sowie Gliederungspunkt 4.1 dieser Arbeit.
[481] Vgl. hierzu z.B. Danneels (2003) und (2007).
[482] Vgl. Hamel/Prahalad (1993), S. 78ff. und Rühli (1995), S. 98.

Kompetenz an sich, sondern um eine Steigerung des vom Kunden wahrgenommenen Wertes der Kompetenz, der sich letztlich in den marktseitig veräußerten Produkten oder Dienstleistungen niederschlägt. SANCHEZ, HEENE UND THOMAS spezifizieren in diesem Zusammenhang:

> *„Competence leveraging is the applying of a firm's existing competence to current or new market opportunities in ways that do not require qualitative changes in the firm's assets or capabilities."*[483]

Zum Beispiel hat sich Honda in den 1980er Jahren durch die Kompetenz der Entwicklung und Produktion von kleinen, aber dennoch hochleistungsstarken Aggregaten in der Motorradbranche ausgezeichnet. Da die Konkurrenz im Motorradsektor rapide zunahm und erdrückend wurde, verlor Honda über die Einbußen an Profitabilität und Marktanteilen zunehmend an Wettbewerbsfähigkeit. Das Unternehmen konnte seine Kompetenzen jedoch trotzdem gewinnbringend nutzen, indem es seine Fähigkeiten in der Entwicklung und Produktion von kleinen Motoren mit hohen Drehzahlen dazu einsetzte, innerhalb von zwei Jahren die Marktführerschaft in den Bereichen von Schneemobilen und Rasenmähern zu erobern. Die Kompetenzen konnten noch auf weitere Märkte wie zum Beispiel den Markt für tragbare Generatoren oder den Automobilsektor gehebelt und gewinnbringend eingesetzt werden.[484] Diese Exploration bestehender Kompetenzen trug zu einer nachhaltigen Wettbewerbsfähigkeit des Unternehmens bei, da mit ihrer Hilfe das Geschäftsmodell zum Teil neu erfunden werden konnte.

Eine erfolgreiche explorative Nutzung von Kompetenzen wie in diesem Fall ist sicherlich auch für andere Unternehmen eine bedenkenswerte Option. Fehler, wie ein „sich Verlassen" auf tradierte Erfolgsrezepte, Gefahren einer Verkrustung alter Routinen oder ein Hineingeraten in Kompetenzfallen können dadurch eher vermieden werden.[485]

---

483 Sanchez/Heene/Thomas (1996), S. 8.

484 Vgl. Barney (2002), S. 415, Barney (1995), S. 50ff. sowie Prahalad/Hamel (1991), S. 73, Prahalad/Hamel (1990), S. 85f., Helfat (2000), S. 956f. und Friedrich (1995), S. 87.

485 Vgl. Zahn/Foschiani/Tilebein (2000a), S. 55 und Zahn/Tilebein (2000), S. 128.

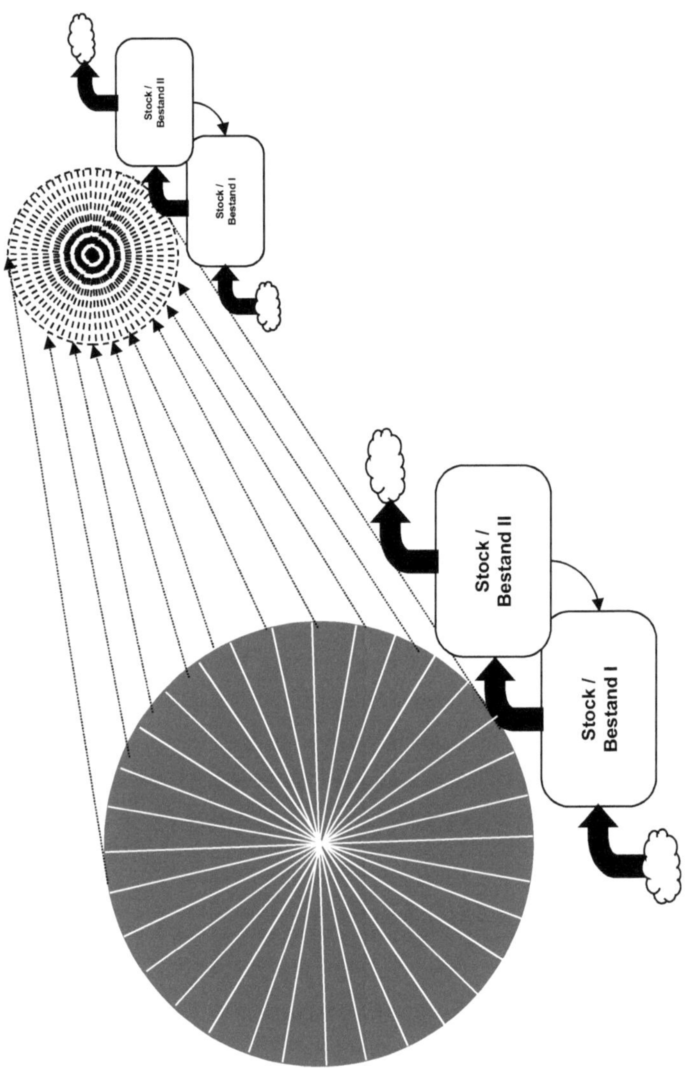

Abbildung 13: Interne Kompetenzhebelung[486]

486 Eigene Darstellung.

Abbildung 13 zeigt die Hebelung von Kompetenzen, wobei mit jeder Hebelung mehr oder weniger umfassende Anpassungen notwendig werden. Die notwendigen Rahmenbedingungen für eine erfolgversprechende Kompetenzhebelung sind vergleichbar mit den Voraussetzungen für einen erfolgreichen Kompetenztransfer.[487]

Nach BOUNCKEN sind für eine Schaffung oder Aufrechterhaltung hebelungsaffiner Rahmenbedingungen nicht zuletzt Metakompetenzen verantwortlich. Metakompetenzen manifestieren sich in kognitiven Prozessen und sind dafür verantwortlich, was sich Manager und Mitarbeiter vorstellen können; sie konstruieren aber auch an den Vorstellungswelten über die Lern- und Erfahrungsprozesse der Beteiligten. Metakompetenzen sind sozusagen die Architekten der mentalen Modelle. Aus ihnen entstehen mehr oder weniger unterbewusst die Handlungsschemata, nach denen die Führungskräfte und die Mitarbeiter eines Unternehmens verfahren.[488]

Die Kompetenzhebelung hat einen explorativen Charakter sofern sie der Kreation und Entwicklung neuer Geschäftsfelder und neuer Geschäftskonzepte dient. Sie fokussiert dann nicht (nur) die Optimierung der Kompetenzausstattung für bestehende, sondern auch für neue Anwendungsfelder.[489]

Es kann davon ausgegangen werden, dass die strategische Reichweite der wiederholten Anwendung verteidigbarer Kompetenzen über deren inkrementelle Weiterentwicklung, den Kompetenztransfer und die Kompetenzhebelung bis hin zur kreativen Weiterentwicklung zunimmt. Damit steigt tendenziell auch das aus diesen Optionen resultierende Innovationspotenzial für eine nachhaltig erfolgreiche Leistungserstellung. Gleichzeitig nehmen die Herausforderungen und die Risiken von der wiederholten Anwendung über die inkrementelle Verbesserung, den Transfer und die Hebelung bis zur kreativen Erneuerung von Kompetenzen zu. Die Anstrengungen zu solchen Kompetenzentwicklungen finden ihre Rechtfertigung in der Ergreifung neuer

---

487 Vgl. zu den einzelnen Bedingungen z.B. Thiele (1997), S. 81, Sanchez/Heene (1996), S. 45, Thomas/Clark/Gioia (1993), S. 240, Deutsch/Diedrichs/Raster/Westphal (1997b), S. 42ff., Collis/Montgomery (1995), S. 120, Hänggi (1998), S. 180f., Whiddett/Hollyforde (1999), S. 16f., Bühner (2004), S. 14 oder Heyse/Erpenbeck (1997), S. 10 sowie Dürrschmidt/Mahn (1996), S. 131, S. 456, Zahn (1996), S. 893 und Hamel/Prahalad (1994), S. 234.

488 Vgl. Bouncken (2003), S. 121.

489 Vgl. March (1991), S. 71.

Geschäftschancen für eine nachhaltig erfolgreiche Unternehmensentwicklung. Bevor solche Chancen ergriffen werden können, müssen diese allerdings zuerst wahrgenommen werden.

> *„In order to identify opportunities, the enterprise must constantly engange in scanning, searching, and exploration across technologies and markets."*[490]

Das Wahrnehmen und Erkennen einer Geschäftschance ist ein komplexer Prozess des Abtastens, Absuchens und Erkundens von Technologiefeldern und Märkten sowie der Interaktion mit Kunden, Lieferanten und Wettbewerbern. Den dabei gewonnenen Einsichten muss ein strategischer Sinn, eine Bedeutung für konkretes zukunftsbezogenes Handeln gegeben werden, was unternehmerische Orientierung bedingt. Um eine wahrgenommene Geschäftschance zu ergreifen, muss die Kompetenzausstattung schließlich entsprechend angepasst oder kreativ erneuert werden. Bei diesem *sensing* und *seizing* von Geschäftschancen sowie dem Anpassen und Erneuern der organisationalen Kompetenzbasis handelt es sich um die Kernprozesse im Konzept der DC.[491]

Kompetenzbezug

Neben den vorgestellten internen Optionen zur Schließung einer Lücke in der Kompetenzausstattung besteht die Möglichkeit einer externen Schließung von identifizierten Kompetenzlücken. Dies ist zu prüfen, wenn die Optionen zur internen Lückenschließung entweder keinen Erfolg versprechen oder bereits gescheitert sind. Die Lückenschließung in der Kompetenzausstattung über einen externen Bezug von Kompetenzen kann auch im Rahmen eines strategischen oder transformationalen Outsourcing gelingen.[492]

Beim klassischen Outsourcing wird eine bis dato unternehmensintern erbrachte Leistung ausgelagert, fortan außerhalb der Unternehmensgrenzen erbracht und damit

---

[490] Teece (2009). S. 207.
[491] Vgl. für eine umfassende Diskussion Teece (2007), Teece (2009) und Teece (2014).
[492] Vgl. Linder (2004). S. 52ff. und Ströder (2014), S. 19ff.

extern bezogen. Für eine erfolgreiche Umsetzung sind einige zentrale Eigenschaften und Rahmenbedingungen erforderlich.[493] Bei einem externen Bezug von Kompetenzen handelt es sich nicht um ein solches Outsourcing, obwohl hier ein ähnliches Ziel verfolgt wird. Transformational Outsourcing kann in bestimmten Fällen dazu dienen, alte Stärken zurück zu gewinnen oder neue Stärken zu erlangen.[494] Kompetenzen als zentrale Bestandteile von Transformationsprozessen in der Leistungserstellung, die zur Differenzierung im Wettbewerb unmittelbar verantwortlich sind, sollten jedoch per se nicht oder nur in Sonderfällen (und dann lediglich temporär) extern bezogen werden. Die Gefahr, die Wettbewerbsfähigkeit des Unternehmens zu schwächen und seine Beweglichkeit zu behindern, wäre zu groß.[495]

Umgekehrt könnte angeführt werden, dass ein Insourcing von Kompetenzen generell zu einer wettbewerbsrelevanten Verbesserung der Kompetenzbasis beitragen kann.[496] Es darf jedoch bezweifelt werden, dass sich Kompetenzen im Rahmen eines klassischen Insourcing problemlos extern identifizieren und internalisieren lassen.[497]

Erfolgversprechend für einen externen Kompetenzbezug scheinen aber interorganisationale Kooperationen zu sein. Seit einigen Jahren lässt sich in der Praxis eine steigende Anzahl von Strategischen Partnerschaften in Form von Joint Ventures und Strategischen Allianzen[498] beobachten.[499] Mit einer Kollaboration[500] über komple-

---

493 Vgl. grundsätzlich zum Thema des Outsourcing z.B. Quinn/Hilmer (1994), S. 45ff., Reichmann (2007), S. 67, Han/Lee/Seo (2008), S. 32ff., Heikkilä/Cordon (2007), S. 185f. sowie Zahn/Ströder/Unsöld (2007a), S. 9f. und 27f. sowie (2007b), S. 29ff. und 73ff. sowie Zahn/Unsöld/Krauer (2007), S. 12ff. und Horváth/Seiter et al. (2007), S. 115ff.

494 Vgl. Ströder (2014), S. 37ff.

495 Vgl. Zahn/Ströder/Unsöld (2007b), S. 36.

496 Vgl. grundsätzlich zur Thematik des Insourcing Schniederjans/Zuckweiler (2004) und Chapman/Andrade (1998).

497 Sicherlich ist es vorstellbar, dass ein beliebiges *Unternehmen 1* am Markt operiert, welches einen oder mehrere Prozesse in einer so exzellenten Form beherrscht, dass es sich für das problembehaftete *Unternehmen 2* lohnen würde, diese zu internalisieren. Dass diese beiden Unternehmen sich jedoch nicht in einem direkten Wettbewerbsverhältnis befinden und/oder diese Prozesse für *Unternehmen 1* so wenig zentral sind, dass sie in die engere Wahl für die Definition von Outsourcing-Kandidaten einbezogen werden, ist kaum vorstellbar. In Ausnahmefällen kann diese Konstellation in der Praxis auftreten, sie ist aufgrund ihrer Spezifität jedoch nicht Bestandteil unserer Diskussion.

498 Vgl. Zahn (2001a), S. 11 und Zahn (2011), S. 9f.

499 Vgl. für einen Überblick über das Thema der interorganisationalen Partnerschaften sowie deren verschiedene Ausprägungsformen z.B. Reiß (2012), (2011a), (2011b) und (2000), Zahn (2001a), Zahn/Hülsmann (2007a), Zahn/Foschiani (2002) und Zahn/Kapmeier/Tilebein (2006), Roß (2004)

mentäre Kompetenzen[501] erlauben diese u.U. eine signifikante Reduktion der Anpassungszeit bei nicht vorhersehbaren Veränderungen im dynamischen Wettbewerb.

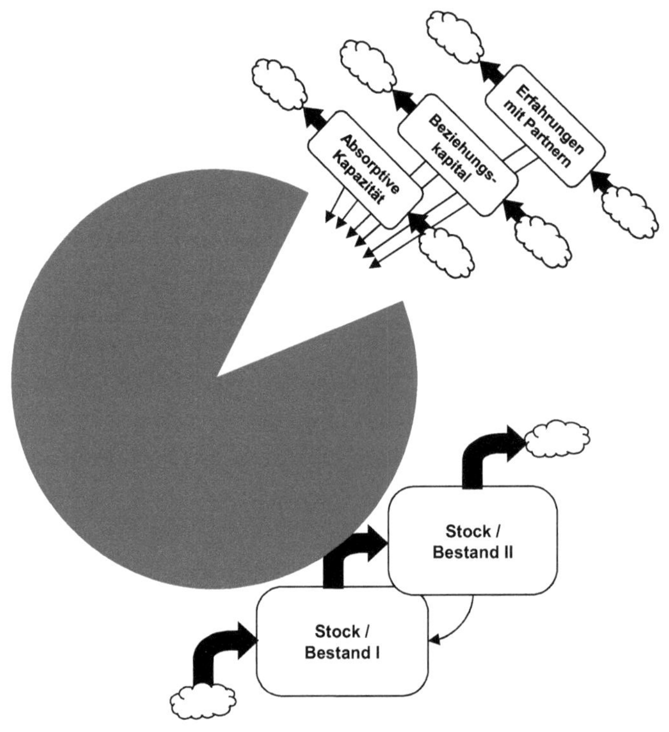

Abbildung 14: Externer Kompetenzbezug[502]

und (2006), Duschek (2002), Ibarra/Hunter (2007), Richter (1999) sowie Bouncken (2007) und Mellewigt (2003).

500 Erkenntnisse aus einzelnen Theorien der Institutionenökonomik geben wertvolle Hinweise worauf bei interorganisationalen Kollaborationen zu achten ist, damit keine beteiligte Partei ausgenutzt wird und im schlimmsten Fall sogar untergeht. Beispielsweise beschäftigen sich die Theorien mit Auswirkungen asymmetrischer Informationsverteilung oder opportunistischen Verhaltens. Über solche oder ähnliche Handlungen versuchen einzelne Spieler am Markt, sich einen Vorteil zu verschaffen. Diese Vorteile sind zwar meist nicht von Dauer und wenn doch, dann sind sie jedenfalls nicht reproduzierbar. Trotzdem erscheint die Aussicht auf diese Vorteile so lukrativ zu sein, dass einzelne Spieler ihnen nachjagen, sodass die Erkenntnisse aus den institutionenökonomischen Theorien beim externen Kompetenzbezug mit Partnern nicht unberücksichtigt bleiben dürfen. Vgl. hierzu z.B. Burr (2002), S. 18ff. oder Erlei/Leschke/Sauerland (1999). Die Arbeiten von Coase (1937) oder etwas später Williamson (1975) und (1985) können als Standardwerke zur Institutionenökonomik bezeichnet werden und halten ausführliche Diskussionen bereit.

501 Vgl. Zahn (2001a), S. 11.

Ein externer Kompetenzbezug im Rahmen einer Kollaboration mit einem oder mehreren Unternehmen ist von bestimmten Erfolgsfaktoren abhängig.[503] Partnerschaftliche Lern oder Entwicklungsbeziehungen sollten zum einen über klare Regeln definiert sein, um ungewünschte Effekte, wie z.B. opportunistisches Verhalten des Partners, auszuschließen. Zum anderen sollte auf ein zu starres Regelwerk mit einem zu hohen Grad an Regulierung verzichtet werden. Der Wissens- und Kompetenzaustausch zwischen Partnern ist wie ein zartes Pflänzchen, das gewisse Freiheitsgrade zum Reifen benötigt, aber durch ein zu starres Regelwerk eher zum Verdorren neigt. Gemeinschaftliche Kompetenzentwicklung und wechselseitige Kompetenzintegration können nur gelingen, wenn die Kooperationspartner über Netzwerkkompetenz verfügen.[504] Abbildung 14 zeigt drei zentrale Aspekte *Absorptive Kapazität*, *Beziehungskapital* und *Erfahrung mit Partnern*, die unter dem Oberbegriff der Netzwerkkompetenz zusammengefasst werden können.

Cohen und Levinthal definieren absorptive Kapazität als die Fähigkeit, den Wertbeitrag von externem Wissen zu verstehen, dieses zu assimilieren und so anzuwenden, dass es einen wirtschaftlichen Nutzen für das eigene Unternehmen stiftet.[505] Das Vorhandensein dieser Fähigkeit ist mithin eine notwendige Bedingung für einen erfolgreichen externen Bezug von Kompetenzen. Verfügt ein Partnerunternehmen nicht über ein hinreichendes Maß an absorptiver Kapazität, kann es am Potenzial einer Kompetenz-Allianz auch nicht partizipieren. Die absorptive Kapazität[506] eines Unternehmens entwickelt sich kumulativ. Das bedeutet, dass sie über in Partnerschaften gemachte Erfahrungen quasi erlernt werden kann. Des Weiteren ist sie pfadabhängig und baut auf vorhandenem Wissen und vorhandenen Fähigkeiten der in den Kompetenzbezug involvierten Mitarbeiter auf.[507] Die Erfolgsaussichten einer Lern-/ Kompetenzpartnerschaft korrelieren positiv mit dem Grad eines gemeinsamen Verständnis-

---

[502] Eigene Darstellung.

[503] Für einen erfolgreichen externen Kompetenzbezug müssen sich beide Seiten an klar definierte Regeln halten und sich auf Augenhöhe begegnen. Im weiteren Verlauf der Diskussion wird allerdings lediglich die Seite des beziehenden Unternehmens fokussiert.

[504] Vgl. Zahn (2011), S. 18ff.

[505] Vgl. Cohen/Levinthal (1990), S. 128.

[506] Vgl. zur absortiven Kapazität neben Cohen/Levinthal (1990) auch z.B. Jansen/Van den Bosch/Volberda (2005), S. 1000f., Lane/Lubatkin (1998), S. 461ff. und Van den Bosch/Volberda/De Boer (1999), S. 552f.

[507] Vgl. Zahn (2001a), S. 17.

ses der Partnerunternehmen. Je näher sich die Unternehmen u.a. in puncto Geschäftsverständnis, Wissensbasis, Produkt- oder Serviceorientierung, Zielvorstellung und zu adressierende Herausforderungen sind, desto größer ist die Aussicht auf einen erfolgreichen externen Kompetenzbezug.[508] Hierbei muss jedoch im Vorfeld abgeklärt werden, wie nah sich die Partnerunternehmen tatsächlich sind, um nicht das eigene Wissen bzw. die eigenen Kompetenzen an den engsten Wettbewerber zu verlieren und damit in eine Kompetenzfalle zu geraten.[509]

Eng verknüpft mit der absorptiven Kapazität eines Unternehmens ist dessen Beziehungs- oder Sozialkapital.[510] In erster Linie werden in diesem Zusammenhang die zwei Begriffe der *Reputation* und des *Vertrauens* genannt. Sie sind die beiden Determinanten, die das Beziehungskapital eines Unternehmens bedingen. Je größer das wechselseitige Vertrauen einer Strategischen Allianz ist, desto größer sind die Erfolgsaussichten gemeinsamer Projekte.[511] Das Vertrauen ist die kurzfristigere der beiden Erfolgsdeterminanten, da es direkt und unmittelbar in der Kooperation wirkt. Die Reputation eines Unternehmens kann dagegen auch zukünftige Partnerschaften bedingen. Je größer das gegenseitige Vertrauen einer interorganisationalen Beziehung ist, desto vorbehaltloser kann kommuniziert werden, desto intensiver ist der Informationsaustausch und desto offener kann mit Missverständnissen oder Problemen umgegangen werden. Vertrauensvolle Partnerschaften in der Gegenwart führen zu einer positiven Reputation in der Zukunft, die wiederum Partnerschaften in jeder Phase eines Kooperationsprojektes beflügeln kann. Zum einen erleichtert ein guter Leumund ein Finden von erfolgversprechenden Partnern in der Anbahnungsphase einer Kooperation und zum anderen signalisiert er eine geringere Gefahr für opportunistisches Verhalten.[512]

Über die Reputation, die auch als wertvolle, intangible Ressource verstanden werden kann und die sich über die Zeit anhand der Erfahrungen mit Partnern herausbildet,

---

508 Vgl. Lane/Lubatkin (1998), S. 462f.
509 Vgl. Hamel (1991), S. 87f.
510 Vgl. hierzu z.B. Ireland/Hitt/Vaidyanath (2002), S. 429, Kale/Singh/Perlmutter (2000), S. 218 oder Arino/De la Torre/Ring (2001), S. 113.
511 Vgl. Dhanaraj/Lyles/Steensma/Tihanyi (2004), S. 430 und Zahn (2001a), S. 21.
512 Vgl. Saxton (1997), S. 445 und Oviatt/McDougall (1994), S. 55.

wird deutlich, dass auch die dritte Determinante des externen Kompetenzbezugs eng mit den anderen beiden verknüpft ist. KALE UND SINGH stellen die Erfahrung mit Partnern als einen zentralen Punkt heraus, der die Fähigkeit eines Unternehmens zu einer erfolgreichen Kooperation bedingt.[513] Je mehr Erfahrung ein Unternehmen in Allianzen sammelt, desto größer ist sein Erfahrungsschatz, der sich über Rückkopplungsschleifen und ein „learning by doing" vergrößert. Je größer dieser Erfahrungsschatz ist, desto besser können Situationen in Partnerschaften eingeschätzt und die entsprechend richtigen Entscheidungen getroffen werden.[514]

Externer Kompetenzbezug kann eine schlagkräftige Antwort auf die Frage nach der Art und Weise der Schließung von Kompetenzlücken sein. Es unterscheidet sich jedoch ganz grundsätzlich in einem Aspekt von den drei zuerst skizzierten internen Optionen. Das Kompetenzen akquirierende und integrierende Unternehmen ist auf die Kooperation mindestens eines Partnerunternehmens angewiesen. Eine detaillierte Analyse der Chancen und Risiken einer kooperativen Lückenschließung würde den Rahmen der vorliegenden Arbeit sprengen und bedürfte sowohl einer stark erweiterten Betrachtungsbreite als auch einer im Folgenden nicht möglichen Betrachtungstiefe.[515]

Mit der Diskussion unterschiedlicher Möglichkeiten zur Lückenschließung in der Kompetenzausstattung eines Unternehmens konnte gezeigt werden, dass spezifische Herausforderungen für die Zukunftsfähigkeit eines Unternehmens auch spezifische Antworten erfordern. Der Vorschlag einer kompetenzbasierten Unternehmenstheorie verspricht Erkenntnisfortschritte mit wertvollen Implikationen für die Praxis der strategischen Unternehmensführung. Einzelne Konzepte, die im Rahmen der Kom-

---

513 Vgl. Kale/Singh (2009), S. 51.

514 Vgl. Kale/Singh (2007), S. 985ff.

515 Vgl. für Diskussionen von Chancen und Risiken sowie Herausforderungen in Unternehmenskooperationen und/oder Netzwerken z.B. Reiß (2012), (2011a) und (2000), Reiß/Beck (1995), Duschek (2002), Fischer/Himme/Albers (2007), Möller (2006a), Müller (2006), Sydow/Duschek/Möllering/Rometsch (2003), Wessel/Gersch/Goeke (2010), Zahn (2001a), Zahn/Foschiani (2002), Zahn/Hülsmann (2007a), Zahn/Kapmeier/Tilebein (2006), Bouncken (2007), Mellewigt (2003) sowie die Abhandlungen in den Werken von Bellmann (2001), Gleich (2004) und Wojda/Barth (2006). In Abgrenzung hierzu und vor dem Hintergrund der nicht tiefergehenden Analyse in der vorliegenden Arbeit blieben im Rahmen der theoretischen Grundlagen auch Ansätze wie der Resource-Dependence-Ansatz sowie die Diskussion der Unterschiede zwischen z.B. Kooperationen, Netzwerken, Allianzen und Joint Ventures unberücksichtigt.

petenzforschung der letzten Jahre entwickelt wurden, mögen noch nicht halten was mit ihnen versprochen wird. Insgesamt liefert der kompetenztheoretische Werkzeugkasten jedoch bereits heute vielversprechende Ansatzpunkte, deren Beachtung im strategischen Management sich für eine Stärkung der Zukunftsfähigkeit von Unternehmen auszahlen sollte.

Im folgenden Kapitel wird diskutiert, welchen aktuellen Herausforderungen der Unternehmenspraxis unter welchen Bedingungen und mit welchen (kombinierten) Ansätzen zielorientiert und aussichtsreich begegnet werden kann. In erster Linie wird hierbei auf die Chancen einer Anwendung des Zwillingskonzeptes der Exploitation und Exploration eingegangen. Dabei werden zentrale Erkenntnisse aus 20 Jahren Kompetenzforschung berücksichtigt, auf ihren Ergebnisbeitrag hin überprüft und entsprechend eingearbeitet.

4. Kompetenzkontingentierung als Rüstzeug für die Zukunft

Mit der bisherigen Argumentation konnte herausgearbeitet werden, dass Herausforderungen aus dynamischen Unternehmensumwelten, die eine erneuerungsbezogene Antwort implizieren, mit einer Kompetenzorientierung im Rahmen der strategischen Unternehmensführung auf Basis ressourcentheoretischer Erkenntnisse erfolgversprechend begegnet werden kann. Weiterhin konnte gezeigt werden, dass ein Abgleich der unternehmensinternen Kompetenzausstattung sowie deren Anwendung im ständigen Abgleich mit externen Rahmenbedingungen und vice versa stattzufinden hat.[516] Es wird davon ausgegangen, dass eine permanente Beleuchtung des Spannungsfeldes zwischen der unternehmensseitigen Kompetenzausstattung und den marktseitigen Herausforderungen, aber eben auch den sich damit ergebenden Chancen, für eine nachhaltige Wettbewerbsfähigkeit unerlässlich ist. Dieser Abgleich führt zu der oben diskutierten Lückenidentifikation und einem damit einhergehenden Aufzeigen eines potenziell bestehenden Misfits zwischen Markt und Organisation.[517] Diese Beobachtungen und Erkenntnisse machten es erforderlich, das dominante Verständnis der unternehmerischen Leistungserstellung zu überprüfen und an unterschiedlichen Stellen zu adaptieren bzw. zu erweitern. Als Konsequenz des Zusammenspiels der vorliegenden Erkenntnisse werden im Folgenden mögliche Implikationen für eine zukunftsfähige Unternehmensführung geprüft und Handlungsempfehlungen zur Aufrechterhaltung einer unternehmerischen Leistungsfähigkeit aufgezeigt.

Es kann davon ausgegangen werden, dass effektives unternehmerisches Handeln im Entdeckungs- und Kreationszusammenhang, also beim Aufspüren bereits vorhandener und beim Erschaffen neuer Chancen, unterschiedlich ist.[518] Bei der Chancensuche besteht die Aufgabe der Unternehmensführung im (Wieder-)Herstellen von Gleichgewichten wohingegen im Rahmen der Chancengenerierung die Zerstörung

---

[516] Vgl. z.B. Rasche/Wolfrum (1994), S. 513.
[517] Vgl. zum Begriff des Misfits sowie seinen Auswirkungen Freiling (2001), S. 216ff.
[518] Vgl. Teece (2007), S. 1323.

von Gleichgewichten im Zentrum des Interesses steht.[519] Es konnte herausgestellt werden, dass die wissenschaftliche Forschung aktuell auf der Suche nach einer allgemeinen kompetenzorientierten Theorie der Unternehmung ist. Bei diesem kardinalen Anliegen der Strategieforschung[520] kann die Analyse von Unterschieden zweier vermeintlich gleicher oder zumindest ähnlicher Zusammenhänge bzw. Sachverhalte sehr hilfreich sein. Sie kann helfen, Antworten auf Fragen nach der Ursächlichkeit unterschiedlichen Erfolgs zweier Unternehmen zu liefern oder auch Fragen nach dem *Wie* und *Warum* sich Unternehmen entwickeln, erneuern oder exzellent werden zu beantworten. Die Einsicht, dass eine erfolgversprechende Strategie in dynamisch-turbulenten Umfeldern innovativ, flexibel, ausbalanciert und vor allem selbst dynamisch sein muss, ist unbestritten. Sie hat u.a. auch dazu beigetragen, dass sich die strategische Innen- und Außenorientierung mittlerweile gegenseitig befruchten und Erkenntnisse der einen Seite auch auf der jeweils anderen Seite Antworten geben können. Sie hat bewirkt, dass die beiden Orientierungen nicht mehr nur parallel und isoliert voneinander evolvieren. Die Frage nach Ursachen von Wettbewerbsvorteilen bzw. nach Quellen für überdurchschnittliche ökonomische Renten kann in dynamischen Umfeldern nicht mehr unabhängig von der Frage nach Managementprozessen gestellt werden, die unternehmensexterne Faktoren berücksichtigen und damit elementar für strategischen Wandel oder eine strategische Erneuerung sind.[521] Antworten auf Fragen nach einer überdurchschnittlichen Leistungserstellung oder einer herausragenden Leistungsfähigkeit eines Unternehmens können nur gefunden werden, wenn die Unternehmensanalyse im permanenten Abgleich mit den Umweltgegebenheiten durchgeführt wird.

Strategie ist zwar ein adaptiver, aber auch zielbewusster Prozess, in dem strategische Entscheidungen auf Basis von kontinuierlichen (Informations-)Rückkopplungen getroffen werden, die aus dem Abgleich von Strategieformulierung und den Ergebnissen der Strategieimplementierung entstehen. Diese Erkenntnis leitet moderne

---

519 Vgl. hierzu z.B. Gupta/Smith/Shalley (2006).

520 Der wirtschaftswissenschaftlichen Forschung im Generellen und der Strategieforschung im Speziellen kann die Entwicklung einer allgemeingültigen Theorie der Unternehmung im jeweils beleuchteten Kontext als kardinales Anliegen unterstellt werden. Vgl hierzu vor dem Hintergrund der kompetenzbasierten Forschung z.B. Freiling/Gersch/Goeke (2005), (2006a) und (2008b).

521 Vgl. z.B. Teece (2007), S. 1344ff.

Forschungskonzeptionen, die ihren Ursprung nicht nur in den klassischen Strategiedisziplinen haben, sondern auch auf Erkenntnisse der System- und Evolutionstheorie rekurrieren. Diese Konzoptionen und auch ihre Ergebnisse liefern jedoch leider auch keine eindeutigen Erfolgsrezepte für ein Management des strategischen Wandels. Sie erklären nicht, wie sich Strategieinhalte koevolutiv zu strategischen Prozessen verhalten oder welche Implikationen hieraus für ein erfolgreiches strategisches Management abgeleitet werden können. Sie fokussieren allzu stark auf restringierende Umweltfaktoren und zu wenig auf endogene Aspekte wie Interaktions-, Kognitions- und Managementprozesse.[522]

Eine dynamische Sicht, wie sie die Kompetenzperspektive und vor allem die Konzepte der DC und der DMC einnehmen, eröffnet der Strategieforschung neue Möglichkeiten. Sie schafft ein neues Verständnis bezüglich der Evolution sowie der Applikation von Strategien und ihren Performancewirkungen. Darüber hinaus ermöglicht sie eine explizite Berücksichtigung von Prozessen des Managements, des Lernens sowie des intra- und interorganisationalen Interagierens. Im dynamischen Wettbewerb geht es um die Realisierung zu entdeckender und zu kreierender Geschäftschancen. Unternehmensseitige wie auch marktseitige Entwicklungen zeichnen sich permanent durch Unterbrechungen in ihren Gleichgewichtszuständen aus, wodurch die Halbwertzeit bewährter und traditioneller Theoriegerüste rapide abnimmt. Beispielsweise könnte die Neo-Schumpeter-Theorie mit ihrem Konzept der Schumpeter-Renten, die zeitlich begrenzte Rückflüsse aus Innovationen darstellen, für die Erklärung eines erfolgreichen strategischen Unternehmenswandels durch Innovationen geeignet sein. Demgegenüber stellen sich Theorien aus der Markt- oder Ressourcenperspektive, die Monopol- oder Recardo-Renten in langfristigen Gleichgewichten für Erklärungen heranziehen, alleine als nicht (mehr) zielführend heraus.[523]

In den folgenden Kapiteln wird dementsprechend herausgearbeitet, inwieweit sich die bis dato erzielten Erkenntnisse gegenseitig befruchten und wie diese dazu beitragen können, neue Herausforderungen, die durch eine gestiegene externe Dyna-

---

522 Vgl. z.B. Freiling/Gersch/Goeke (2006b) die diesem Kritikpunkt entgegenzuwirken versuchen.

523 Vgl. für eine ausführliche Diskussion ökonomischer Renten z.B. Peteraf (1993), S. 180ff., Zahn (1998), S. 393ff. Teece (2007), S.1344ff. und Burr (2002).

mik entstehen, als Chancen zu begreifen und diese Chancen zu nutzen. Zunächst wird das Zwillingskonzept *Exploitation und Exploration* in enger Kombination mit den oben diskutierten dynamischen Erklärungsansätzen herangezogen und in einen schlüssigen Anwendungskontext gebracht. Anschließend werden auf dieser neuen Basis Potenziale für ein erfolgreiches, kompetenzorientiertes strategisches Management identifiziert, die eine Ableitung von Handlungspotenzialen für eine zukünftige Leistungsfähigkeit des Unternehmens zulassen.

4.1 Exploitation und Exploration in der Kompetenzorientierung

Das Zwillingskonzept der Exploitation und der Exploration fand erstmals Anfang der 1990er Jahre von MARCH im Kontext des organisationalen Lernens Erwähnung.[524] Darauf aufbauend wurde das Konzept von diversen Autoren in unterschiedlichen Zusammenhängen weiter entwickelt.[525] Sein Ursprung in der lerntheoretischen Perspektive, die auch den Ausgangspunkt für die Entstehung von Kompetenzen und Innovationen darstellt, darf nicht unberücksichtigt bleiben. Grundsätzlich kann Lernen nach diversen Kriterien klassifiziert werden und tritt in unterschiedlichen Erscheinungsformen auf.[526] ZAHN UND GRESCHNER weisen darauf hin, dass das Ausmaß der Veränderung, die die installierte Wissensbasis des Unternehmens durch das Lernen erfährt, von fundamentaler Bedeutung ist. Sie unterscheiden zwischen den zwei grundsätzlichen Lernarten Verbesserungslernen und Erneuerungslernen.[527] Nach ARGYRIS UND SCHÖN kann Lernen, wie oben beschrieben, entsprechend seiner Reichweite nach *Single-Loop-*, *Double-Loop-* und *Deutero-Learning* unterschieden werden[528] und in zwei unterschiedlichen Situationen entstehen:

> *„First, learning occurs when an organization achieves what is intended; that is, there is a match between action and the actuality or outcome. Second,*

---

[524] Vgl. March (1991).

[525] Vgl. zu den Weiterentwicklungen u.a. Tushman/O`Reilly (1996), Benner/Tushman (2003), Lee/Lee/Lee (2003), He/Wong (2004), Lavie/Rosenkopf (2006), Gupta/Smith/Shalley (2006), Burr/Moog (2010), Fisch/Kertels (2010), Kaiser/Rössing (2010), Kronlechner/Güttel (2010) oder Wollersheim (2010).

[526] Vgl. Greschner (1996), S. 50ff.

[527] Vgl. Zahn/Greschner (1996), S. 52f.

[528] Vgl. ausführlich Argyris/Schön (1978), S. 26 ff.

learning occurs when a mismatch between intentions and outcomes is identified and it is corrected; that is a mismatch is turned into a match."[529]

Lernen entsteht folglich grundsätzlich aus Aktionen, Handlungen und Prozessen, die einen Output ergeben, der im Rahmen eines gezielten Managements im Vorfeld als Ziel definiert und über Qualitätskriterien spezifiziert wurde. Durch eine nachgelagerte Analyse der Kriterien kann der Zielerreichungsgrad festgestellt werden, der bei einer Abweichung oberhalb der Akzeptanzschwelle eine rekursive Ursache-Wirkungs-Analyse nach sich ziehen sollte. Unerheblich ist dabei die Richtung der Abweichung: Wird das vordefinierte Ziel übertroffen, kann von einer Ressourcenverschwendung ausgegangen werden. Als Beispiel kann hier ein Hightech-Gerät angeführt werden, das die Ansprüche der Kunden weit übererfüllt. In diesem Falle wird der Kunde nicht bereit sein, für diese zusätzlichen Funktionalitäten, die er nicht braucht oder eventuell überhaupt nicht einsetzen kann, einen höheren Preis zu zahlen. Wird der vordefinierte Zielerreichungsgrad dagegen untererfüllt, kann davon ausgegangen werden, dass es einer Prozessoptimierung oder zumindest einem Mehreinsatz an Ressourcen bedarf. Im eben skizzierten Beispiel würde der Kunde eine oder mehrere für ihn wichtige Funktionalitäten an diesem Gerät vermissen, wodurch das Unternehmen Gefahr liefe, den Kunden gegebenenfalls an die Konkurrenz, die unter Umständen in ihren Produkten die gewünschten Funktionalitäten anbietet, zu verlieren.

Die Frage nach dem *wann* Lernen entsteht, kann damit als beantwortet betrachtet werden. Viel wichtiger ist an dieser Stelle jedoch die Frage *wie* Lernen generell und wie *zielorientiertes* Lernen speziell angestoßen und gefördert werden kann. Es konnte bereits herausgearbeitet werden, dass ein potenzieller (Neu-)Aufbau von Kompetenzen über ein Double-Loop-Learning erzielt werden kann, indem altbewährtes Wissen – zum Teil radikal – erneuert wird. Eine Kompetenzoptimierung wiederum ist durch ein Single-Loop-Learning realisierbar, indem inkrementelle Verbesserungen erzielt werden. LIU, LUO UND HUANG erweitern dieses Verständnis, indem sie auch von *Explorative- und Exploitative-Learning* sprechen. Sie verstehen exploitatives Lernen als ein organisationales Lernen mit der Tendenz und dem Ziel, die eigenen

---

529 Argyris (1982) S. 82

Ressourcen zu optimieren und den Kundenwert zu erhöhen. Exploratives Lernen wird von ihnen dagegen als die Tendenz eines Unternehmens verstanden, seine verfügbaren Ressourcen in die Erzielung gänzlich neuen Wissens, neuer Fähigkeiten und neuer Prozesse zu investieren, um an Flexibilität und Innovativität zu gewinnen.[530]

Exploitatives Lernen

Abbildung 15 zeigt den einfachen Rückkopplungsprozess eines Single-Loop-Learning im Kontext der Kompetenz-Exploitation.[531] Hierbei geht es jedoch nicht um eine reine Verbesserung des angewendeten Prozesses bzw. seines Outputs, die durch die Feststellung eines erwarteten oder auch unerwarteten Ergebnisses angestoßen wurde. Im Rahmen der Kompetenzdiskussion kann dieser beschriebene Vorgang zwar in Teilen mit der ausführlich besprochenen Kompetenz(-weiter-)entwicklung gleichgesetzt werden. Ihre Manipulationsfähigkeit hinsichtlich der Wissensbasis beschränkt sich jedoch sehr stark auf die Wissenskategorie des know-how sowie teilweise auf die des know-why.[532] Eine interne Kompetenz(-weiter-)entwicklung ist zwar eine adäquate Option zur Lückenschließung unter bestimmten Rahmenbedingungen. Die Lücken in der Kompetenzausstattung, die durch sie geschlossen werden können, sind jedoch im Normalfall von nicht allzu großer strategischer Reichweite. Dadurch steht sie hier nicht weiter im Fokus, da eine über sie aufgebaute Argumentationskette auch nur einen relativ geringen strategischen Erklärungsgehalt bereithalten würde. Erst wenn ein sehr hoher Verbesserungsgrad erzielt werden kann, kann auch von einem exploitativen Lernen gesprochen werden. Inkrementelle Verbesserungen in kleinsten Schritten werden hiervon abgegrenzt und fallen in die Rubrik des „einfachen" organisationalen Lernens. Dieses Lernen konnte bereits gründlich erforscht werden, und es existieren weitereichende Erkenntnisse

---

530 Vgl. Liu/Luo/Huang (2011), S. 529f.

531 Vgl. zum Single-Loop-Learning generell Argyris/Schön (1978), S. 18ff. oder auch Zahn/ Greschner (1995), S. 609 sowie Zahn/Tilebein (2000), S. 123f. und zur Exploration & Expoitation generell March (1991), Fisch/Kertels (2010), He/Wong (2004) und Lee/Lee/Lee (2003).

532 Vgl. zu den Wissenskategorien vor allem Sanchez (1997), S. 165ff., Sanchez (1996), S. 122ff. und Sanchez (2004), S. 522f.

zum Umgang, zur Förderung und zum Management dieser Lernprozesse.[533] Von einer vertiefenden Betrachtung kann daher hier abgesehen werden.

Exploitatives Lernen wird folglich als strategisch hochwertiger eingeschätzt als ein reines Verbesserungslernen und spielt im Rahmen des internen Kompetenztransfers eine bedeutende Rolle. Die strategische Möglichkeit eines Transfers von Kompetenzen zur Erhaltung der Leistungsfähigkeit über die Zeit kann mit einem exploitativen Lernen umgesetzt werden indem know-how angewendet und know-why entwickelt wird. Bei dieser Art des Lernens geht es um eine Effizienzsteigerung, die ihren Niederschlag in einem effizienteren Einsatz der vorhandenen Kompetenzen findet. In Zeiten dynamischer Unternehmensumwelten kann nicht mehr auf eine umfassende Ausbeutung[534] der unternehmerischen Ressourcen und Kompetenzen verzichtet werden. Die Kompetenzen müssen permanent auf ihre Flexibilität im Rahmen der Einsatzfähigkeit hin untersucht werden. Eine Kompetenz, die an der einen Stelle im Unternehmen einen deutlichen Mehrwert schafft, sollte auch an anderer Stelle im Unternehmen nutzenstiftend bzw. wertsteigernd eingesetzt werden können. Diese geforderte Flexibilität der Kompetenzen muss auch gefördert werden, um die Einsatzbereitschaft der Kompetenzen hoch zu halten.

Ein Ausschauhalten nach möglichen weiteren Einsatzgebieten der Kompetenzen, das sich durch ein exploitatives Lernen entwickelt und auch Komponenten eines Scannens der Umwelt und eines kreativen Entwickelns möglicher zukünftiger Anwendungsmöglichkeiten beinhaltet, bezeichnet TEECE als *sensing*.[535] Hierbei geht es um eine Art permanente Chancensuche in einem sich ständig ändernden Unterneh-

---

533 Vgl. hierzu z.B. generell die Konzepte des *Kontinuierlichen Verbesserungsprozesses* (KVP), *Business Process Reengineering* (BPR), *Kaizen* u.a. sowie kurz Bea/Haas (2001), S. 404ff., und 511 und zum spezifischen Thema der Kompetenz(-weiter-)entwicklung u.a. Krüger/Homp (1997), 109ff., Homp (2000), S. 43ff., Hamel (1994), S. 28ff., Hamel/Prahalad (1994), 231f. oder Deutsch/Diedrichs/Raster/Westphal (1997b), S. 38ff.

534 Unter *Ausbeutung* als Übersetzung von Exploitation wird an dieser Stelle nicht die umgangssprachliche Ausbeutung verstanden, welche im Sprachgebrauch negativ besetzt ist und eine Schwingung von Be- oder Ausnutzen im Sinne von Ausquetschen mit sich bringt. Vielmehr wird im Kontext der vorliegenden Arbeit unter Ausbeutung verstanden, dass das Potenzial der Kompetenz oder der Ressource vollständig genutzt wird und damit ihr Wert vollständig zur Entfaltung kommen kann.

535 Vgl. Teece (2007), S. 1319ff.

mensumfeld, in welchem nicht von einer Beständigkeit aktueller Gesetzmäßigkeiten über ein Morgen hinaus ausgegangen werden kann.

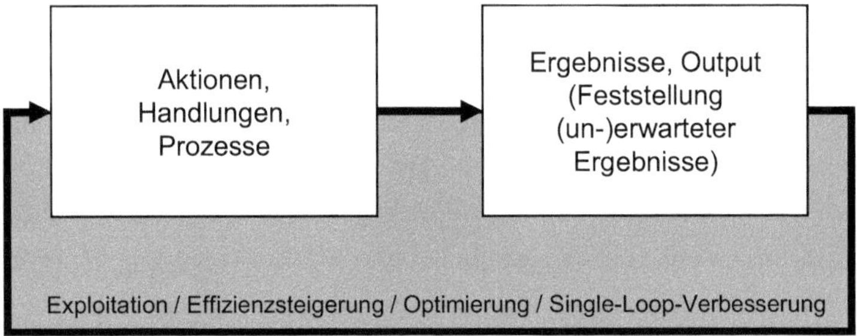

Abbildung 15: Exploitatives Lernen[536]

> *„In fast-paced, globally competitive environments, consumer needs, technological opportunities, and competitor activity are constantly in a state of flux. Opportunities open up for both newcomers and incumbents, putting the profit streams of incumbent enterprises at risk. [...] However, most emerging trajectories are hard to discern. Sensing (...) new opportunities is very much a scanning, creation, learning, and interpretive activity. Investment in research and related activities is usually a necessary complement to this activity."*[537]

DMC, die als verantwortlich für eine evolutionäre Vitalität und Fitness sowie die Möglichkeit zur flexiblen (Re-)Kombination der Kompetenzen ausgemacht werden konnten, sind demnach auch speziell in diesem Kontext von elementarer Bedeutung.[538] Sie tragen dazu bei, die absorptive Kapazität des Unternehmens, die für die Aufnahme und Interpretation von Volatilität, Disruptionen und Turbulenzen aus dem Markt verantwortlich ist, und die Bereitschaft des Unternehmens für Neuerungen zu koordinieren.[539] Es kann jedoch hierbei nicht lediglich um ein „Abwarten bis sich Neues tut" gehen. Vielmehr müssen die Chancen aktiv gesucht werden, indem gänzlich neue Gedankengänge beschritten werden, bei denen als Resultat teilweise nicht

---

536 Eigene Darstellung.
537 Teece (2007), S. 1322.
538 Vgl. z.B. Teece/Pisano/Shuen (1997), Zollo/Winter (2002) und Zott (2003).
539 Vgl. Zahra/George (2002), S. 186ff. oder auch Mowery/Oxley/Silverman (1996), Jansen/Van den Bosch/Volberda (2005) oder Lane/Lubatkin (1998).

nur eine neue Chance gefunden, sondern gar eine neue Chance geschaffen wird. TEECE spricht im Zusammenhang mit *sensing* immer auch von *shaping* der Möglichkeiten und Herausforderungen, da diese beiden Themenblöcke nie gänzlich voneinander trennbar sein werden.[540] Über eine aktive und kreative Chancensuche kann es auch passieren, dass neue Chancen selbst erschaffen und nicht nur gefunden werden.

Der in Abbildung 15 dargestellte Prozess darf demnach nicht als der klassische Lernprozess verstanden werden, der über eine Betrachtung der Ergebnisse bzw. des Outputs von Aktionen, Handlungen und Prozessen im Abgleich mit den eigenen Erwartungen Rückschlüsse zulässt und Lernerfolg mit sich bringt. Hierbei geht es vielmehr um eine strategisch höher gelagerte Ebene des Lernens, auf der der skizzierte Lernprozess vom ständigen Abgleich der unternehmensinternen Potenziale mit neuen kompetenzorientierten Einsatzmöglichkeiten und damit verbundenen Geschäftschancen gekennzeichnet ist.[541] Die Feststellung von erwarteten oder meist noch vielmehr die Feststellung von unerwarteten Ergebnissen gibt auf Basis des angesammelten know-why-Wissens Anlass und Befähigung für eine (generelle) Hinterfragung. Die Hinterfragung im Rahmen des exploitativen Lernens wird dann nicht mehr nur den betrachteten Prozess im engeren Sinne, sondern den gesamtunternehmerischen internen und externen Kontext umfassen. Erst mit dem Einsatz des betrachteten Prozesses und damit der Kompetenz an einer weiteren Stelle im Unternehmen, findet eine echte Ausbeutung im Sinne einer Exploitation statt. Erst dann kann von einer Realisierung des Potenzials gesprochen werden und erst dann wird die Effizienz in nennenswertem Maße gesteigert.

Die Anstrengungen im Rahmen eines exploitativen Lernens laufen trotz grundsätzlichen Hinterfragens des Einsatzgebietes der Kompetenzbündel auf sogenannten Lernpfaden ab, wobei die zugrundeliegenden Routinen, Strukturen und Annahmen

---

540 Vgl. Teece (2007), S. 1322ff.

541 Vgl. hierzu auch Sitkin/Sutcliffe/Schroeder (1994), die exploitatives Lernen als den Gebrauch von bereits vorhandenen Ressourcen und Kompetenzen an anderer Stelle verstehen.

nicht generell hinterfragt werden.[542] Aufgrund dieser Tatsache läuft das Unternehmen Gefahr, sich nur noch auf diesen Pfaden fortzubewegen und somit in eine Kompetenzfalle zu geraten.[543] Als Resultat würde die Organisation nur noch versuchen, in diesem Bereich eine erfolgreiche Effizienzsteigerung zu erzielen, ohne eine ausbalancierte Verteilung von Ressourcenanteilen auch auf andere Produkt- oder Dienstleistungsinnovationsanstrengungen zu realisieren. Die eigentliche Kompetenz des Unternehmens würde dadurch zu einer hemmenden Inkompetenz werden.[544]

Der interne Kompetenztransfer, realisiert über ein exploitatives Lernen, stellt eine strategische Möglichkeit für eine proaktive Erhaltung oder sogar Verbesserung der aktuellen und zukünftigen Leistungsfähigkeit eines Unternehmens dar. Durch ihn kann sich ein Unternehmen über die Kompetenzorientierung ohne externe Unterstützung in erfolgreichen Zeiten für die Zukunft rüsten und sich in schlechten Zeiten aus einer misslichen Lage befreien. Er ermöglicht es einem Unternehmen, gänzlich neue, vielversprechende Wege zunächst überhaupt zu bereiten und diese anschließend auch zu beschreiten.

Exploratives Lernen

Über die Möglichkeit des internen Kompetenztransfers hinaus wurde im Rahmen der Diskussion zur Schließung einer Lücke in der Kompetenzausstattung auch die Option einer internen Kompetenzhebelung reflektiert. Diese stellt eigentlich keine Option zur Schließung einer existenten Lücke im Kompetenzbündel im engeren Sinne dar, sondern ermöglicht es einem Unternehmen, bestehende und erfolgreich eingesetzte Kompetenzen in ein gänzlich neues Einsatzgebiet zu hebeln.[545] Hierfür kann allerdings keine Single-Loop-Verbesserung mehr ausreichend sein. Vielmehr ist dafür eine Double-Loop-Erneuerung erforderlich, die die bestehenden handlungsleitenden Annahmen sowie die implementierten mentalen Modelle mit den gefestigten Zielen,

542 Vgl. z.B. Lewin/Long/Carroll (1999), S. 537, Zahn/Tilebein (2000), S. 119 oder Levinthal/March (1993).
543 Vgl. z.B. Tilebein (2005), S. 164.
544 Vgl. hierzu z.B. Lei/Hitt/Bettis (1996), S. 565, Levitt/March (1988) oder Levinthal/March (1993), Zahn/Tilebein (2000), S. 128, Zahn/Foschiani/Tilebein (2000a), S. 55, Schreyögg/Kliesch (2005), S. 17 sowie Probst/Deussen/Eppler/Raub (2000), S. 73f.
545 Vgl. Danneels (2002), S. 1097.

Werten und Logiken zum Gegenstand des Lernens macht.[546] Für eine Fähigkeit in diesem Sinne bedarf es im Unternehmen einer ausgeprägten Existenz der Wissenskategorien know-why und know-what. Im Gegensatz zum exploitativen Lernen, das mit einer inkrementellen Verhaltensänderung einhergeht, kann im Kontext des explorativen Lernens von einem „Weitsprung" im Sinne radikaler Innovationen gesprochen werden.[547]

> *„... as learning takes place, a firm is able to apply the capabilities learned and resources earned in one situation to serve a different market or opportunity."*[548]

Das know-what, das Aufschlüsse über die möglichen Einsätze der Kategorien know-how und know-why bereithält, kann an dieser Stelle helfen, die richtigen Fragen an der richtigen Stelle zu platzieren.[549] In kurzen Worten kann ein exploratives Lernen auch als eine Adaption der Unternehmung an sich ändernde Umwelten über eine Steigerung der Varianz an organisationalen Aktivitäten verstanden werden.[550] Abbildung 16 zeigt diesen Prozess des explorativen Lernens unter gleichzeitiger Berücksichtigung von Single-Loop-Verbesserungen.

Eine Differenzierung der unterschiedlichen Definitionen von Effizienz und Effektivität als Hilfe zur Unterscheidung des Begriffspaares aus den ersten Semestern des wirtschaftswissenschaftlichen Studiums lautet wie folgt:

- *Effizienz* = *die Dinge richtig tun*
- *Effektivität* = *die richtigen Dinge tun*

---

546 Vgl. ganz grundsätzlich Argyris/Schön (1978), S. 18ff.
547 Vgl. Tilebein (2005), S. 164.
548 Miller (2003), S. 971.
549 Vgl. z.B. Sanchez (1997), S. 167ff. oder auch Zahn/Foschiani/Tilebein (2000a), S. 55 sowie Zahn/Foschiani/Tilebein (2000b), S. 245ff.
550 Vgl. McGrath (2001), S. 127.

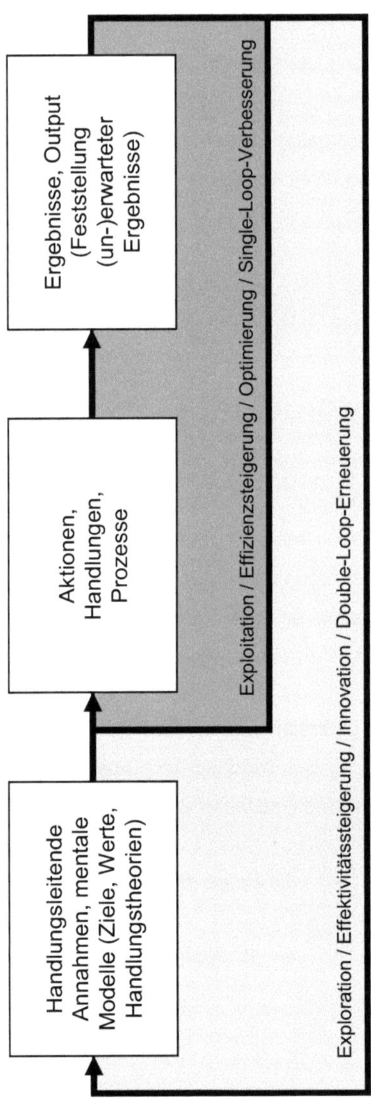

Abbildung 16: Exploratives Lernen[551]

[551] Eigene Darstellung.

Das exploitative Lernen hat demnach die Frage zu beantworten, ob die Dinge im Unternehmen richtig getan werden und, ob die Kompetenzen richtig eingesetzt werden. Das explorative Lernen hat im Gegensatz dazu die Frage zu beantworten, ob die richtigen Dinge getan werden, ob also mit den vorhandenen Kompetenzen die richtigen Ziele verfolgt und damit die richtigen Ergebnisse erzielt werden (können). Es geht hierbei um die Hinterfragung der handlungsleitenden Theorien des Unternehmens.[552] An dieser Stelle muss ein permanenter und äußerst enger Abgleich mit den Markterfordernissen stattfinden, da eine Kompetenzhebelung im Normalfall mit sehr hohem Aufwand und hohen Kosten einhergeht. Sollten die über die gehebelten Prozesse und Kompetenzen erstellten Produkte und Dienstleistungen an den Kundenbedürfnissen vorbeigehen bzw. nicht kosten- und nutzenoptimal abgesetzt werden können, müssen die verursachten Kosten und aufgewendeten Mühen im umgangssprachlichen Sinne abgeschrieben werden. Diese Gefahr des explorativen Lernens im Kontext der Kompetenzorientierung darf auf keinen Fall vernachlässigt werden.[553]

Das Unternehmensmanagement muss sich bewusst sein, dass eine Kompetenz-Exploration relativ risikoreich ist, da das Unternehmen sich hier im Modus des Experimentierens befindet und ein Controlling diesbezüglich nur äußerst schwierig bis gar nicht implementiert werden kann. Problematisch an dieser Stelle wird dann gegebenenfalls auch, dass bereits viele Ressourcen in die Explorationsanstrengung investiert wurden, ohne dass ein nennenswerter Output realisiert werden konnte. Dies darf nicht dazu führen, dass das Unternehmen analog zur Problematik der irreversiblen Commitments nur noch in diesen einen Bereich investiert, um irgendwie doch noch einen Erfolg verzeichnen zu können.[554] Beim Versuch einer explorativen Kompetenzhebelung muss sich das Unternehmen ständig bewusst sein, dass die Gefahren einer möglichen Zersplitterung der Kräfte, einer resultierenden Orientierungslosigkeit

---

552 Vgl. Argyris/Schön (1974), S. 6f. Sie unterscheiden in diesem Kontext zwischen der *Theory-in-Use* und der *Espoused Theory*, deren Unterschied sie in Inkongruenzen der handlungsleitenden Aussagen sowie der Inkongruenz zwischen dem kolportierten und dem tatsächlichen Verhalten sehen. Vgl. Argyris/Schön (1974), S. 23.

553 Vgl. zu den Gefahren einer Exploration ausführlich March (1991).

554 Vgl. zu den irreversiblen Commitments Ghemawat/Del Sol (1998).

oder eines drohenden Verlustes an organisationaler Identität über dem Projekt schweben.[555]

Das Management muss sich zwar der Gefahren der unterschiedlichen Lern- und Entwicklungsarten bewusst sein, diese dürfen jedoch kein Grund sein, nicht zu lernen. Die Gefahren des Lernens sind im Vergleich zu den Gefahren des Nicht-Lernens vernachlässigbar gering. Ohne ein Lernen ist kein Fortschritt und damit auch keine Erschaffung oder Ergreifung neuer Chancen möglich. Wie gezeigt werden konnte, gibt es ohne ein Erschaffen und Ergreifen von Chancen im Sinne von unternehmerischer Orientierung für das Unternehmen keine Zukunft, sodass ein Nicht-Lernen nicht nur keine Option, sondern eine lebensbedrohende Gefahr bedeutet.

Bereits HAMEL UND PRAHALAD fordern die Hebelung von Kompetenzen im Sinne einer Exploration und bezeichnen ein solches Vorhaben mit dem Ziel des unternehmerischen Wachstums und/oder der Erneuerung als relativ wenig risikobehaftet:

> *„… in defining (…) competencies, managers must work very hard to abstract away from the particular product configuration in which the competence is currently embedded, and imagine how the competence might be applied in new (…) areas.“*[556]

DANNEELS stellt in diesem Zusammenhang ebenfalls auf die Chancen im Rahmen von Produktinnovationen über eine Kompetenzhebelung ab. Er spezifiziert zum einen, welche Arten von Ressourcen und Kompetenzen für eine erfolgreiche Produktinnovation vonnöten sind. Zum anderen zeigt er auf, inwieweit Produktinnovationen wiederum ein Gefährt für eine Kompetenzerneuerung bzw. einen Neueinsatz gehebelter Kompetenzen sein können.[557] Dieser dynamisch-reziproke Zusammenhang lässt auf die Möglichkeit zur Ergreifung neuer Chancen über ein exploratives Lernen schließen. TEECE spricht im Zusammenhang des Ergreifens neuer Chancen von einem *seizing*,[558] das nur über eine offene Einbettung des Unternehmens in die Unter-

---

[555] Vgl. z.B. Tilebein (2005), S. 164.
[556] Hamel/Prahalad (1994), S. 227.
[557] Vgl. Danneels (2002), S. 1097.
[558] Vgl. Teece (2007), S. 1326ff.

nehmensumwelt realisiert werden kann. Die geforderte permeable Grenzmembran des Unternehmens gewinnt damit an Bedeutung. Das Unternehmen muss selbst kleinste Signale des Marktes aufnehmen, um neue Ideen für eine mögliche Exploration zu generieren. Um in dynamischen Umweltbedingungen als Unternehmen Akzente zu setzen und nicht immer einen Schritt hinter der Konkurrenz zurück zu hängen, müssen ständig neue Möglichkeiten für eine Kompetenzhebelung im Unternehmen geprüft werden.

> *"..., firms have to rely on exploratory learning to arrive at innovations that depart from existing technologies and markets."*[559]

Ein sich Verlassen auf den eigenen Markt oder die eigene Wettbewerbsarena kann in heutigen Zeiten für eine Zukunftsfähigkeit nicht mehr ausreichen. Es könnte gar dazu führen, dass ein Unternehmen die Zeit und mit ihr relevante Entwicklungen verschläft und damit von der Konkurrenz abgehängt werden würde. Im Zuge der rasanten Fortschritte und Diffusion der Informationstechnologie haben sich die Branchenstrukturen zum Teil stark verändert. Einst klar erkennbare Branchengrenzen sind durchlässig geworden, und neue, integrierte Branchen sind entstanden. Für die daraus resultierenden Herausforderungen stellt das explorative Lernen notwendige Hebel bereit, die für eine entsprechende (Re-)Konfiguration der Ressourcen- und Kompetenzausstattung erforderlich werden. Die hier skizzierten neuen Anforderungen technologischer oder wettbewerbstechnischer Natur finden beispielsweise in sich disruptiv ändernden oder in neu emergierenden Märkten ihren Niederschlag.[560] Ein Unternehmen mit explorativer Lernfähigkeit kann Signale des Wandels früher aufnehmen, besser deuten und über die entsprechende Adaption seiner Wissensbasis die richtigen Schlüsse für innovative Schritte ziehen.

---

559 Lichtenthaler (2009) S. 825.

560 Als Beispiel für einen solchen sich ständig disruptiv verändernden Markt kann die IT-Branche genannt werden – ein plötzlich emergierender Markt mit vollständig neuen, bisher unbekannten Chancen und Risiken ist beispielsweise das Internet.

Deutero-Adaption

Wie gezeigt werden konnte, besteht sowohl durch ein exploitatives als auch durch ein exploratives Lernen und über deren Einsatz im Rahmen der Kompetenzorientierung die Möglichkeit, die aktuelle und zukünftige Leistungsfähigkeit des Unternehmens zu gestalten. Problematisch an dieser Stelle ist jedoch, dass auch hier die beiden Handlungsoptionen um begrenzte Ressourcen konkurrieren.[561] Dies stellt das Management vor die Herausforderung, seine knappen Ressourcen und Kompetenzen adäquat und zielgerichtet zu kontingentieren und zur rechten Zeit den Fokus auf die richtigen Aktionen zu legen. Es muss folglich lernen, die beiden Lernarten richtig einzusetzen – das Unternehmen muss also lernen, neu zu lernen.

> *„... simply exploiting existing strategic assets will not create long-term competitive advantage. In a dynamic world, only firms who are [also] able to continually built new strategic assets faster and cheaper than their competitors, will earn superior returns over the long term."*[562]

Grundsätzlich muss auf allen Ebenen des Unternehmens ein neuer Geist einziehen, der es jedem einzelnen Mitarbeiter ermöglicht, in neuen Dimensionen zu denken.[563] Im Rahmen eines explorativen Lernens beispielsweise muss die Fähigkeit der involvierten Mitarbeiter gefördert werden, sich potenzielle Möglichkeiten überhaupt erst einmal vorstellen zu können. Ohne kreative Phantasie kann keine neue Idee geboren und logischerweise auch nicht in die Tat umgesetzt werden. Hier müssen folglich in erster Linie die mentalen Modelle der Manager, aber eben auch die der Mitarbeiter erneuert werden. In anderen Worten muss zunächst gelernt werden, exploitativ und explorativ zu denken und damit auch zu lernen, wozu die Hintergrundwissenskategorie des know-what erforderlich wird. Es muss möglich werden, existente Strukturen, Systeme und Prozesse von Grund auf in Frage zu stellen und gegebenenfalls zu verändern.[564]

---

561 Vgl. March (1991), S. 71.
562 Markides/Williamson (1994), S. 164. Die Autoren verstehen *strategic assets* im Sinne des Verständnisses von Kompetenzen in der vorliegenden Arbeit.
563 Vgl. Fichtner (2008), S. 105ff.
564 Vgl. Sanchez (1996). 124ff.

In den ausgeführten Möglichkeiten des Lernens wurde von organisationalem Lernen gesprochen. Da die kleinste Einheit im Rahmen des organisationalen Lernens jedoch das Individuum und damit der Mitarbeiter ist, kann dieser als Agent des organisationalen Lernens und damit als Agent der Veränderung der organisationalen Wissensbasis begriffen werden.[565] Durch die vielen einzelnen Einspeisungen des durch individuelles Lernen manipulierten individuellen Wissens in die unternehmerische Wissensbasis wird ein organisationales Lernen erst möglich.[566] Auf den Erfolgsbeitrag der einzelnen Mitarbeiter sei an dieser Stelle daher explizit hingewiesen.[567] Die Relevanz der individuellen Lernperformance eines Mitarbeiters ist nicht zu unterschätzen und zusätzlich von seiner (intrinsischen) Motivation zu Lernen und seiner Offenheit für Neues determiniert.

Abbildung 17 nimmt diesen Gedanken auf und visualisiert ihn im Sinne einer Meta-Lernkompetenz. Unter Meta-Lernkompetenz wird im vorliegenden Kontext *Deutero-Adaption* verstanden, wobei sich die Begrifflichkeit an das bereits von BATESON sowie ARGYRIS UND SCHÖN verwendete Deutero Learning anlehnt.[568]

In Abbildung 17 wird die Gefahr einer jeweils einseitigen Lern-Fokussierung auf entweder das exploitative oder das explorative Lernen ersichtlich.[569] Beide Lernschleifen spielen sich in sich selbst verstärkenden Rückkopplungsschleifen ab.[570] Adaptive Systeme, wie MARCH Unternehmen interpretiert, die sich lediglich auf eine Exploration verlassen, werden unter Experimentier-Kosten zu leiden haben, ohne Benefits zu erreichen. Sie entwickeln zwar häufig sehr viele, unter Umständen sogar

565 Vgl. z.B. von Krogh/Venzin (1995), 425ff. oder auch Homp (2000), S. 136.

566 Vgl. z.B. Grant (1996b), S. 112f. sowie für eine ausführliche Diskussion bzw. Abgrezung von individuellem Lernen und Wissen zu organisationalem Lernen und Wissen Levinthal/March (1993).

567 Vgl. Taylor/Greve (2006), S. 723ff., Miller/Zhao/Calantone (2006), S. 709ff. und auch Beckman (2006), S. 741ff.

568 Vgl. Bateson (1973), S. 279ff. und (1979), S. 147f., sowie Argyris/Schön (1978), S. 26f. Vgl. hierzu auch Collis (1994).

569 Vgl. hierzu ausführlich Leonard-Barton (1995), die sich intensiv mit dem Zusammenhang zwischen Kernkompetenzen und Kernrigiditäten auseinandersetzt oder Levitt/March (1988) zum Thema der Kompetenzfallen.

570 Vgl. March (1996), S. 278ff. Die Symbolik eines „R“ oder eines „B“ in einem runden Pfeil kommt aus der System Dynamics Methodik. Das „R“ steht für eine sich selbst verstärkende Rückkopplungsschleife, ein sogenannter *Reinforcing-Loop,* und das „B“ für eine zielsuchende Rückkopplungsschleife, einen sogenannten *Balancing-Loop*. Vgl. zu der System Dynamics Methodik generell Forrester (1972) und Morecroft (2007).

sehr gute, oft aber unausgereifte Ideen, ohne jedoch damit eine spezifische Kompetenz zu erreichen. Wenn doch einmal eine erfolgreiche Explorationsaktivität dabei gewesen sein sollte, dann ist dieser Erfolg gewöhnlich nicht reproduzierbar.[571] Problematisch ist auch, dass mit jeder weiteren Investition in eine Explorationsanstrengung, unabhängig von der spezifischen Art der investierten Ressource, der Erfolgsdruck auf das Projekt wächst. Hierbei läuft das Unternehmen Gefahr, dass aus dem ersten Commitment in den Start der Exploration aufgrund der bereits versunkenen Kosten oder dem aufgewendeten „Herzblut" der Mitarbeiter ein irreversibles Commitment wird und das Management (vermeintlich) nicht aus dem Projekt aussteigen kann.[572] Die sich selbstverstärkende Wirkung von Explorationsanstrengungen wurde bereits von LEVINTHAL UND MARCH erkannt, die feststellten, dass

> *„... failure leads to search and change which lead to failure which leads to even more search, and so on."*[573]

Unternehmen, die sich auf eine reine Exploitation verlassen, taumeln dagegen in sich schnell verändernden Wettbewerbslandschaften gewöhnlich zwischen einem permanenten Streben nach weiteren Verbesserungen und misslungenen Befreiungsschlägen. Diese Unternehmen laufen Gefahr, dass ihr einziger Fokus auf Effizienzsteigerungen liegt, ohne tradierte Überzeugungen, Methoden und Heuristiken in Frage zu stellen. Solche Unternehmen driften in eine innovationsaverse Kultur, die erforderliche Anpassungen und Erneuerungen hemmt.[574] Unternehmen sollten sich deshalb davor hüten, in eine Exploitations-Pfadabhängigkeit zu geraten, sondern bemüht sein, über eine Deutero-Adaption notwendige, neue Kompetenzen zu identifizieren, zu entwickeln und in ihre Kompetenzbasis zu inkorporieren.[575]

Aufgrund der Ressourcenbegrenztheit stehen Exploitation und Exploration in einem Konkurrenzverhältnis und implizieren immer eine Wahl.[576] MARCH weist darauf hin, dass die Problematik einer strategischen Balance durch die Tatsache verstärkt wird,

---

571 Vgl. March (1991), S. 71.
572 Vgl. z.B. Rasche (2000), S. 72 oder generell Ghemawat (1991) und Ghemawat/Del Sol (1998).
573 Levinthal/March (1993), S. 105.
574 Vgl. Tilebein (2005), S. 164.
575 Vgl. Danneels (2002), S. 1097 und auch McGrath (2001).
576 Vgl. March (1991), S. 71.

dass die Ergebnisse von Explorations- und Exploitationsanstrengungen zeitlich, inhaltlich und ursächlich variieren.[577] Das unterstreicht die Notwendigkeit einer kontextadäquaten Anpassung und einer strategischen Balance.[578]

> *„Effective learning requires a balance between exploration and exploitation but (...) such a balance is continually threatened by tendencies for both exploration and exploitation to be self-reinforcing."*[579]

Eine Deutero-Adaption kann über eine kritische Reflexion der gemachten Erfahrungen in Verbindung mit dem Gelernten und unter Berücksichtigung des jeweiligen Kontextes erreicht werden. Hierbei ist die Handlung bzw. das Ergebnis der Handlung im Abgleich mit sowohl den markt- und wettbewerbsseitigen Erfordernissen als auch den unternehmerischen Potenzialen und unter Berücksichtigung der vorherrschenden mentalen Modelle mit ihren zugrundeliegenden Annahmen zu bewerten. Das Ergebnis dieser Bewertung führt zu steigenden Investitionen in entweder Exploitations- oder Explorationsanstrengungen. Hierbei kann über die Deutero-Adaption sichergestellt werden, dass eine kontextadäquate Balance zwischen Exploitation und Exploration vorherrscht und die Investitionen weder in ein Übergewicht der einen noch der anderen Seite und damit auch nicht in eine Schieflage führen.

Eine solche Deutero-Adaption zur kontextadäquaten Balance zwischen effizienz-, konsistenz- und stabilitätssteigernder Exploitation und einer innovations- und fortschrittsfördernden Exploration bedingt die simultane Exploration von neuem und Exploitation von bestehendem Wissen. Die Bewältigung der damit an die Unternehmensführung gestellten Herausforderung hängt von externen und internen Kontextfaktoren ab – dem Markt- bzw. der Wettbewerbsdynamik einerseits und den dynamischen Managementfähigkeiten andererseits.[580] Den Top-Managern fällt dabei eine Schlüsselrolle zu, da (deren) kognitive Prozesse sie zu Entscheidungen befähigen, die zu Balanceveränderungen in die eine oder andere Richtung führen können. Bei diesen Bewegungen werden offenbar unterschiedliche Gehirnregionen aktiviert.

---

577 Vgl. March (1991), S. 72.
578 Vgl. Uotila/Maula/Keil/Zahra (2009), S. 221f. oder auch Markides (1999), S. 60.
579 March (1996), S. 278.
580 Vgl. Zahn (2015), S. 110ff.

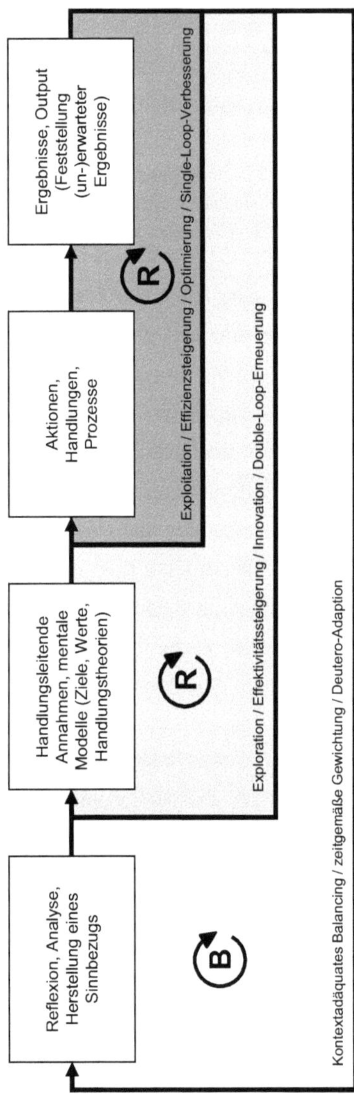

Abbildung 17: Deutero-Adaption durch kontextadäquates Balancing[581]

[581] Eigene Darstellung.

> *„Exploitation activates regions associated with reward seeking, which track and evaluate the value of current choices, while exploration relies on regions associated with attentional control, tracking the value of alternative choices.“*[582]

Aus dieser Erkenntnis leiten LAUREIRO-MARTINEZ ET AL. die Möglichkeit der Entwicklung neuer Analysetechniken und Schulungsmethoden (u.a. in Lernlaboren) ab.[583]

Im Rahmen der Diskussionen zu aktuellen theoretischen Herausforderungen einer integrativen Berücksichtigung der strategischen Außen- und Innenorientierung und des gestiegenen Einflusses dynamischer Umwelten, konnte herausgearbeitet werden, dass Informationsflüsse innerhalb eines Unternehmens und über dessen Grenzen hinweg erfolgskritisch sind. Im Speziellen wurden das Lernen und die Wissensbasis des Unternehmens als elementare Determinanten der Leistungsfähigkeit identifiziert und das Verständnis des unternehmerischen Leistungserstellungsprozesses konnte adaptiert werden. Bei beiden Bereichen spielen Informations(-rück-)flüsse vom Markt über die gesamte Kette der Wertschöpfung bis zu den Inputfaktoren und vice versa eine entscheidende Rolle. Sowohl bei exploitativem als auch bei explorativem organisationalen Lernen kommt einerseits der absorptiven Kapazität und andererseits der DMC eine große Bedeutung zu.[584] Ein Deutero-Lernen sollte deshalb beide Fähigkeiten fördern.[585]

---

582 Laureiro-Martinez et al. (2015), S. 319.

583 Vgl. Laureiro-Martinez et al. (2015), S. 323.

584 Vgl. Winter (2000), S. 985ff. sowie ausführlich bereits Kogut/Zander (1992).

585 In der wissenschaftlichen Literatur herrscht keine Einigkeit darüber, wodurch und an welcher Stelle sich die beiden Konzepte der absorptiven Kapazität und der Dynamic Capabilities überschneiden und an welcher sie sich gegeneinander abgrenzen. ZAHRA UND GEORGE beispielsweise fordern eine Integration der beiden Konzepte, was jedoch nicht auf generelle Zustimmung trifft. Sie sehen die vier organisationalen Routinen der Wissens-Akquisition, -Assimilation, -Transformation und -Exploitation als Ingredienzien organisationaler Dynamic Capabilities, die als Set wiederum der Definition von absorptiver Kapazität dienen. Vgl. hierzu u.a. Zahra/George (2002), S. 186ff. Für weitere Diskussionen zum Thema der absorptiven Kapazität i.V.m. Dynamic Capabilities vgl. z.B. Mowery/Oxley/Silverman (1996), Cohen/Levinthal (1990), Jansen/Van den Bosch/Volberda (2005), Lane/Lubatkin (1998), Lichtenthaler (2009), Van den Bosch/Volberda/de Boer (1999).

4.2 Praxisorientierte Herausforderungen

Als Schlüssel für die geforderte Integration der strategischen Innen- und Außenorientierung mit dem Ziel der Entwicklung einer dynamischen Theorie der Unternehmung konnten sowohl die DC, die sich in organisationalen Routinen manifestieren, als auch die DMC, die in individuellen kognitiven Fähigkeiten verwurzelt sind, ausgemacht werden. Sie ermöglichen eine (Re-)Kombination, (Weiter-)Entwicklung und Protektion der Kompetenzen des Unternehmens, was im Rahmen der Diskussion zur unternehmerischen Leistungserstellung ausführlich diskutiert werden konnte. Das Ausmaß ihrer Existenz in einem Unternehmen gibt Aufschluss über dessen evolutionäre respektive strategische Fitness und Flexibilität. Die Existenz und das Zusammenspiel von DC auf organisationaler und DMC auf kognitiver Ebene sind im dynamischen Wettbewerb für ein Erkennen und Erschaffen neuer Geschäftschancen verantwortlich. DC und DMC unterstützen damit eine (ko)evolutive, kontextadäquate Adaption und Erneuerung des Unternehmens mit seiner Umwelt.[586]

Prozesse der unternehmerischen Erneuerung und des Wandels sind diffizile Balanceakte zwischen Veränderung auf der einen und Bewahrung auf der anderen Seite. Sie stellen ein Unternehmen vor die Herausforderung der Gewichtung zwischen einer (strategischen) Kurz- und Langfristorientierung und erfordern die unterschiedlichsten Ausprägungen strategischen Denkens und Handelns.[587] Strategie ist immer auch ein Abbild der Überzeugungen der handelnden Manager von zur Verfügung stehenden Optionen und den damit assoziierten Leistungserwartungen. Abgelegt sind diese Überzeugungen wiederum in den individuellen sowie den geteilten mentalen Modellen, die als Filter der (aufgenommenen sowie abgewiesenen) Wahrnehmungen fungieren. Diese bestimmen das Entscheidungsverhalten der Manager und damit das Verhalten von Unternehmen. An dieser Stelle stellt sich die Frage nach der Explikation, kritischen Überprüfung und Adaption der mentalen Modelle.

---

586 Vgl. Zahn (2017), S. 193ff.

587 Vgl. für ausführliche Diskussionen zum Thema Wandel z.B. Schreyögg/Conrad (2000), Zahn/Foschiani (2000), Schwaninger/Kaiser (2007), Kasper/Mühlbacher/von Rosenstiel (2005), Foschiani/Habenicht/Schmid/Wäscher (2000), Corsten/Will (1995), Becker/Kloock/Schmidt/Wäscher (1998) oder die Ausführungen in Doppler/Fuhrmann/Lebbe-Waschke/Voigt (2002).

> *„Only by changing mental models will one change decisions."*[588]

Es müssen Antworten gefunden werden, wie die Vorstellungskompetenz der Manager bezüglich strategischer Neuerungen gefördert werden kann. Unternehmenslenker müssen in erster Linie dazu befähigt werden, sich neue Strategien vorstellen und dadurch neue Chancen entdecken zu können, um sie im Anschluss dann auch zu ergreifen.

> *„In a complex world, to 'design' means to rethink the logic of cause and effect."*[589]

BINGHAM, EISENHARDT UND FURR konstatieren in diesem Zusammenhang, dass die Strategie des Unternehmens nicht mehr nur die Vorstellung des Managements abbildet, sondern vielmehr eine prozessuale Komponente beinhaltet:

> *„Yet while strategic logics of position (…) and leverage (…) are well-known, the strategic logic of opportunity is less well-developed. […] The uniqueness (and likely inimitability) of heuristics reinforces (…) that organizational processes (…) are not just relevant for strategy, but (…) are strategy, especially in dynamic markets …"*[590]

Mit der Erkenntnis, dass eine erfolgreiche Unternehmensstrategie in turbulenten Märkten kein starres Konstrukt sein kann, sondern vielmehr ein dynamischer Prozess sein muss, müssen die DMC umso mehr als relevante Einflussgröße in Betracht gezogen werden.[591] Dadurch, dass DMC über das Lernen aus gemachten Erfahrungen evolvieren wird deutlich, dass die Gestaltungsmöglichkeiten der Zukunft immer auch von der Vergangenheit und damit von der Unternehmenshistorie abhängen.[592] Die Ausgangssituation eines Unternehmens, von der aus es sich für die Zukunft rüsten soll, ist demnach immer auf den durchlaufenen Lern- und Entwicklungspfaden der Vergangenheit zu suchen.[593] Chancennutzung und Chancensuche im Rahmen

---

588 Forrester J.W. in Keough/Doman (1992), S. 3, vgl. ebenda auch S. 5f.
589 Keough/Doman (1992), S. 5.
590 Bingham/Eisenhardt/Furr (2007), S. 42.
591 Vgl. hierzu ausführlich Jacobides/Winter (2005) und Poppo/Zenger (1998).
592 Vgl. z.B. Priem/Butler (2001b).
593 Vgl. Danneels (2002), S. 1095.

von Exploitations- und Explorationsanstrengungen erfordern deshalb neben Vorausschau auch Rückschau. Der Erfolg von Innovationsprojekten steht und fällt mit der zielbewussten Weiterentwicklung von Kompetenzen durch DC und DMC, wobei die absorptive Kapazität eine zentrale Rolle spielt. Top-Manager müssen in ihrem Kompetenzportfolio bei zunehmender Umweltdynamik verstärkt über Kompetenzen wie eine Erkennungs- oder Wahrnehmungskompetenz verfügen, um interne und externe Signale schneller aufnehmen und verarbeiten und dadurch das Unternehmen kontextadäquat führen zu können.[594] Die Fähigkeit der Manager, neues Wissen zu akquirieren und anzuwenden ist positiv korreliert mit ihrer Lernfähigkeit, die wiederum wichtige Basis für die Innovationsfähigkeit des Unternehmens ist. Organisationale Bedingungen, die soziale Interaktionen zwischen Mitarbeitern erleichtern und ermutigen sind Schlüssel zur absorptiven Kapazität.[595] Dabei sollte der Fokus nicht nur auf technologiebezogenen, sondern auch auf marktbezogenen Kompetenzen liegen, was eine integrierte Herangehensweise erfordert.[596] DOUGHERTY weist bereits Anfang der 1990er Jahre auf die Notwendigkeit einer solchen integrierten Herangehensweise hin:

> *„... [it] constitutes the integration of markets and technologies, and cannot be understood as one or the other seperately. This point is emphasized because both academics and practioners often refer to technology alone or market when they speak of products. A product is not a technology nor a set of customers,...“*[597]

Ein solches *Strategizing* entspricht im Kern einem systemisch strategischen Denken, und erfordert als solches ein hohes Maß an Integrationsfähigkeit in Verbindung mit ausgeprägten DMC.[598] Parallel zur offensichtlich zunehmenden Dynamik in den Unternehmensumwelten bedarf es einer Dynamisierung des strategischen Managements in den Unternehmen, um im Sinne der Koevolution erfolgreich auf sich verändernden Märkten bestehen zu können. In den Führungsetagen muss eine neue Kul-

---

594 Vgl. Cohen/Levinthal (1990) und Tsai (2001) sowie Grant (1996b), S. 111 und Dyer/Singh (1998), S. 665.

595 Vgl. Hotho/Becker-Ritterspach/Sake-Helmhout (2012), S. 392.

596 Vgl. Laureiro-Martinez et al. (2015), S. 319ff. und Osiyevskyy/Dewald (2015), S. 58ff.

597 Dougherty (1992), S. 78.

598 Vgl. Zahn (1999b) und Floyd/Lane (2000). Vgl. hierzu auch das Konstrukt *integrative capability* bei Henderson/Cockburn (1994).

tur der Bereitschaft bzw. der Offenheit für Neues Einzug halten, die ein permanentes Ausschauhalten nach neuen strategischen Optionen im Sinne eines exploitativen und explorativen Lernens impliziert.[599] Einzigartigkeit ist vergänglich und die Halbwertszeit eines Alleinstellungsmerkmals im Wettbewerb korreliert negativ mit der Dynamik des jeweiligen Marktes. Ungeachtet dessen ruhen sich Unternehmen oft auf ihren Erfolgspositionen aus, ohne sich bereits in guten Zeiten für die Zukunft zu rüsten. Gegenwärtige Gefahren lauern nicht mehr nur von Imitatoren, die den Innovatoren ihre Führungsposition streitig machen wollen. Sie lauern natürlich auch von (neuen) Wettbewerbern, die etwa mit Geschäftsmodellinnovationen ein neues strategisches Spiel entstehen lassen. Unternehmen, die bereits in der Vergangenheit unter derartigen Druck geraten sind und dadurch den Umgang mit neuen Herausforderungen verinnerlicht haben, können sich besser an neue Spielregeln anpassen und u.U. als radikale Innovatoren selbst Spielregeln im Markt verändern.[600]

DANNEELS weist in diesem Kontext auf eine reziproke Produktinnovation-Kompetenz-Relation hin. Er findet heraus, dass nicht nur spezifische Kompetenzen für eine marktgängige (Produkt-)Innovation nötig sind. Ebenso führen vice versa auch (Produkt-)Innovationen über den Einsatz von Kompetenzen und damit über die stattfindenden Lernprozesse zu neuer Kompetenzbildung und Kompetenz(-weiter-)entwicklung.[601]

Kompetenzorientiertes strategisches Management unter turbulenten Bedingungen muss auch davon ausgehen, dass Umweltveränderungen und Umweltunsicherheit Verletzlichkeit und Erosion der Kompetenzbasis des Unternehmens bewirken können.[602] Faktoren, die bislang zur Einzigartigkeit von Ressourcen beigetragen haben, können so zu Gefahrenherden, zu Quellen ihrer Verletzlichkeit werden.

---

599 Vgl. Gupta/Smith/Shalley (2006), S. 704.
600 Vgl. Markides (1999), S. 58ff.
601 Vgl. Danneels (2002), S. 1097 und auch Dougherty (1995).
602 Vgl. Sirmon/Hitt/Ireland (2007), S.286.

> *„... the very qualities of some resources that can purported to bring about sustainable rents, paradoxically, also may make them and their rents more vulnerable, that is, less sustainable."* [603]

Aufgabe des Managements ist es deshalb auch, Veränderungen in wichtigen Isolierungsmechanismen und Quellen für ökonomische Rente laufend im Blick zu haben und die Ressourcenausstattung sorgfältig zu managen – mit dem Fokus auf Begrenzung ihrer Werterosion, auf besseres Verstehen ihrer taziten Bestandteile und auf kontextadäquate Orchestrierung.[604]

Mit Berücksichtigung der prozessualen Komponenten, können die klassische ressourcenbasierte Argumentation und ihre Fortentwicklungen im Sinne der geforderten integrierten strategischen Innen- und Außenorientierung erweitert werden. Organisationales Lernen, das die organisationale Wissensbasis verändert und im Ergebnis auch dynamische Fähigkeiten befördert, wird zum Hebel der Adaption der Wissens- und Kompetenzbasis des Unternehmens an seine dynamisch komplexe Umwelt.[605] Diese Adaption schafft die Voraussetzung für eine simultane Exploitation von bestehenden und zur Exploration neuer Kompetenzen.[606] Sie impliziert damit den Mechanismus für eine zukunftsfähige Unternehmensentwicklung. In dynamischen Umfeldern ist schnelles Lernen und eine Exploitation von Wissen überlebenswichtig. Lernstrategien, die langfristig möglicherweise optimal wären, bringen jedoch nichts, wenn die Wissensadaption in frühen Phasen nachhängt.[607] Nach der rein ressourcenbasierten Lehre wären lediglich solche Strategien möglich, die Exploitationskomponenten beinhalten und eine Ausbeutung unternehmerischer Ressourcen unter Zuhilfenahme interner Informationen verfolgten. Mit dynamischen Fähigkeiten können jedoch

---

603 Le Breton-Miller/Miller (2015), S. 397.

604 Vgl. Le Breton-Miller/Miller (2015), S. 407ff. Die Autoren verwenden hierfür in Anlehnung an das Management eines Museums den Begriff *Curatorship* mit den Funktionen *preservation*, *connoisseurship* und *orchestration*.

605 Zum Begriff der *dynamischen Komplexität* im Gegensatz zur *kombinierten Komplexität* vgl. Sterman (2000), S. 21f. und Zahn/Hülsmann (2007b), S. 49.

606 Vgl. Eisenhardt/Furr/Bingham (2010), Zollo/Winter (2002) und Zahra/George (2002).

607 Vgl. Miller/Zhao/Calantone (2006), S. 719.

neue Chancen über ein *sensing* und *shaping* identifiziert und geschaffen, und durch ein *seizing* ergriffen werden.[608]

Die daraus resultierende Herausforderung besteht in der Beantwortung der Frage, wie eine geplante, zumindest zielbewusste Entwicklung der DC und der DMC möglich werden kann. In einer dynamischen Umwelt sehen sich Unternehmen laufend vor neue Herausforderungen gestellt. Die im ‚Heute' gemachten Erfahrungen führen über (organisationale) Lernprozesse zu neuen Ausgangspositionen im ‚Morgen'. Die mentalen Modelle der Manager und die DMC der Top-Manager werden zur Beantwortung neuer Herausforderungen angepasst. Sie befördern (oder restringieren) damit die Schlagkraft und Flexibilität des Unternehmens.

TEECE fordert in diesem Zusammenhang unternehmerisches Denken und Handeln über sämtliche Unternehmensbereiche und -ebenen hinweg.[609] Unternehmen mit ausgeprägten dynamischen Fähigkeiten (sowohl operativer als auch kognitiver Art) verfügen gewöhnlich über eine starke unternehmerische Orientierung – mit den Aspekten wahrnehmen, experimentieren, lernen und adaptieren.[610] Diese Unternehmen sind in der Lage, über exploitatives Lernen ihre Kompetenzen optimal einzusetzen und sich ideal an wettbewerbstechnische Rahmenbedingungen anzupassen. Sie sind darüber hinaus auch in der Lage, neues strategisch relevantes Wissen zu explorieren, in Innovationen zu transformieren und damit auf Märkte und Wettbewerbslandschaften einzuwirken.

> *„Enterprises with strong dynamic capabilities are intensely entrepreneurial. They not only adapt to business ecosystems, but also shape them through innovation ….“*[611]

Derartige strategische Erneuerungen gehen gewöhnlich mit Veränderungen in der Organisation einher, ja setzen diese voraus. LEVINTHAL konstatiert in diesem Zu-

---

608 TEECE unterscheidet in seinem viel beachteten Artikel die Bereiche *„sensing (and shaping) opportunities and threats"*, *„seizing opportunities"* und *„managing threats and reconfiguration"*. Vgl. Teece (2007). S. 1322ff.

609 Vgl. Teece (2007) S. 1319f.

610 Vgl. Zahn (2015) S. 120.

611 Teece (2007), S. 1319.

sammenhang bereits Ende der 1990er Jahre mit Verweis auf BURNS UND STALKER sowie BURGELMAN, dass der Grad an eng bzw. lose gekoppelten Subsystemen, aus denen sich ein Unternehmen zusammensetzt, für die Fortschrittsfähigkeit desselben von Bedeutung ist.[612]

> *"Tightly coupled organizations can not engage in exploration without foregoing the benefits of exploitation. For a tightly coupled organization, efforts at search and experimentation tend to negate the advantages and wisdom associated with established policies and thereby place the organization to risk of failure. In contrast, more loosely coupled organizations can exploite the fruits of past and wisdom while exploiting alternative bases of future viability."*[613]

Die für die Unternehmensführung verantwortlichen Entscheidungsträger müssen in der Lage sein, die Vor- und Nachteile der Optionen Exploitation versus Exploration gegeneinander abzuwägen.[614] Hierbei ergibt sich insofern ein Dilemma, als es bei der Exploitation eher um die Beurteilung des Wertes aus laufenden (bekannten) Entscheidungen und bei der Exploration mehr um die Beurteilung des Erwartungswertes alternativer (neuer) Entscheidungen geht und, dass offenbar bei beiden Entscheidungsarten unterschiedliche Gehirnregionen aktiviert werden.[615] Dabei sind auf der Ebene des Individuums unterschiedliche kognitive Prozesse involviert.[616]

Während Exploitationsentscheidungen ein *reward-seeking* implizieren, sind Explorationsentscheidungen mit einem *attentional-control* assoziiert, das die Kognition insbesondere bei noch nicht festgelegten Mitteln zur Erreichung von Zielen steuert. Aus einer Perspektive der Lerntheorie implizieren Exploitationsentscheidungen vornehm-

---

612 Vgl. Levinthal (1997), S. 949 mit Verweis auf Burns/Stalker (1961) und Burgelman (1991).

613 Levinthal (1997), S. 949.

614 Die wissenschaftliche Literatur ist sich einig darüber, dass beide Arten der Anstrengung, die explorative und die exploitative, in dynamischen Zeiten vonnöten sind, um zu überleben. Vgl. hierzu March (1991), (1996), (2006), Levinthal/March (1993), Benner/Tushman (2002), Ancona/Goodman/Lawrence/Tushman (2001), Gupta/Smith/Shalley (2006), Feinberg/Gupta (2004), Dougherty (1992) oder Eisenhardt/Martin (2000). Grundsätzlich kann hier in zwei Strömungen unterschieden werden: die eine fordert eine Parallelität im Sinne einer Ambidextrie und die andere fordert eine Abwechslung kurzfristiger Gleichgewichtszustände. Vgl. hierzu z.B. Levinthal (1997), Burgelman (1991), Benner/Tushman (2003), Tushman/O'Reilly (1996), Siggelkow/Levinthal (2003), Levinthal/March (1993) und Burgelman (2002).

615 Vgl. Laureiro-Martinez et al. (2015), S. 319.

616 Vgl. Gupta/Smith/Shalley (2006), S. 693ff.

lich ‚bottom-up' Lernprozesse, Explorationsentscheidungen dagegen ‚top-down' Lernprozesse.[617] So gesehen sind Exploitationsentscheidungen zur Effizienzverbesserung wohl eher auf der operativen und Explorationsentscheidungen zur effektiven Erneuerung eher auf der strategischen Führungsebene angesiedelt.[618] Die Umsetzung beider (Strategie-)Optionen erfordert jedoch Überzeugung und Unterstützung von ‚oben' sowie Einsicht und Anstrengung von ‚unten'. Eine Veränderung in der strategischen Balance von Exploitation und Exploration bzw. ein Strategiewechsel setzt immer auch ein Umdenken, das durch eine innovationsfreundliche Kultur befördert wird, voraus.[619]

> *„Managing with dual strategies is a state of mind, not just another management tool. [...] It is, above all, a leadership task. [...] The result should be to combine the benefits of current health with heightened prospects for prosperous longevity."*[620]

Kontextadäquate Balanceveränderungen zwischen Exploitation und Exploration werfen Fragen nach der Verfügbarkeit der erforderlichen, der Entwicklung und Akquisition der fehlenden und anschließend der richtigen Kontingentierung bzw. Allokation von knappen Ressourcen und Kompetenzen auf.[621] Exploitation und Exploration stehen zwar im Wettbewerb um knappe Ressourcen, bedingen sich aber auch gegenseitig.[622] Eine Disbalance entfaltet mittel- bis langfristig immer negative Performancewirkungen. Die Exploitation bestehender Geschäftspotenziale generiert die notwendigen Investitionsmittel zur Exploration neuer Geschäftspotenziale für künftige Exploitation – Exploitation sichert die Überlebensfähigkeit ‚heute', Exploration die für ‚morgen'.[623] Durch Exploitationsanstrengungen kann damit ein kurzfristiges Überleben des Unternehmens am Markt sichergestellt werden, damit es überhaupt die Möglichkeit hat, sein Langfristpotenzial über Explorationsanstrengungen ausschöp-

---

617 Vgl. Laureiro-Martinez et al. (2015), S. 332f.
618 Vgl. Laureiro-Martinez et al. (2015), S. 332f. und Abell (1999), S. 79, der hier von Dualen Strategien (Today-for-Today und Today-for-Tomorrow) spricht.
619 Vgl. hierzu z.B. Fichtner (2008), der sich intensiv mit kulturellen Aspekten im Kontext des strategischen Kompetenzmanagements auseinander setzt.
620 Abell (1999), S. 81.
621 Vgl. z.B. He/Wong (2004), S. 481 und Gupta/Smith/Shalley (2006), S. 697.
622 Vgl. Katila/Ahuja (2002), S. 1191.
623 Vgl. He/Wong (2004), S, 487ff.

fen zu können. Unternehmen müssen demnach mindestens auf einem so hohen Performancelevel operieren, das ihnen ein Überleben, um weiter Lernen zu können, in der Zukunft ermöglicht.[624]

Eine Abfolge kurzfristiger Gleichgewichte und damit ein schneller Wechsel zwischen Exploitations- und Explorationsanstrengungen ist als pauschale Lösung jedoch genauso wenig zielführend wie eine permanente Parallelstrategie. Die kontextadäquate, ideale Balance der beiden (Strategie-)Optionen ist von diversen internen und externen Variablen abhängig und ihre Steuerung ist hoch sensibel.[625] Unterstützend wirken hierbei die DMC des Top-Managements, über die exakt diejenigen Ressourcen und Kompetenzen des Unternehmens manipuliert werden können, die unmittelbar für die Generierung ökonomischer Renten verantwortlich sind oder in Zukunft sein werden.[626] Im Rahmen eines Erkennens, einer Kreation oder eines Ergreifens neuer Chancen werden gegebenenfalls (Re-)Allokationen und (Re-)Kombinationen von Ressourcen und Kompetenzen notwendig und möglich, bei deren effizienter und effektiver Umsetzung wiederum DMC eine entscheidende Bedeutung haben. DMC sind nicht nur für ein erfolgreiches Handling der Ambidextrie erforderlich, sie werden auch aus Innovationsströmen durch ein balanciertes Exploiting und Exploring befruchtet.[627]

Das Streben nach einer kontextadäquaten Balance aus Exploitations- und Explorationsanstrengungen muss daher in den kontinuierlichen Strategieprozess der Unternehmensführung integriert sein. Das von TUSHMAN UND O'REILLY geprägte Konzept der *ambidextrous Organizations* beschäftigt sich bereits mit dieser Herausforde-

---

[624] Vgl. Miller/Zhao/Calantone (2006), S. 719.

[625] Vgl. Burgelman (1991) und (2002). Im Rahmen seines *internal ecology model of strategy making* unterscheidet er auf der einen Seite zwischen induzierten Prozessen, welche die Variation reduzieren sollen (im Sinne der Exploitation) und autonomen Prozessen, welche die Variation steigern (im Sinne der Exploration).

[626] Vgl. Zott (2003), S. 120.

[627] Vgl. Ancona/Goodman/Lawrence/Tushman (2001), S. 658 und Helfat/Raubitschek (2000).

rung.[628] Seither wird das Konstrukt *Ambidextrie* in der einschlägigen Literatur diskutiert.[629]

> *„... to engage in sufficient exploitation to ensure current viability and, at the same time, to devote enough energy to exploration to ensure its future viability."*[630]

Exploitation und Exploration müssen demnach simultan in einer kontextabhängigen Balance gemanaged werden und nicht nur in einer Art Lebenszyklus-Perspektive im Sinne eines Nacheinander.[631] Die gestiegene Kompliziertheit von Produkten und Dienstleistungen in Verbindung mit der Schnelllebigkeit und Dynamik auf den Märkten führt zu einem stark angestiegenen Komplexitätsgrad, der erfolgreiches Management vor neue Herausforderungen stellt. Managementrezepte, mit denen Herausforderungen in der Vergangenheit erfolgreich begegnet werden konnten halten immer weniger Lösungsoptionen für ein aussichtsreiches Bestehen in der Zukunft bereit. Teilweise wird durch eine Art *Synthetisierungsfähigkeit* versucht, einen Wettbewerbsvorteil aus konfliktären Kräften zu generieren, indem im Sinne einer Ambidextrie das Beste aus zwei oder mehreren Welten genutzt werden soll.[632]

STEPHAN zieht in diesem Zusammenhang eine, im Kontext des Strategischen Managements bereits des Öfteren angewendete Analogie zu Erkenntnissen aus der Jazz-

---

628 Vgl. Tushman/O'Reilly (1996). TUSHMAN UND O'REILLY verwenden eine Gaukler-Metapher, bei der der Gaukler mehrere verschiedene, voneinander unabhängige Tätigkeiten parallel und gleichzeitig vollführt. Sie soll zeigen, dass ein Unternehmen (wie der Gaukler auch) verschiedene unabhängige Anstrengungen parallel verfolgen sollte. Vgl. hierzu z.B. auch He/Wong (2004), S. 483.

629 Vgl. z.B. Stephan/Kerber (2010). Die Beiträge befassen sich mit dem Phänomen der Ambidextrie als „unternehmerischem Drahtseilakt zwischen Eploitation und Exploration". Z.B. werden Hinweise zu einer möglichen Förderung von Ambidextrie gegeben. Vgl. Wollersheim (2010), S. 3ff. Ein weiterer Beitrag diskutiert die Bedeutung des *organizational slack* für die Aktivierung von Ambidextrie. Vgl. Stein/Klein (2010), S. 59ff. PROFF UND HABERLE werben dagegen in ihren Ausführungen für eine Begrenzung von Ambidextrie durch ein konsistentes dynamisches Management, da sie der Ansicht sind, dass Ambidextrie sehr hohe Kosten verursacht. Vgl. Proff/Haberle (2010), S. 81ff. BURR UND MOOG sowie KESSLER stellen einen Zusammenhang zwischen mit Wissensexploitation und -exploration und Dienstleistungsinnovationen her und zeigen die Bedeutung von Ambidextrie im Spannungsfeld zwischen Service- und operational Capabilities auf. Vgl. Burr/Moog (2010), S. 187ff. und Kessler (2010), S. 215ff.

630 Levinthal/March (1993), S. 105.

631 Vgl. He/Wong (2004), S. 492 und zur angesprochenen Lebenszyklus-Perspektive z.B. Winter/Szulanski (2001), S. 731 oder auch Burgelman (2002), S. 354.

632 Vgl. zu den älteren Forderungen z.B. Nonaka/Toyama (2002), Tushman/O'Reilly (1996), Brown/Eisenhardt (1998) oder Cheng/Van de Ven (1996).

Musik.[633] Er prüft, inwieweit Jazz als Referenzkonzept für Ambidextrie im Innovationsmanagement herangezogen werden könnte und konstatiert, dass es sowohl im Innovationsmanagement als auch beim Jazz um komplexe, arbeitsteilige Prozesse sowie deren Planung und Steuerung unter Bewahrung des kreativen Potenzials ginge – auch hier muss spontan und situativ (re)agiert werden.[634] Ist der Grad an Reglementierung zu hoch, scheitert eine zeitnahe und situationsadäquate Entscheidung gewöhnlich und damit auch die eigentlich auf die Entscheidung folgende Reaktion an zementierten Strukturen. Herrscht aber im Gegenteil dazu eine unabgestimmte und vollkommen regellose Hektik, versinkt die Organisation in Chaos. Die ideale Lösung liegt damit wohl zwischen starrer Regulierung und völligem Chaos. Gelöst werden kann diese Herausforderung durch eine situationsspezifische Dosierung kreativer Individualleistungen im Sinne des Jazz und einem koordinierten Vorgehen über eine adäquate Kommunikations- und Regelungsintensität im Sinne des Orchestermusizierens.[635]

Der Schlüssel für die ausgewogene Verteilung der Gewichte im Sinne einer kontextadäquaten Balance und damit einer hohen Leistungsfähigkeit des Unternehmens, liegt zu großen Teilen im Verstehen des Unternehmenskontextes und damit im Verstehen der vorherrschenden Markt- und Technologiedynamik.[636] Sowohl die Komplexität der Umfeldanalyse als auch die nötige Filigranität und Sensibilität beim Bestimmen und Einstellen der erforderlichen Balance stellen das Top-Management vor große Herausforderungen. Ein aktives Management der kontextadäquaten Balance muss folglich wesentlicher Bestandteil des Strategischen Managements sein.[637] Eine der wichtigsten Erkenntnisquellen für die Bestimmung des richtigen Maß' ist die regelmäßige, stets aktuell zu haltende Analyse des Unternehmensumfeldes und der Abgleich ihrer Ergebnisse mit den unternehmensindividuellen Potenzialen. Hierfür ist ein hohes Maß an absorptiver Kapazität erforderlich, die in Verbindung mit ausgeprägten DC und DMC notwendige Ausstattungsmerkmale für ein erfolgreiches Strategisches Management in turbulenten Zeiten sind.

633 Vgl. hierzu z.B. auch Barrett (1998) oder Lewin (1998).
634 Vgl. Stephan (2010), S. 243ff.
635 Vgl. Zahn/Nowak/Schön (2005), S. 73 und Stephan (2010), S. 262ff.
636 Vgl. Uotila/Maula/Keil/Zahra (2009), S. 221ff.
637 Vgl. He/Wong (2004), S. 493.

4.3 Implikationen für ein kontextadäquates Management

Die bislang herausgearbeiteten Erkenntnisse lassen sich in einem modellhaften Schaubild abbilden, das relevante Zusammenhänge des kompetenzorientierten strategischen Managements visualisiert und darüber Rückschlüsse für die Managementpraxis zulässt.[638] Im Folgenden wird das Schaubild sukzessive aus den bereits diskutierten, interdependenten Einflussfaktoren aufgebaut. Anschließend folgt eine Diskussion, inwieweit die Erkenntnisse in die tägliche Managementpraxis umgesetzt werden können. Die Darstellung des schematischen Modells ist der Stock-and-Flow Symbolik der System Dynamics Methodik angelehnt.[639]

Im Zentrum der Darstellung steht die Kompetenzausstattung bzw. Kompetenzbasis im Sinne der Leistungsfähigkeit des Unternehmens als elementare Determinante für eine erfolgreiche Leistungserstellung. In Kapitel 4 konnte herausgearbeitet werden, dass insbesondere Exploitations- und Explorationsanstrengungen in Verbindung mit den DC und DMC die Kompetenzbasis manipulieren und damit direkten und indirekten Einfluss auf die Leistungsfähigkeit des Unternehmens nehmen indem sie diese kontextadäquat adaptieren und entwickeln können. Die Eigenschaft der sich jeweils selbst verstärkenden Rückkopplungen sowohl des exploitativen als auch des explorativen Lernens ist in der folgenden Darstellung durch die beiden „R" (R für Reinforcing) gekennzeichnet. Die Gefahr von Kompetenzerosion und damit einer Reduktion der Schlagkraft des Unternehmens im Wettbewerb, etwa durch externe Schocks wie die Emergenz einer neuen Technologie, die etablierte Technologien verdrängt, ist in Form einer Kompetenzabflussrate visualisiert. Der Intensität dieser Kompetenzerosion kann mithilfe von Schutzmaßnahmen im Sinne eines *Curatorships*[640] entgegengewirkt werden.

---

[638] Das im Folgenden vorgestellte, modellhafte Schaubild basiert auf den bis dato herausgearbeiteten Erkenntnissen, weshalb in den folgenden Diskussionen weitgehend auf Quellenhinweise verzichtet werden kann.

[639] Vgl. hierzu z.B. auch die Modelle von Warren (1999a), S. 7ff. und (1999b), S. 44ff., der sich einer sehr ähnlichen methodischen Symbolik bedient.

[640] Vgl. Le Breton-Miller/Miller (2015), S. 399ff.

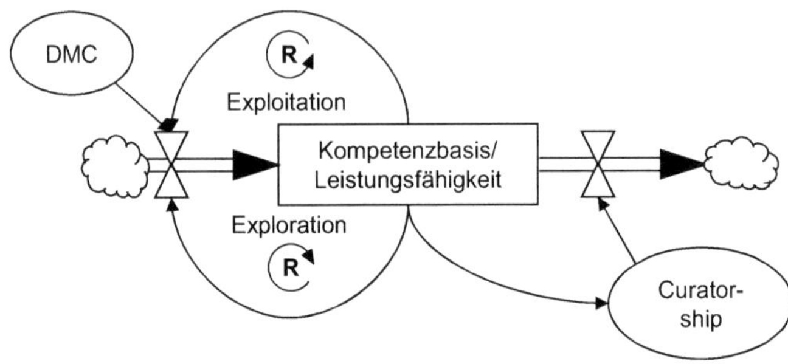

Abbildung 18: Leistungsfähigkeit im kompetenzorientierten strategischen Management[641]

Abbildung 19 deutet als Erweiterung von Abbildung 18 über die gestrichelten Doppelpfeile zwischen Kompetenzbasis und Wertschöpfung deren rekursive Determinierung an, die beide wiederum unmittelbaren Einfluss auf die Unternehmensstrategie haben. Dieser Informationsaustausch visualisiert die notwendige, ständige Überprüfung der unternehmensinternen Leistungspotenziale, die aus einem Abgleich der operativen Wertschöpfungsprozesse und der Leistungsbereitschaft des Unternehmens zumindest in den mentalen Modellen des Top-Managements vollzogen wird. Über die laufenden Wertschöpfungsprozesse und die aktuelle Strategie werden die Kompetenzen des Unternehmens identifiziert und vice versa wird über die Leistungsfähigkeit des Unternehmens wiederum die Strategie und damit die Wertschöpfung des Unternehmens beeinflusst. Je intensiver dieser Informationsaustausch erfolgt, desto gezielter und schneller kann eine neue, externe Herausforderung antizipiert und beantwortet werden, da eine klarere Vorstellung über das intern Mögliche besteht. Durch die Anpassung der Kompetenzausstattung können die Strategie und die Wertschöpfung des Unternehmens verändert werden.

Die Unternehmensstrategie hängt neben internen Faktoren, wie der Kompetenzausstattung, ebenso von externen Einflussfaktoren, wie Markt- und Technologieveränderungen, ab, was die Forderung nach einer Integration von Innen- und Außenorientierung im strategischen Management unterstreicht. Wichtige Determinanten der Außenorientierung sind Markt- und Technologieveränderungen. Für eine kontext-

641 Eigene Darstellung.

adäquate Balance hat eine schnelle Aufnahme und Verarbeitung von neuem Markt- und Technologiewissen über die absorptive Kapazität des Unternehmens und die DMC des Top-Managements daher wesentliche Bedeutung. Je mehr externe Informationen aufgenommen, kritisch reflektiert und gemeinsam mit internen Informationen verarbeitet können, desto mehr kann gelernt, desto intensiver kann die Wissens- und Kompetenzbasis aktualisiert und desto besser kann das Unternehmen wiederum an die aktuellen Herausforderungen angepasst werden.

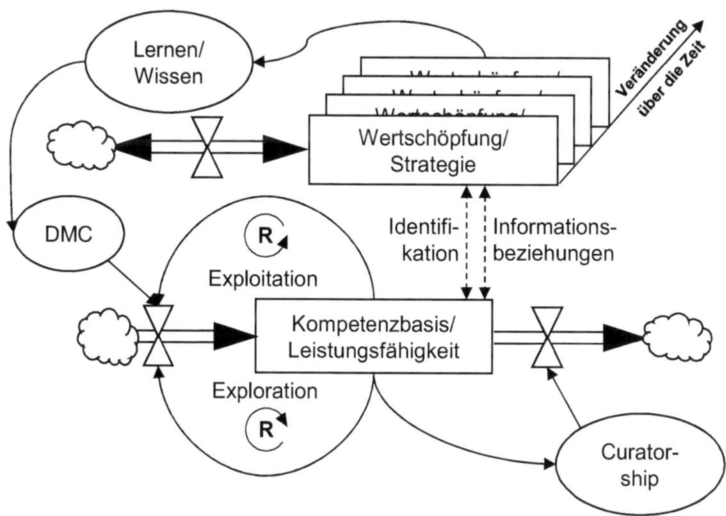

Abbildung 19: Wertschöpfung im kompetenzorientierten strategischen Management[642]

Die operative Wertschöpfung und die strategischen Optionen des Unternehmens müssen zur Erhaltung der Wettbewerbsfähigkeit im Sinne der Koevolution mit dem dynamischen Umfeld über die Zeit kontextadäquat angepasst werden. Je besser das markt- und technologiebezogene Wettbewerbsumfeld verstanden und antizipiert wird, desto adäquater können auch die Kompetenzbasis sowie die Strategie und die Wertschöpfung angepasst werden. Aus einer integrierten Innen- und Außensicht werden dazu interne und externe Informationen simultan verarbeitet. Nur so können

642 Eigene Darstellung.

im Sinne einer strategischen Balance simultan Exploitationspotenziale weiter genutzt und Explorationspotenziale entdeckt oder geschaffen und durch Innovationen realisiert werden. Die strategische Balance wirkt hier über die DMC als eine Art Vermittler zwischen den beiden strategischen Optionen Exploitation und Exploration und sorgt für ein kontextadäquates Ausbalancieren der sich selbst verstärkenden Prozesse des exploitativen und explorativen Lernens im Sinne einer Deutero-Adaption. Ausgelöst durch Wissen und Erfahrung anreichernde Lernprozesse, welche die individuellen und gemeinsamen mentalen Modelle des Top-Managements verändern und sich (hier) in den dynamischen Managementfähigkeiten manifestieren, werden Veränderungen in der strategischen Balance durch Deutero Adaption ausgelöst. Dieser Zusammenhang ist in Abbildung 20 grob visualisiert.

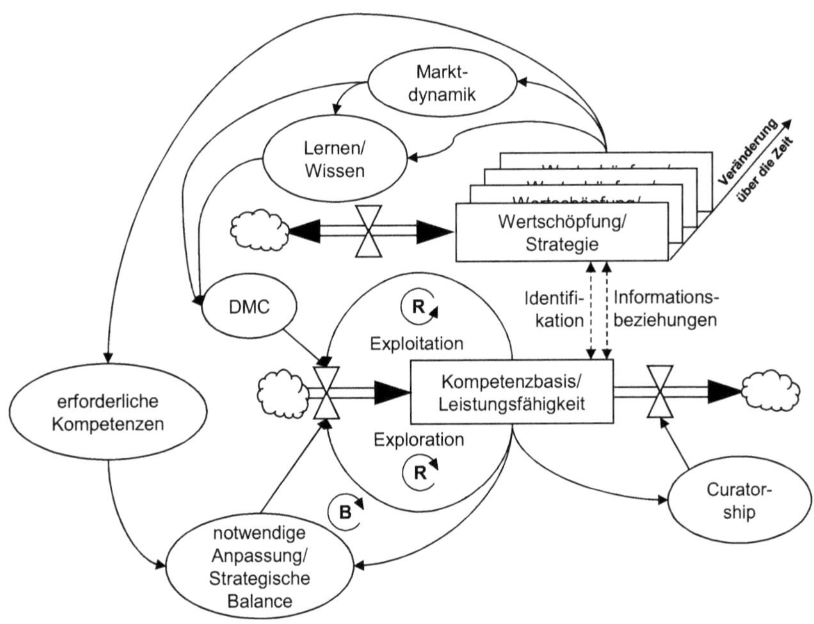

Abbildung 20: Strategische Balance im kompetenzorientierten strategischen Management[643]

[643] Eigene Darstellung.

Aus der für ‚morgen' beabsichtigten Strategie mit den Schwerpunkten Exploitation und Exploration einerseits und den dazu erforderlichen Ressourcen und Kompetenzen unter Berücksichtigung bereits vorhandener Ressourcen und Kompetenzen andererseits, lässt sich eine nach Exploitations- und Explorationsaktivitäten spezifizierbare Kompetenzlücke, die einen (durch interne Entwicklung oder externe Akquisition zu deckenden) Ressourcen- und Kompetenzbedarf aufweist, ableiten. Durch eine Anpassung der strategischen Balance und der damit verbundenen Beseitigung der Ressourcen- oder Kompetenzlücke kann die neue Ressourcen- und Kompetenzausstattung kontextgerecht auf konkrete Projekte (Kompetenz-Entwicklung, Kompetenz-Transfer oder Kompetenz-Hebelung) kontingentiert werden.

In Abbildung 21 symbolisieren die äußeren Verbindungslinien (fettgedruckt) zwischen Diagnose des antizipierten Ressourcen- und Kompetenzbedarfs, Allokation der Ressourcen und Kompetenzen zur Lückenbeseitigung (Entwicklung, Transfer oder Hebelung) und dem Einsatz der (neuen) Kompetenzen im Wertschöpfungsprozess eine zyklische Wiederholung der Kompetenzanalyse und -kontingentierung.

Die vor allem durch Interaktionen der Marktakteure verursachte Marktdynamik bestimmt über die kognitiven Fähigkeiten des Managements (Wahrnehmen, Reflektieren, Lernen etc.), hier manifestiert in den DMC, Anpassungen der strategischen Balance. Diese Analyse untersucht inwieweit die unternehmensinternen Potenziale den aktuellen und zukünftigen externen Herausforderungen entsprechen. Dadurch werden die Manager für ein Überdenken ihrer individuellen und auch geteilten mentalen Modelle sensibilisiert.[644] Die Diagnose stellt eine bewusste Reflexion der eigenen Situation an den Erfordernissen des Marktes dar und trägt über identifizierte Misfits dazu bei, die strategische Logik zu überdenken und ggf. anzupassen. Über die Erkenntnisse aus diesen individuellen Lernprozessen kann organisationales Deutero-Lernen entstehen, wodurch eine kontextadäquate Deutero-Adaption über die Informationsrückkopplungen aus dem Markt im Abgleich mit der spezifischen individuellen Situation des Unternehmens eine kompetenzorientierte, kontextadäquate strategische Balance möglich macht.

---

[644] Vgl. Freiling (2004a), S. 8.

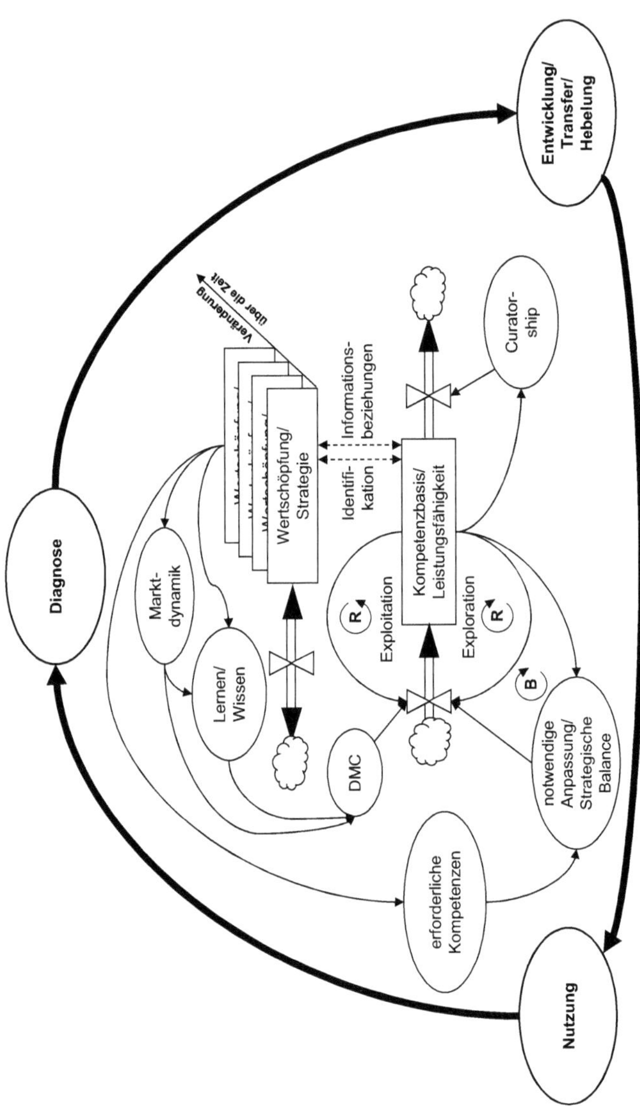

Abbildung 21: Rahmen des kompetenzorientierten strategischen Managements[645]

[645] Eigene Darstellung.

Unter Berücksichtigung der historischen Entwicklungspfade, auf denen sich das Unternehmen befindet und den antizipierten zukünftigen Erfordernissen kann eine kontextadäquate Gewichtung und Priorisierung der anstehenden Projekte durch die Unternehmensführung erfolgen. Das Management ist auf dieser Basis in der Lage festzulegen, wie sich das Unternehmen in der nächsten Zukunft auszurichten hat und was hierfür notwendig ist, wobei es sich immer wieder vor eine Herausforderung zur Justierung der Balance gestellt sieht. Ein (zu) frühes oder (zu) intensives Exploring in ruhigen Umgebungen kann ebenso in eine Kompetenzfalle führen wie eine ausschließliche Fokussierung auf Exploitationsprojekte in rauer See.[646] Alternative Szenarien mit unterschiedlichen Empfehlungen für die Managementpraxis sind vorstellbar.

Hat die Analyse der Ist-Situation beispielsweise ergeben, dass sich das Unternehmen in einer komfortablen Situation befindet und sich durch eine hohe Leistungsfähigkeit und damit durch große Schlagkraft auszeichnet, kann es sich auf die Antizipation zukünftiger Erfordernisse konzentrieren und erforderliche Ressourcen und Kompetenzen auf innovative Explorationsanstrengungen kontingentieren. Empfehlenswert kann es auch sein, einen Teil der Ressourcen und Kompetenzen auf zukunftsweisende Projekte mit Experimentiercharakter zu allokieren, ohne dabei die aktuelle Wertschöpfung durch Entzug wertvoller Kompetenzen zu gefährden. Solche explorativen Projekte bergen das Potenzial durch radikale Innovationen neue Marktchancen, möglicherweise sogar neue Märkte und damit adaptive Wettbewerbsvorteile zu schaffen.[647]

Ergibt die Analyse der Ist-Situation dagegen, dass das lokale Unternehmen zu den schwächsten am Markt zählt und Gefahr läuft, seine Wettbewerbsfähigkeit einzubüßen, erfährt die strategische Balance eine noch größere Bedeutung. Zum einen muss sich das Unternehmen überlegen, wie durch radikale Innovationen ein Befreiungsschlag gelingen kann und zum anderen müssen Ressourcen und Kompetenzen

646 Vgl. z.B. Miller/Zhao/Calantone (2006), S. 719, die den Analogieschluss ziehen: *„Leaving the „hares“ vulnerable to the „turtoises“* und meinen damit, dass nicht immer die Ersten auch die Erfolgreichsten sein müssen.

647 Vgl. Teece (2007) S. 1322ff. Vgl. zum Begriff “adaptive advantage” Reeves/Deimler (2009), S. 2.

dafür verwendet werden, in den bestehenden Geschäften effizienter zu werden. Das bedeutet – je nach Kontext – knappe Ressourcen und Kompetenzen auf Explorationsprojekte zu verwenden, ohne gleichzeitig in den Exploitationsanstrengungen, die erst eine Exploration ermöglichen, nachzulassen. Mit anderen Worten: Unternehmen in einer solchen Situation müssen eine strategische Erneuerung anstreben und versuchen, sich dabei die Vorteile beider Seiten der Medaille zunutze zu machen.

> *„A theory of strategic renewal must recognize that maintaining adaptiveness requires both exploiting existing competencies and exploring new ones.“*[648]

In einem solchen Kontext ausschließlich auf eine der beiden strategischen Optionen zu fokussieren, wäre ein Spiel mit dem Feuer. Der Ausgang einer reinen Explorationsanstrengung ist zwar unsicher, hat aber gleichzeitig eine weitaus größere Ergebniswirkung wenn sie von Erfolg gekrönt ist.[649] Ausschließliche Exploitationsanstrengungen versprechen schnellere und kleinere Erfolge, werden in der skizzierten Situation aber nicht ausreichen, um den Fortbestand des Unternehmens zu sichern. Das Unternehmen muss die verfügbaren Inputfaktoren, Ressourcen und Kompetenzen folglich zielgenau und ausbalanciert auf unterschiedliche Projekte kontingentieren.[650] Einige Ressourcen und Kompetenzen können auf Transferprojekte verwendet werden, die durch ihre schnellere Umsetzbarkeit und ihre direktere Erfolgswirksamkeit die Ergebnissituation kurzfristig verbessern können. Andere Ressourcen und Kompetenzen könnten zeitgleich auf zukunftsorientierte Projekte mit Hebelungscharakter verwendet werden, um Chancen auf erfolgreiche Innovationen zu erhöhen.

Damit eine Kompetenzexploitation oder eine Kompetenzexploration überhaupt Erfolgsaussichten haben kann, darf zwar die jüngere Unternehmensentwicklung nicht unberücksichtigt bleiben, schließlich beeinflusst diese die mentalen Modelle bzw. die strategische Logik des Managements, gleichzeitig sollte sich das Management aber auch von gestrigen Erfolgen und tradierten Routinen freimachen. Es muss dabei gelingen, die potenziell zu transferierenden oder zu hebelnden Kompetenzen unab-

---

[648] Floyd/Lane (2000), S. 155.
[649] Vgl. March (1991), S. 71 und Danneels (2007), S. 520f.
[650] Vgl. z.B. Markides (1999), S. 60, Abell (1999), S. 81 oder Gupta/Smith/Shalley (2006), S. 695ff.

hängig von einem spezifischen Produkt oder einer Dienstleistung zu betrachten. Die Kompetenzen müssen (zunächst) unabhängig von Kontextfaktoren wie z.B. der Wertschöpfung, den Routinen, ihren aktuellen Einsatzgebieten oder den Produkten identifiziert werden, bevor nach einem neuen Einsatzort Ausschau gehalten werden kann.[651] Die so separierten Kompetenzen sind zwar nicht ohne Modifikation oder Addition weiterer Kompetenzen, Fähigkeiten oder Assets entwickelbar, transferierbar oder hebelbar.[652] Ohne eine solche Abstraktion ist die Kreativität bei der Suche neuer Geschäftschancen aber bereits von Anfang an eingeschränkt.

Da die beiden strategischen Optionen der Exploitation und Exploration um knappe Ressourcen konkurrieren stellt sich die Frage, an welcher Stelle im Unternehmen die jeweilige Verantwortung für ein exploitatives und ein exploratives Lernen angesiedelt sein kann. Exploitationsanstrengungen, die auf Effizienzsteigerungen und ein Ausbeuten operativer Potenziale fokussieren, können eher vom operativen Management unternommen werden als Explorationsanstrengungen, die einer deutlich größeren Weitsicht bedürfen und daher eher auf Top-Managementebene anzusiedeln sind.[653] Das Top-Management ist beim *sensing* von Geschäftschancen und dem visionären *forming* gefordert. Es ist aber allein überfordert, die wahrgenommenen Chancen zu ergreifen und muss daher die hierfür notwendige Fähigkeitentransformation ermöglichen und die Verantwortung für eine Chancenergreifung an das mittlere Management delegieren. Die kreativen Aspekte der DC sind in den Aktivitäten der Teams auf mittlerer Managementebene verwurzelt. Sie resultieren aus *team-level*-Interaktionen zwischen unterschiedlichen Bereichen und Hierarchien der Un-

---

651 Vgl. Danneels (2007), S. 512.

652 Vgl. z.B. Katila/Ahuja (2002), S. 1191. Brown und Eisenhardt identifizieren einige Faktoren, die für eine gescheiterte Innovationsanstrengung ausgemacht werden können. Im einzelnen sind dies *market-uncertainty, poor commercialization, poor positioning strategy, technological myopia, market timing, regulatory uncertainties*. Vgl. Brown/Eisenhardt (1995), S. 345ff. Die Faktoren seien an dieser Stelle als Hinweis aufgeführt, da sie im Kontext eines Explorationsprojektes übertragbar sind und beachtet werden müssen, sie sollen jedoch im Verlaufe dieser Arbeit nicht weiter vertieft werden. Vgl. hierzu auch Rothaermel (2001), S. 690.

653 Vgl. Floyd/Lane (2000), S. 156ff. Sie unterteilen das Vorhaben einer strategischen Erneuerung in die drei Subprozesse *Kompetenzdefinition*, *Kompetenzmodifikation* und *Kompetenzentfaltung* und kaskadieren pro Subprozess die Verantwortlichkeit auf entweder das Top-, das mittlere oder das operative Management.

ternehmung und nicht nur aus kognitiv individueller Fähigkeit. NONAKA, HIROSE UND TAKEDA plädieren deshalb für ein *„middle-up-down“*-Managementmodell.[654]

Für eine derartige hierarchische Verteilung der Verantwortlichkeiten für die einzelnen strategischen Optionen spricht auch, dass nicht nur interne Informationen erfasst und verarbeitet werden müssen, sondern in besonderem Maße auch ein Austausch mit unternehmensexternen Steakholdern sowie die Verarbeitung von externen Informationen erfolgskritisch sind. Das Top-Management hat beispielsweise besseren Zugang zu Informationen der Makroumgebung des Unternehmens wie den Kapitalmärkten, der Gesetzgebung oder der Gesellschaft, wohingegen das operative Management einen intensiveren Informationsaustausch mit den Produkt- und Faktormärkten sowie dem kompetitiven Umfeld pflegt.[655] Bei der Verteilung der Verantwortung für unterschiedliche Projekte muss demnach berücksichtigt werden, wer überhaupt Zugang zu welchen Informationen hat und was bei der Auswahl der Teammitglieder für das jeweilige Projektstaffing unbedingt berücksichtigt werden muss. Eine falsche Teamaufstellung kann den gesamten Projekterfolg von vorne herein gefährden.[656]

Für eine erfolgreiche strategische Balance der beiden Optionen von Exploitation und Exploration ist der Zugang zu und die Verarbeitung von internen und externen Informationen erfolgskritisch. Nur über einen intensiven Informationsaustausch über alle Hierarchien hinweg sowie über eine gemeinsame Verarbeitung der externen und internen Informationen, können die richtigen Rückschlüsse für kontextadäquate Managemententscheidungen gezogen werden. Hierfür bedarf es einer Kultur der unvoreingenommenen Kommunikation sowie vor allem einer hinreichenden absorptiven Kapazität und ausgeprägter DMC.

---

654 Vgl. Nonaka/Hirose/Takeda (2016), S. 169f.
655 Vgl. Floyd/Lane (2000), S. 160ff.
656 Vgl. Siggelkow/Rivkin (2006), S. 779f.

5. Schlussbetrachtung

> *"Strategy in high-velocity markets is about creating a series of unpredictable advantages through timing and loosely structured organization. The strategic logic is opportunity and the imperative is when, where and how often to change."*[657]

EISENHARDT UND MARTIN bringen die Problemstellung, mit der sich Unternehmen in heutiger Zeit konfrontiert sehen, auf den Punkt. Märkte und Wettbewerbslandschaften sind in keiner Weise mehr (langfristig) vorhersehbar, die Halbwertszeit von Wettbewerbsvorteilen nimmt rapide ab und heute noch erfolgreiche strategische Positionen können auf einen Schlag obsolet werden. Unternehmen müssen sich in immer kürzeren Zyklen an neue Herausforderungen anpassen, wozu eine für viele Unternehmen vollkommen fremde, neue Kultur der Offenheit und Neugierde auf Neues nötig ist. Ein zu eng geknüpftes Strukturkorsett erscheint für erfolgreiches Wirtschaften nicht mehr zeitgemäß und ein Ausruhen auf Erfolgen von gestern ist höchst gefährlich für einen Fortbestand über ein Morgen hinaus.

Die Arbeit hat sich mit dem Vorhaben beschäftigt, einen weiteren Schritt auf dem Weg zu einer kompetenzbasierten Theorie der Unternehmung zu gehen und dabei auch Handlungsempfehlungen für die Managementpraxis aufzuzeigen. Im Folgenden wird sowohl ein kurzes Fazit der gewonnenen Einsichten gezogen als auch ein Ausblick auf weitere interessante Fragestellungen gegeben.

5.1 Fazit

Unternehmen sehen sich heute mit Herausforderungen konfrontiert, die mit tradierten Konzepten kaum mehr erfolgreich gemeistert werden können. Die Theorielandschaft hält bis dato keine integrierten Konzepte bereit, die abschließende Antworten auf aktuelle Fragen des kompetenzorientierten strategischen Managements geben können. Vor diesem Hintergrund wurde die Arbeit aufgenommen. Es konnten sowohl theoretische als auch praktische Implikationen herausgearbeitet werden, die in einer dyna-

---

[657] Eisenhardt/Martin (2000), S. 1118.

mischen Umwelt Lösungsvorschläge auf bisher ungelöste Probleme bereithalten. Auf Basis der grounded Theory und der skizzierten Zielsetzung konnte ein hypothesengenerierender Beitrag erarbeitet werden.

Auf dem Weg zu einer kompetenzbasierten Theorie der Unternehmung ist es unausweichlich, das Verständnis der unternehmerischen Leistungserstellung zu überdenken. Es ist Zeit, die seit längerem geforderte Integration der strategischen Innen- und Außenorientierung im kompetenzorientierten strategischen Management zu verwirklichen. Sowohl über das adaptierte Verständnis der Leistungserstellung und der unternehmerischen Leistungsbereitschaft als auch über die Fokussierung auf die Leistungsfähigkeit im Sinne der Kompetenzausstattung des Unternehmens, konnten erste integrative Schritte getan werden. Das ebenfalls adaptierte Verständnis der Transformationsprozesse, welche die unterschiedlichen Ebenen der Leistungserstellung im Sinne der unternehmerischen Kompetenzen verbinden, war ein weiterer Schritt in diese Richtung. Schließlich konnten die detaillierte Analyse der Kompetenzausstattung, die Lückenidentifikation als notwendige Vorstufe der Deutero Adaption für eine strategische Balance, die Erkenntnisse bezüglich ihrer Manipulationsmöglichkeiten sowie der ständig notwendige Abgleich der unternehmensinternen Potenziale mit den externen Herausforderungen seitens des Marktes und des Wettbewerbs das Bild abrunden.

Kompetenzen manifestieren sich in (Transformations-)Prozessen, die für einen Übergang zwischen zwei Ebenen der Leistungserstellung verantwortlich sind und zur Differenzierung des Unternehmens im Wettbewerb beitragen. Ein interner Kompetenztransfer im Sinne einer Kompetenzexploitation führt zu exploitativem Lernen, wohingegen eine interne Kompetenzhebelung im Sinne einer Kompetenzexploration exploratives Lernen impliziert. Hierfür wird absorptive Kapazität auf individueller und organisationaler Ebene benötigt, um interne wie externe Informationen aufnehmen und verarbeiten zu können.

Folgerichtig können über diese interdependenten Zusammenhänge in Verbindung mit DMC neue Chancen am Markt frühzeitig erkannt oder selbst geschaffen und anschließend auch ergriffen werden. Voraussetzung hierfür ist u.a. ein ständiger Strom an Informationen in das Unternehmen hinein sowie ein ungebremster Informationsaustausch innerhalb des Unternehmens, wofür wiederum das Unternehmen als offenes, adaptives System verstanden und strukturiert werden muss. Durch diesen Informationsfluss werden individuelles und organisationales Lernen induziert, das die Wissensbasis des Unternehmens auf einem aktuellen Stand hält. Dieser ständige Prozess der kontextgesteuerten Wissensaktualisierung ermöglicht es einem Unternehmen, sich zeitgemäß zu entwickeln, ggf. tradierte Konzepte hinter sich zu lassen oder eine die angezeigte Entwicklung konterkarierende Historie zu überwinden, sich für anstehende Herausforderungen flexibel aufzustellen und für externe Schocks gerüstet zu sein.

Ein wichtiger Hinweis auf dem Weg zur Lösung des Rätsels um die Beständigkeit der Leistungsfähigkeit von Unternehmen in turbulenten Umfeldern liegt in der Analyse der sich ständig verändernden Spielregeln des Wettbewerbs versteckt. Die Identifikation neuer Zusammenhänge und damit oft neuer, reziproker Kausalitäten für den Erfolg ist ein Schlüssel auf dem Weg zur Bewältigung der schnelllebigen Herausforderungen. Diese neuen Kausalitäten müssen erkannt und verstanden sowie im Rahmen der neuen Spielregeln zum eigenen Vorteil genutzt werden. Hierfür sind DMC nötig, die es dem Unternehmen ermöglichen, den Überblick zu behalten und unmittelbaren Einfluss auf die Kompetenzbasis zu nehmen. Sie werden selbst u.a. durch organisationales Lernen gefördert, wodurch das Netz der sich gegenseitig bedingenden Einflussfaktoren noch enger geknüpft wird und sich die Zyklen der notwendigen (strategischen) Erneuerungen weiter verkürzen.

Die Zielsetzung der Arbeit teilt sich in zwei Subziele auf. Zum einen sollte ein kompetenztheoretischer Beitrag erbracht werden, der einen weiteren Schritt auf dem Weg zu einer kompetenzbasierten Theorie der Unternehmung unterstützt. Sowohl die Adaption des Verständnisses der unternehmerischen Leistungserstellung, als auch die identifizierten Kompetenz-Manipulationsmöglichkeiten sowie die Erkenntnisse im Rahmen der Diskussionen zu den strategischen Optionen des Exploiting und Exploring konnten zu dieser Unterstützung beitragen. Zum anderen sollte herausgearbeitet werden, inwieweit Unternehmen ihre Leistungsfähigkeit erhalten, verbessern und für die Zukunft sichern können. Auch dieses Ziel konnte mit der Identifikation der interdependenten Zusammenhänge im kompetenzorientierten strategischen Management erreicht werden – relevante Determinanten wie Informationen, Lernen, Wissen und deren Verarbeitung, die notwendige absorptive Kapazität, die Relevanz von mentalen Modellen sowie der Einfluss von DMC konnten in ein Gesamtbild gebracht werden. Dieses Gesamtbild ermöglichte schließlich die Ableitung von Implikationen für die Managementpraxis.

Das Top-Management von Unternehmen muss sich im Klaren darüber sein, dass es heutzutage kaum mehr Situationen geben wird, in denen sich das Unternehmen auf seine aktuellen strategischen Aktionen und Überlegungen verlassen kann ohne sich zeitgleich aktiv Gedanken über Maßnahmen für ein zukünftiges Management des dynamischen Wandels zu machen. In erfolgreichen Zeiten muss die Phase für aktives (exploratives) Lernen und die Vorbereitung für die Zukunft genutzt werden, in weniger erfolgreichen Zeiten, muss umso mehr aktiv (exploitativ und explorativ) gelernt werden, um die Zukunft überhaupt zu erleben.

5.2 Ausblick

Die vorliegende Arbeit befasst sich mit Herausforderungen, denen sich Unternehmen in dynamischen Umwelten ausgesetzt sehen. Sie untersucht vor diesem Hintergrund das Potenzial der kompetenzorientierten Forschung, Antworten auf diese Herausforderungen seitens der Umweltdynamik geben zu können. Die Arbeit befasst sich jedoch weder mit spezifischen Fragestellungen im interorganisationalen Kontext noch wurden spezielle Herausforderungen für international agierende Unternehmen herausgearbeitet. Spezifika bestimmter Branchen blieben ebenso unberücksichtigt wie detaillierte Erkenntnisse aus bspw. der Leadership-Forschung. Aufgrund des hypothesengenerierenden Forschungsansatzes der grounded Theory wurden darüber hinaus qualitative oder quantitative empirische Daten weder erhoben noch ausgewertet.

Insbesondere der interorganisationale Kontext mit seinen Möglichkeiten zur Bildung von Netzwerken, Allianzen und Joint Ventures lässt weitere Einsichten vermuten. Speziell im Rahmen der Kompetenzentwicklung durch Exploration oder Exploitation lässt ein Lernen von und mit Partnern interessante Einsichten erwarten. Verknüpft werden könnte die kompetenzbasierte Forschung beispielsweise auch mit dem Konzept des Outsourcing im Rahmen der Fragestellung, ob eine Konzentration oder eine Diversifikation in turbulenten Zeiten größere Erfolgsaussichten bereithält.

Spezifische Herausforderungen im Kontext der Internationalität könnten ebenso interessante Fragestellungen aufwerfen wie eine Analyse von Unterschieden und Gemeinsamkeiten in einer oder mehrerer spezifischer Branchen. Es lässt sich beispielsweise vermuten, dass sich die aktuellen Rahmenbedingungen in der Dienstleistungsbranche von China in großem Maße von denen der norddeutschen Werften unterscheiden. Es ist auch vorstellbar, dass sich ein nationales Internet-Startup mit anderen spezifischen Herausforderungen aus seiner Unternehmensumwelt konfrontiert sieht als ein internationaler Pharmakonzern.

Ein weiterer interessanter Ansatzpunkt könnte die Berücksichtigung von Elementen aus der Leadership-Forschung sein. Die herausgearbeiteten Erfordernisse einer offenen Kultur als Enabler für eine Anpassung individueller und gemeinsamer mentaler Modelle des Top-Managements geben ebenfalls Stoff für weiteren wissenschaftlichen Diskurs. Nicht zuletzt bietet auch die hier angewendete Forschungsmethodik Anhaltspunkte für weitere Analysen. So liegt es z.B. nahe, die gewonnenen Erkenntnisse einer qualitativ-empirischen Verprobung zu unterziehen.

Im Ergebnis stellt die Arbeit einen weiteren Schritt in Richtung eines besseren Verstehens der Koevolution von Unternehmen als komplexe adaptive Systeme mit ihren dynamischen Umwelten dar. Antworten u.a. auf folgende zwei Fragen können erwartet werden:

- Wie kann mit und in komplexen adaptiven Systemen noch effizienter und effektiver gelernt werden?
- Wie können Unternehmen ihr Überleben in turbulenten Umwelten über einen kurzfristigen Horizont hinaus sicherstellen?

Literaturverzeichnis

A

Abell, D. (1999), Competing Today While Preparing for Tomorrow, in: Sloan Management Review, 40 (1999) 3, S. 73-81.

Adler, G.; Goldoftas, A.; Levine, D. (1999), Flexibility versus Efficiency?: A Case Study of Model Changeovers in the Toyota Production System, in: Organization Science, 10 (1999) 1, S. 43-68.

Adner, R; Helfat, C. (2003), Corporate Effects and Dynamic Managerial Capabilities, in: Strategic Management Journal, 24 (2003) 10, S. 1011-1025.

Albach, H.; Kaluza, B.; Kersten, W. (Hrsg., 2002), Wertschöpfungsmanagement als Kernkompetenz, Wiesbaden 2002.

Alvarez, S.; Barney, J. (2007), Discovery and Creation: Alternative Theories of Entrepreneurial Action, in: Strategic Entrepreneurship Journal, 1 (2007) 1-2, S. 11-26.

Ancona, D.; Goodman, P.; Lawrence, B.; Tushman, M. (2001), Time: A new research lens, in: Academy of Management Review, 26 (2001) 4, S. 645-663.

Anderson, B.; Covin, J.; Slevin, D. (2009), Understanding the Relationship between Entrepreneurial Orientation and Strategic Learning Capability: An empirical Investigation, in: Strategic Entrepreneurship Journal, 3 (2009) 3, S. 218-240.

Ansoff, H.; Brandenburg, R. (1971), A Language for Organization Design: Part I, in: Management Science, 17 (1971) 12, S. 705-716.

Argyris, C. (1982), Reasoning, Learning, and Action: Individual and Organizational, San Francisco 1982.

Argyris, C.; Schön, D. (1974), Theory in Practise: Increasing Professional Effectiveness, San Francisco 1974.

Argyris, C.; Schön, D. (1978), Organizational Learning: A Theory of Action Perspective, Reading 1978.

Arino, A.; De la Torre, J.; Ring, P. (2001), Relational Quality: Managing Trust in Corporate Alliances, in: California Management Journal, 44 (2001) 3, S. 109-131.

Arnold, U. (1995), Beschaffungsmanagement, Stuttgart 1995.

Arthur, W. (1989), Competing technologies, increasing returns, and lock-in by historical events, in: Economic Journal, 99 (1989) 394, S. 116-131.

Ashby, W. (1958), Requisite Variety and its Implications for the Control of Complex Systems, in: Cybernetica, 2 (1958) 1, S. 83-99.

Asmussen, C. (2015), Strategic Factor Markets, Scale Free Resources, and Economic Performance: The Impact of Product Market Rivalry, in: Strategic Management Journal, 36 (2015) 12, S. 1826-1844.

Augier, M.; Teece, D. (2007), Dynamic Capabilities and Multinational Enterprise: Penrosean Insights and Omissions, in: mir Management International Review, 47 (2007) 2, S. 175-192.

B

Bain, J. (1968), Industrial Organization: A Treatise, 2. Aufl., New York 1968.

Baladi, P. (1999), Knowledge and Competence Management: Ericsson Business Consulting.

Bamberger, I.; Wrona, T. (1996), Der Ressourcenansatz und seine Bedeutung für die Strategische Unternehmensführung, in: Zeitschrift für betriebswirtschaftliche Forschung, 48 (1996) 2, S. 130-139.

Barney, J. (1991), Firm Resources and Sustained Competitive Advantage, in: Journal of Management, 17 (1991) 1, S. 99-120.

Barney, J. (1995), Looking Inside for Competitve Advantage, in: Academy of Management Executive, 9 (1995) 4, S. 49-61.

Barney, J. (2002), Gaining and Sustaining Competitve Advantage, 2. Aufl., Upper Saddle River 2002.

Barney, J.; Wright, M.; Ketchen Jr., D. (2001), The resource-based view of the firm: Ten years after 1991, in: Journal of Management, 27 (2001) 9, S. 625-641.

Barrett, F. (1998), Creativity and Improvisation in Jazz and Organizations: Implications for Organizational Learning, in: Organization Science, 9 (1998) 5, S. 605-622.

Bateson, G. (1973), Steps to an Ecology of Mind: Collected Essays in Anthropology, Psychiatry, Evolution and Epistemology, London 1973.

Bateson, G. (1979), Mind and Nature, Glasgow 1979.

Bea, F.; Haas, J. (2001), Strategisches Management, 3. Aufl., Stuttgart 2001.

Becker, M.; Kloock, J.; Schmidt, R.; Wäscher, G. (Hrsg., 1998), Unternehmen im Wandel und Umbruch, Stuttgart 1998.

Beckman, C. (2006), The influence of founding team company affiliations on firm behavior, in: Academy of Management Journal, 49 (2006) 4, S. 741-758.

Bellmann, K. (Hrsg., 2001), Kooperations- und Netzwerkmanagement - Festgabe für Gert v. Kortzfleisch zum 80. Geburtstag, Berlin et al. 2001.

Bellmann, K.; Freiling, J.; Hammann, P.; Mildenberger, U. (Hrsg., 2002), Aktionsfelder des Kompetenz-Managements, Wiesbaden 2002.

Benner, M.; Tushman, M. (2002), Process management and technological innovation: A longitudinal study of the photography and paint industries, in: Administrative Science Quarterly, 47 (2002) 4, S. 676-706.

Benner, M.; Tushman, M. (2003), Exploration, Exploitation, and Process Management: The Productivity Dilemma revisited, in: Academy of Management Review, 28 (2003) 2, S. 238-256.

Bettis, R.; Prahalad, C. (1995), The Dominant Logic: Retrospective and Extension, in: Strategic Management Journal, 16 (1995) 1, S. 5-14.

Bingham, C.; Eisenhardt, K. (2008), Position, Leverage and Opportunity: A Typology of Strategic Logics Linking Resources with Competitive Advantage, in: Managerial and Decision Economics, 29 (2008) 2-3, S. 241-256.

Bingham, C.; Eisenhardt, K.; Furr, N. (2007), What makes a Process a Capability?: Heuristics, Strategy, and Effective Capture of Opportunities, in: Strategic Entrepreneurship Journal, 1 (2007) 1, S. 27-47.

Bleicher, K. (Hrsg.), Organisation als System, Wiesbaden 1972.

Blois, K.; Ramirez, R. (2006), Capabilities as marketable assets: A proposal for a functional categorization, in: Industrial Marketing Management, 35 (2006) 8, S. 1028-1031.

Bogner, W.; Thomas, H. (1994), Core Competence and Competitive Advantage: A Model and Illustrative Evidence from the Pharmaceutical Industry, in: Hamel, G.; Heene, A. (Hrsg.), Competence-Based Competition, Chichester, New York et al. 1994, S. 111-148.

Boos, F.; Jarmai, H. (1994), Kernkompetenzen: gesucht und gefunden, in: Harvard Business Manager, 16 (1994) 4, S. 19-26.

Börner, C. (2000), Die Integration marktorientierter und ressourcenorientierte Strategien, in: WISU, 29 (2000) 6, S. 817-821.

Bouncken, R. (2003), Organisationale Metakompetenzen: Theorie, Wirkungszusammenhänge, Ausprägungsformen und Identifikation, Wiesbaden 2003.

Bouncken, R. (2007), Kooperationen von klein- und mittelständischen Medienunternehmen: Empirische Ergebnisse zu Resultaten und der Verbindung von (Kern-)Kompetenzen, in: Zeitschrift für KMU und Entrepreneurship, 55 (2007) 1, S. 1-23.

Bresser, R.; Hitt, M.; Nixon, R. (Hrsg., 2000), Winning Strategies in a Deconstructing World, Chichester, New York et al. 2000.

Bresser, R.; Hitt, M.; Nixon, R. (2000), The Deconstruction of Integrated Value Chains, in: Bresser, R.K.F.; Hitt, M.A.; Nixon, R.D. (Hrsg.), Winning Strategies in a Deconstructing World, Chichester, New York et al. 2000, S. 1-21.

Brock, D.; Junge, M.; Diefenbach, H.; Keller, R.; Villanyi, D. (2009), Soziologische Paradigmen nach Talcott Parsons: Eine Einführung, Wiesbaden 2009.

Brown, A. (2000), Making sense of inquiry sensemaking, in: Journal of Management Studies, 37 (2000) 1, S. 45-75.

Brown, S.; Eisenhardt, K. (1995), Product development: past research, present findings, and future directions, in: Academy of Management Review, 20 (1995) 2, S. 343-378.

Brown, S.; Eisenhardt, K. (1998), Competing on the Edge: Strategy as Structured Chaos, Boston 1998.

Bruch, H. (2000), Intrapreneurship und Mitunternehmertum: Konzepte einer kompetenzbasierten Vitalisierung, in: Steinle, C.; Evans, P.; Shulman, L.E. (Hrsg.), Vitalisierung: das Management der neuen Lebendigkeit, Frankfurt a.M. et al. 2000, S. 207-231.

Buchner, H. (2002), Planung im turbulenten Umfeld: Konzeption idealtypischer Planungssysteme für Unternehmenskonfigurationen, München 2002.

Bühner, R. (2004), Mitarbeiterkompetenzen als Qualitätsfaktor: Strategieorientierte Personalentwicklung mit dem House of Competence, München und Wien 2004.

Bullinger, H.-J. (Hrsg., 1996), Lernende Organisationen, Stuttgart 1996.

Bullinger, H.-J.; Spath, D.; Warnecke H.-J.; Westkämper, E. (Hrsg., 2015), Handbuch Unternehmensorganisation: Strategien, Planung, Umsetzung, Berlin, Heidelberg und New York 2015.

Burgelman, R. (1991), Intraorganizational Ecology of Strategy Making and Organizational Adaption: Theory and Field Research, in: Organization Science, 2 (1991) 2, S. 239-262.

Burgelman, R. (2002), Strategy as Vector and the Inertia of Coevolutionary Lock-in, in: Administrative Science Quarterly, 47 (2002) 2, S. 325-357.

Bürki, D. (1996), Der "resource based view" Ansatz als neues Denkmodell des strategischen Managements, Bamberg 1996.

Burmann, C.; Freiling, J.; Hülsmann, M. (Hrsg., 2006), Neue Perspektiven des Strategischen Kompetenz-Managements, Wiesbaden 2006.

Burns, T.; Stalker, G. (1961), The Management of Innovation, London 1961.

Burr, W. (2002), Service Engineering bei technischen Dienstleistungen: Eine ökonomische Analyse der Modularisierung, Leistungstiefengestaltung und Systembündelung, Wiesbaden 2002.

Burr, W.; Moog, T. (2010), Wissensexploration und Wissensexploitation in der Dienstleistungserstellung: eine explorative Studie am Beispiel von IuK-Dienstleistungen, in: Stephan, M.; Kerber, W. (Hrsg.), Jahrbuch Strategisches Kompetenz-Management: Band 4: "Ambidextrie": Der unternehmerische Drahtseilakt zwischen Ressourcenexploration und -exploitation, München und Mering 2010, S. 187-213.

Burr, W.; Stephan, M., (Hrsg., 2017), Technologie, Strategie und Organisation, Wiesbaden 2017.

Burr, W.; Stephan, M., Werkmeister, C. (2011), Unternehmensführung: Strategien der Gestaltung und des Wachstums von Unternehmen, 2. Aufl., München 2011.

Burrell, G.; Morgan, G. (1979), Sociological paradigms and organisational analysis: elements of the sociology of corporate life, London und Boston 1979.

C

Chaffee, E. (1985), Three Models of Strategy, in: Academy of Management Review, 10 (1985) 1, S. 89-98.

Chapman, R.; Andrade, K. (1998), Insourcing after the outsourcing: MIS survival guide, New York 1998.

Chatain, O. (2014), How do Strategic Factor Markets respond to Rivalry in the Product Market?, in: Strategic Management Journal, 35 (2014) 13, S. 1952-1971.

Chatterjee, S.; Wernerfelt, B. (1991), The Link between Resources and Type of Diversification: Theory and Evidence, in: Strategic Management Journal, 12 (1991) 1, S. 33-49.

Cheng, Y.-T.; Van de Ven, A. (1996), Learning the Innovation Journey: Order out of Chaos?, in: Organization Science, 7 (1996) 6, S. 593-614.

Child, J.; Faulkner, D. (1998), Strategies of Cooperation: Managing Alliances, Networks, and Joint Ventures, New York 1998.

Chmielewicz, K. (1994), Forschungskonzeptionen der Wirtschaftswissenschaft, 3. Aufl., Stuttgart 1994.

Coase, R. (1937), The Nature of the Firm, in: Economica, 4 (1937) 16, S. 386-405.

Cockburn, I.; Henderson, R.; Stern, S. (2000), Untangling the Origins of Competitive Advantage, in: Strategic Management Journal, 21 (2000) 10/11, S. 1123-1145.

Cohen, W.; Levinthal, D. (1990), Absorptive Capacity: A New Perspective on Learning and Innovation, in: Administrative Science Quarterly, 35 (1990) 3, S. 128-152.

Collis, D. (1994), Research note: How valuable are organizational capabilities, in: Strategic Management Journal, 15 (1994) Winter Special Issue, S. 143-152.

Collis, D.; Montgomery, C. (1995), Competing on Resources: Strategy in the 1990s, in: Harvard Business Review, 73 (1995) 7/8, S. 118-128.

Collis, D.; Montgomery, C. (1998), Creating Corporate Advantage, in: Harvard Business Review, 76 (1998) 5/6, S. 70-83.

Conner, K. (1991), A Historical Comparison of Resource-based Theory and Five Schools of Thought within Industrial Organization Economics: Do We Have a New Theory of the Firm?, in: Journal of Management, 17 (1991) 1, S. 121-154.

Conner, K.; Prahalad, C. (1996), A Resource based Theory of the Firm, in: Organization Science, 7 (1996) 5, S. 477-501.

Corsten, H.; Reiß, M. (Hrsg., 1995), Handbuch Unternehmensführung - Konzepte-Instrumente-Schnittstellen, Wiesbaden 1995.

Corsten, H.; Will, T. (Hrsg., 1995), Unternehmensführung im Wandel - Strategien zur Sicherung des Erfolgspotentials, Stuttgart 1995.

Courtney, H.; Kirkland, J.; Viguerie, P. (1997), Strategy under Uncertainty, in: Harvard Business Review, 75 (1997) 6, S. 67-79.

Covin, J.; Slevin, D. (1989), Strategic Management of Small Firms in Hostile and Benign Environments, in: Strategic Management Journal, 10 (1989) 1, S. 75-87.

D

D'Aveni, R. (1994), Hypercompetition: Managing the Dynamics of Strategic Maneuvering, New York 1994.

Danneels, E. (2002), The Dynamics of Product Innovation and Firm Competences, in: Strategic Management Journal, 23 (2002) 12, S. 1095-1121.

Danneels, E. (2003), Tight-Loose Coupling with Customers: The Enactment of Customer Orientation, in: Strategic Management Journal, 24 (2003) 6, S. 559-576.

Danneels, E. (2007), The Process of Technological Competence Leveraging, in: Strategic Management Journal, 28 (2007) 5, S. 511-533.

Danneels, E. (2008), Organizational Antecedents of Second-Order Competences, in: Strategic Management Journal, 29 (2008) 5, S. 519-543.

Danneels, E. (2016), Survey Measures of First- and Second-Order Competences, in: Strategic Management Journal, 37 (2016) 10, S. 2174-2188.

Davenport, T.; Short, J. (1990), The new industrial engineering: Information technology and business process redesign, in: Sloan Management Review, 31 (1990) 4, S. 11-28.

De Geus, A. (1988), Planning as Learning, in: Harvard Business Review, 66 (1988) 2, S. 70-74.

Demsetz, H. (1988), The Theory of the Firm Revisited, in: Journal of Law, Economics, and Organization, 4 (1988) 1, S. 141-161.

Denzin, N.; Lincoln, Y. (Hrsg., 1994), Handbook of Qualitative Research, Thousand Oaks 1994.

Deutsch, K.; Diedrichs, E.; Raster, M.; Westphal, J. (Hrsg., 1997), Gewinnen mit Kernkompetenzen - Die Spielregeln des Marktes neu definieren, München und Wien 1997.

Deutsch, K.; Diedrichs, E.; Raster, M.; Westphal, J. (1997a), Kernkompetenzen: Dynamischer Mechanismus zur signifikanten und nachhaltigen Steigerung von Kundennutzen, in: Deutsch, K.J.; Diedrichs, E.P.; Raster, M.; Westphal, J. (Hrsg.), Gewinnen mit Kernkompetenzen: Die Spielregeln des Marktes neu definieren, München und Wien 1997, S. 20-30.

Deutsch, K.; Diedrichs, E.; Raster, M.; Westphal, J. (1997b), Der Prozess des Managements von Kernkompetenzen, in: Deutsch, K.J.; Diedrichs, E.P.; Raster, M.; Westphal, J. (Hrsg.), Gewinnen mit Kernkompetenzen: Die Spielregeln des Marktes neu definieren, München und Wien 1997, S. 31-48.

Dhanaraj, C.; Lyles, M.; Steensma, H.; Tihanyi, L. (2004), Managing tacit and explicit knowledge transfer in IJVs: the role of relational embedddedness and the impact on performance, in: Journal of International Business Studies, 35 (2004), S. 428-442.

Dierickx, I.; Cool, K. (1989), Asset Stock Accumulation and Sustainability of Competitive Advantage, in: Management Science, 35 (1989) 12, S. 1504-1511.

Doppler, K.; Fuhrmann, H.; Lebbe-Waschke, B.; Voigt, B. (2002), Unternehmenswandel gegen Widerstände: Change Management mit den Menschen, Frankfurt a.M. 2002.

Dosi, G. (1988), Sources, procedures, and microeconomic effects of innovation, in: Journal of Economic Literature, 26 (1988) 3, S. 1120-1171.

Dougherty, D. (1992), A practice-centered model of organizational renewal through product innovation, in: Strategic Management Journal, 13 (1992) Summer Special Issue, S. 77-92.

Duden (2006), Deutsches Universalwörterbuch, 6. Aufl., Mannheim 2006.

Dürrschmidt, P.; Mahn, M. (1996), Kernkompetenz Mitarbeiterorientierung, in: Strasmann, J.; Schüller, A.M. (Hrsg.), Kernkompetenzen: Was Unternehmen wirklich erfolgreich macht, Stuttgart 1996, S. 119-161.

Duschek, S. (2002), Innovation in Netzwerken: Renten, Relationen, Regeln, Wiesbaden 2002.

Dutton, J.; Dukerich, J. (1991), Keeping an Eye on the Mirror: The Role of Image and Identify in Organizational Adaption, in: Academy of Management Journal, 34 (1991) 3, S. 517-554.

Dyer, J. (1997), Effective Interfirm Collaboration: How Firms Minimize Transaction Costs and Maximize Transaction Value, in: Strategic Management Journal, 18 (1997) 7, S. 535-556.

Dyer, J.; Singh, H. (1998), The Relational View: Cooperative Strategy and Sources of Interorganizational Competitive Advantage, in: Academy of Management Review, 23 (1998) 4, S. 660-679.

E

Edeling, T.; Jann, W.; Wagner, D. (Hrsg., 1999), Institutionenökonomie und Neuer Institutionalismus, Opladen 1999.

Eggers, J.; Kaplan, S. (2013), Cognition & Capabilities. A Multi-Level Perspective, in. Academy of Management Annals, 7 (2013) 1, S. 293-338.

Ehret, M. (2000), Innovative Kapitalnutzung, Wiesbaden 2000.

Eisenhardt, K. (2002), Has strategy changed?, in: Sloan Management Review, 43 (2002) 2, S. 88-91.

Eisenhardt, K.; Furr, N.; Bingham, C. (2010), Crossraods – Mircofoundations of Performance: Balancing Efficiency and Flexibility in Dynamic Environments, in: Organization Science, 21 (2010) 6, S. 1263-1273.

Eisenhardt, K.; Martin, J. (2000), Dynamic Capabilities: What Are They?, in: Strategic Management Journal, 21 (2000) 10/11, S. 1105-1121.

Eisenhardt, K.; Sull, D. (2001), Strategy as Simple Rules, in: Harvard Business Review, 79 (2001) 1, S. 107-116.

Eisenhardt, K.; Zbaracki, M. (1992), Strategic Decision Making, in: Strategic Management Journal, 13 (1992) Winter Special Issue, S. 17-37.

Eisenkopf, A.; Opitz, C.; Proff, H. (Hrsg., 2008), Strategisches Kompetenz-Management in der Betriebswirtschaftslehre - Eine Standortbestimmung, Wiesbaden 2008.

Ericson, T. (2001), Sensemaking in Organisations: towards a conceptual framework for understanding strategic change, in: Scandinavian Journal of Management, 17 (2001) 1, S. 109-131.

Erlei, M.; Leschke, M.; Sauerland, D. (1999), Neue Institutionenökonomik, Stuttgart 1999.

Ethiraj, S.; Kale, P.; Krishnan, M.; Singh, J. (2005), Where do Capabilities come from and how do they matter?: A study in the software service industry, in: Strategic Management Journal, 26 (2005) 1, S. 25-45.

F

Fahy, J. (2000), The resource-based view of the firm: some stumbling-blocks on the road to understanding sustainable competitve advantage, in: Journal of European Industrial Training, 24 (2000) 2/3/4, S. 94-104.

Fearns, H. (2004), Entstehung von Kernkompetenzen: Eine evolutionstheoretische Betrachtung, Wiesbaden 2004.

Feinberg, S.; Gupta, A. (2004), Knowledge spill-overs and the assignment of R&D responsibilities to foreign subsidiaries, in: Strategic Management Journal, 25 (2004) 8-9, S. 823-845.

Ferrier, W. (2001), Navigating the Competitive Landscape: The Drivers and Consequences of Competitive Aggressiveness, in: Academy of Management Journal, 44 (2001) 4, S. 858-877.

Fichtner, H. (2008), Unternehmenskultur im Strategischen Kompetenzmanagement, Wiesbaden 2008.

Fiol, C. (1991), Managing Culture and Competitive Resource: An Identity-Based View of Sustainable Competitive Advantage, 17 (1991) 1, S. 191-211.

Fiol, C.; Lyles, M. (1985), Organizational Learning, in: Academy of Management Review, 10 (1985) 4, S. 803-814.

Fisch, H.; Kertels, K. (2010), Exploration and exploitation of technological knowledge in R&D cooperation: An Analysis of patent citations by German manufacturing firms, in: Stephan, M.; Kerber, W. (Hrsg.), Jahrbuch Strategisches Kompetenz-Management: Band 4: "Ambidextrie": Der unternehmerische Drahtseilakt zwischen Ressourcenexploration und -exploitation, München und Mering 2010, S. 149-160.

Fischer, M.; Himme, A.; Albers, S. (2007), Management in mittelständischen Unternehmensnetzwerken: Eine empirische Untersuchung, in: Zeitschrift für Betriebswirtschaft, 77 (2007) 6, Special Issue, S. 1-20.

Floyd, S.; Lane, P. (2000), Strategizing throughout the Organization: Managing Role Conflict in Strategic Renewal, in: Academy of Management Review, 25 (2000) 1, S. 154-177.

Forrester, J. (1972), Grundzüge einer Systemtheorie, Wiesbaden 1972.

Foschiani, S. (2000), Projektorientierte Strategieentwicklung, in: Foschiani, S.; Habenicht, W.; Schmid, U.; Wäscher, G. (Hrsg.), Strategisches Management im Zeichen von Umbruch und Wandel: Festschrift für Prof. Dr. Erich Zahn zum 60. Geburtstag, Stuttgart 2000, S. 341-370.

Foschiani, S.; Habenicht, W.; Schmid, U.; Wäscher, G. (Hrsg., 2000), Strategisches Management im Zeichen von Umbruch und Wandel - Festschrift für Prof. Dr. Erich Zahn zum 60. Geburtstag, Stuttgart 2000.

Foss, K.; Foss, N. (2004), The Next Step in the Evolution of the RBV: Integration with Transaction Cost Economics, in: management review, 15 (2004) 1, S. 107-121.

Foss, N. (1996a), The Emerging Competence Perspective, in: Foss, N.J.; Knudsen, T. (Hrsg.), Towards a Competence Theory of the Firm, London und New York 1996, S. 1-12.

Foss, N. (1996b), Knowledge-Based Approaches to Theory of the Firm: Some Critical Comments, in: Organization Science, 7 (1996) 5, S. 470-476.

Foss, N.; Klein, P.; Kor, Y.; Mahoney, J. (2008), Entrepreneurship, Subjectivism, and the Resource-Based-View: Toward a New Synthesis, in: Strategic Entrepreneurship Journal, 1 (2008) 2, S. 73-94.

Foss, N.; Knudsen, T. (Hrsg., 1996), Towards a Competence Theory of the Firm, London und New York 1996.

Foss, N.; Knudsen, T. (2003), The Resource-Based Tangle: Towards a Sustainable Explanation of Competitve Advantage, in: Managerial and Decision Economics, 24 (2003) 4, S. 291-307.

Freiling, J. (2001), Resource-based View und ökonomische Theorie: Grundlagen und Positionierung des Ressourcenansatzes, Wiesbaden 2001.

Freiling, J. (2002), Terminologische Grundlagen des Resource-based View, in: Bellmann, K.; Freiling, J.; Hammann, P.; Mildenberger, U. (Hrsg.), Aktionsfelder des Kompetenz-Managements, Wiesbaden 2002, S. 3-28.

Freiling, J. (2004a), Competence-based View der Unternehmung, in: Die Unternehmung, 58 (2004) 1, S. 5-25.

Freiling, J. (2004b), A Competence-based Theory of the Firm, in: management review, 15 (2004) 1, S. 27-52.

Freiling, J. (2008), RBV and the Road to the Control of External Organizations, in: management review, 19 (2008) 1-2, S. 33-52.

Freiling, J.; Gersch, M.; Goeke, C. (2005), Let's Tackle some Fundamental Issues: Setting Up a Consistent Competence-based Theory of the Firm, Paper for the Seventh International Conference on Competence-based Management, June 2 - June 4, Antwerpen, Belgien 2005.

Freiling, J.; Gersch, M.; Goeke, C. (2006a), Notwendige Basisentscheidungen auf dem Weg zu einer Competence-based Theory of the Firm, in: Burmann, C.; Freiling, J.; Hülsmann, M. (Hrsg.), Neue Perspektiven des Strategischen Kompetenz-Managements, Wiesbaden 2006, S. 3-34.

Freiling, J.; Gersch, M.; Goeke, C. (2006b), Eine "Competence-based Theory of the Firm" als marktprozesstheoretischer Ansatz: Erste disziplinäre Basisentscheidungen eines evolutorischen Forschungsprogramms, in: Schreyögg, G.; Conrad, P. (Hrsg.), Management von Kompetenz, Wiesbaden 2006, S. 37-82.

Freiling, J.; Gersch, M.; Goeke, C. (2008a), Interaktive, qualitative Forschungsdesigns im Rahmen der empirischen Forschung zum Strategischen Kompetenz Management (Abstract), in: Eisenkopf, A.; Opitz, C.; Proff, H. (Hrsg.), Strategisches Kompetenz-Management in der Betriebswirtschaftslehre: Eine Standortbestimmung, Wiesbaden 2008, S. 393-398.

Freiling, J.; Gersch, M.; Goeke, C. (2008b), On the Path towards a Competence-based Theory of the Firm, in: Organization Studies, 29 (2008) 8 & 9 Special Issue, S. 1143-1164.

Freiling, J.; Gersch, M.; Goeke, C. (2008c), Die kompetenztheoretische Erklärung von Unternehmungen anhand des Organisationalen Ambientes (Abstract), in: Eisenkopf, A.; Opitz, C.; Proff, H. (Hrsg.), Strategisches Kompetenz-Management in der Betriebswirtschaftslehre: Eine Standortbestimmung, Wiesbaden 2008, S. 3-12.

Friedrich, S. (1995a), Ressourcen und Kompetenzen als Bezugspunkte strategischen Denkens und Handelns: zur Renaissance einer stärkeren potentialorientierten Führung, in: Hinterhuber, H.H. (Hrsg.), Die Herausforderungen der Zukunft meistern: Globalisierung, Potentialorientierung und Fokussierung, Frankfurt a.M. und Berlin 1995, S. 319-354.

Friedrich, S. (1995b), Mit Kernkompetenzen im Wettbewerb gewinnen, in: io new management, 64 (1995) 4, S. 87-91.

G

Gagsch, B. (2002), Wandlungsfähigkeit von Unternehmen: Konzept für ein kontextgerechtes Management des Wandels, Frankfurt a.M. 2002.

Galunic, C.; Eisenhardt, K. (2001), Architectural innovation and modular corporate forms, in: Academy of Management Journal, 44 (2001) 6, S. 1229-1250.

Garcia Sanz, F.; Semmler, K.; Walther, J. (Hrsg., 2007), Die Automobilindustrie auf dem Weg zur globalen Netzwerkkompetenz - Effiziente und flexible Supply Chains erfolgreich gestalten, Berlin, Heidelberg und New York 2007.

Gassmann, O.; Keller, L. (2004), Der Weg zur Service-Oase, in: Harvard Business Manager, 25 (2004) 8, S. 49-57.

Ghemawat, P. (1991), Commitment: The Dynamic of Strategy, New York 1991.

Ghemawat, P.; Del Sol, P. (1998), Commitment versus Flexibility?, in: California Management Review, 40 (1998) 4, S. 26-42.

Gioia, D.; Chittipeddi, K. (1991), Sensemaking and sensegiving in strategic change initition, in: Strategic Management Journal, 12 (1991) 6, S. 433-448.

Glaser, H.; Schröder, E.; Von Werder, A. (Hrsg., 1998), Organisation im Wandel der Märkte, Wiesbaden 1998.

Gleich, R. (Hrsg., 2004), Network Value Added: Planung und Steuerung von Netzwerken in der Automobilindustrie 2004.

Gluck, F.; Kaufman, S.; Walleck, A. (1980), Strategic Management of Competitive Advantage, in: The McKinsey Quarterly, 17 (1980) 4, S. 2-16.

Goeke, C. (2005), Unternehmenskooperation und Branchentransformation: Eine Analyse aus coevolutorischer Perspektive, Wiesbaden 2005.

Goldmann, E. (2007), Strategic Thinking at the Top, in: Sloan Management Review, 48 (2007) 4, S. 75-81.

Golfetto, F.; Gibbert, M. (2006), Marketing competencies and the sources of customer value in business markets, in: Industrial Marketing Management, 35 (2006) 8, S. 904-912.

Golfetto, F.; Mazursky, D. (2004), Competence-Based Marketing, in: Harvard Business Review, 82 (2004) 12, S. 26.

Grant, R. (1991), The Resource-Based Theory of Competitive Advantage: Implications for Strategy Formulation, in: California Management Review, 33 (1991) 3, S. 114-135.

Grant, R. (1996a), Prospering in Dynamically-competitive Environments: Organizational Capability as Knowledge Integration, in: Organization Science, 7 (1996) 4, S. 375-387.

Grant, R. (1996b), Toward a Knowledge-based Theory of the Firm, in: Strategic Management Journal, 17 (1996) Winter Special Issue, S. 109-122.

Grant, R. (1997), The Knowledge-based View of the Firm: Implications for Management Practice, in: Long Range Planning, 30 (1997) 3, S. 450-454.

Grant, R. (2003), Startegic Planning in a Turbulent Environment: Evidence from the Oil Majors, in: Strategic Management Journal, 24 (2003) 6, S. 491-517.

Grant, R. (2008), Contemporary Strategy Analysis, 6. Aufl., Malden, Oxford und Carlton 2008.

Greschner, J. (1996), Lernfähigkeit von Unternehmen, Frankfurt a.M. 1996.

Gupta, A.; Smith, K.; Shalley, C. (2006), The Interplay between Exploration and Exploitation, in: Academy of Management Journal, 49 (2006) 4, S. 693-706.

Güttel, W.; Konlechner, S.; Müller B. (2012), Entscheidungsmuster und Veränderungsarchitekturen in Wandelprozessen: Eine Dynamic Capabilities-Perspektive, in: Zeitschrift für betriebswirtschaftliche Forschung, 64 (2012) 9, S. 630-654.

H

Haeckel, S. (1999), Adaptive Enterprise: Creating and Leading Sense-and-Respond Organizations, Boston 1999.

Häflinger, G.; Meier, J. (Hrsg., 2000), Aktuelle Tendenzen im Innovationsmanagement - Festschrift für Werner Popp zum 65. Geburtstag, Heidelberg 2000.

Hahn, D.; Taylor, B. (Hrsg., 1999), Strategische Unternehmensplanung - Strategische Unternehmensführung - Stand und Entwicklungstendenzen, 8. Aufl., Heidelberg 1999.

Hall, R. (1992), The Strategic Analysis of Intangible Resources, in: Strategic Management Journal, 13 (1992) 2, S. 135-144.

Hall, R. (1993), A Framework Linking Intangible Resources and Capabilities to Sustainable Competitive Advantage, in: Strategic Management Journal, 14 (1993) 8, S. 607-618.

Hamel, G. (1991), Competition for Competence and Inter-Partner Learning Within International Strategic Alliances, in: Strategic Management Journal, 12 (1991) Summer Special Issue, S. 83-103.

Hamel, G. (1994), The Concept of Core Competence, in: Hamel, G.; Heene, A. (Hrsg.), Competence-Based Competition, Chichester, New York et al. 1994, S. 11-33.

Hamel, G.; Heene, A. (Hrsg., 1994), Competence-Based Competition, Chichester, New York et al. 1994.

Hamel, G.; Prahalad, C. (1989), Strategic Intent, in: Harvard Business Review, 67 (1989) 3, S. 63-76.

Hamel, G.; Prahalad, C. (1993), Strategy as Stretch and Leverage, in: Harvard Business Review, 71 (1993) 2, S. 75-84.

Hamel, G.; Prahalad, C. (1994), Competing for the Future, Boston 1994.

Hammann, P.; Freiling, J. (Hrsg., 2000), Die Ressourcen- und Kompetenzperspektive des Strategischen Managements, Wiesbaden 2000.

Han, H.-S.; Lee, J.-N.; Seo, Y.-W. (2008), Analyzing the impact of a firm's capability on outsourcing success: A process perspective, in: Information & Management, 45 (2008) 1, S. 31-42.

Hänggi, G. (1998), Macht der Kompetenz: Ausschöpfung der Leistungspotanziale durch zukunftsgerichtete Kompetenzentwicklung, Frechen 1998.

He, Z.-L.; Wong, P.-K. (2004), Exploration vs. Exploitation: An Empirical Test of the Ambidexterity Hypothesis, in: Organization Science, 15 (2004) 4, S. 481-494.

Heene, A.; Sanchez, R. (Hrsg., 1997), Competence-Based Strategic Management, Chichester, New York et al. 1997.

Heikkilä, J.; Cordon, C. (2002), Outsourcing: a core or non-core strategic management decision?, in: Strategic Change, 11 (2002) 4, S. 183-193.

Helfat, C. (2000), Guest Editor's Introduction to the Special Issue: The Evolution of Firm Capabilities, in: Strategic Management Journal, 21 (2000) 10/11, S. 955-959.

Helfat, C.; Finkelstein, S.; Mitchell, W.; Peteraf, M.; Singh, H.; Teece, D.; Winter, S. (2007), Dynamic Capabilities: Understanding Strategic Change in Organizations, Malden, Oxford und Carlton 2007.

Helfat, C.; Peteraf, M. (2015), Managerial Cognitive Capabilities and the Microfoundations of Dynamic Capabilities, in: Strategic Management Journal, 36 (2015) 6, S. 831-850.

Helfat, C.; Raubitschek, R. (2000), Product Sequencing: Co-Evolution of Knowledge, Capabilities and Products, in: Strategic Management Journal, 21 (2000) 10/11, S. 961-979.

Helleloid, D.; Simonin, B. (1994), Organizational Learning and a Firm's Core Competence, in: Hamel, G.; Heene, A. (Hrsg.), Competence-Based Competition, Chichester, New York et al. 1994, S. 213-239.

Henderson, R.; Cockburn, I. (1994), Measuring Competence?: Exploring firm effects in pharmaceutical research, in: Strategic Management Journal, 15 (1994) Winter Special Issue, S. 63-84.

Heß, G. (2010), Supply-Strategien in Einkauf und Beschaffung: Systematischer Ansatz und Praxisfälle, 2. Aufl., Wiesbaden 2010.

Heyse, V.; Erpenbeck, J. (1997), Der Sprung über die Kompetenzbarriere: Kommunikation, selbstorganisiertes Lernen und Kompetenzentwicklung von und in Unternehmen, Bielefeld 1997.

Hill, R.; Levenhagen, M. (1995), Metaphors and Mental Models: Sensemaking and Sensegiving in Innovative and Entrepreneurial Activities, in: Journal of Management, 21 (1995) 6, S. 1057-1074.

Hilpisch, Y. (2006), Options Based Management: Von Realoptionsansatz zur optionsbasierten Unternehmensführung, Wiesbaden 2006.

Hinterhuber, H. (Hrsg., 1995), Die Herausforderungen der Zukunft meistern - Globalisierung, Potentialorientierung und Fokussierung, Frankfurt a.M. und Berlin 1995.

Hinterhuber, H.; Friedrich, S. (1999), Markt- und ressourcenorientierte Sichtweise zur Steigerung des Unternehmenswertes, in: Hahn, D.; Taylor, B. (Hrsg.), Strategische Unternehmensplanung - Strategische Unternehmensführung: Stand und Entwicklungstendenzen, Heidelberg 1999, S. 990-1018.

Hinterhuber, H.; Handlbauer, G.; Matzler, K. (2003), Kundenzufriedenheit durch Kernkompetenzen: Eigene Potentiale erkennen - entwicklen - umsetzen, 2. Aufl., München und Wien 2003.

Holstrom, B.; Tirole, J. (1989), The Theory of the Firm, in: Schmalensee, R.; Willig, R.D. (Hrsg.), Handbook of Industrial Organization: Band 1, Amsterdam 1989, S. 61-133.

Homburg, C.; Krohmer, H. (2009a), Grundlagen des Marketingmanagements: Einführung in Strategie, Instrumente, Umsetzung und Unternehmensführung, 2. Aufl., Wiesbaden 2009.

Homburg, C.; Krohmer, H. (2009b), Marketingmanagement: Strategie - Instrumente - Umsetzung - Unternehmensführung, 3. Aufl., Wiesbaden 2009.

Hommel, U.; Scholich, M.; Vollrath, R. (Hrsg., 2001), Realoptionen in der Unternehmenspraxis - Wert schaffen durch Flexibilität, Heidelberg 2001.

Homp, C. (2000), Entwicklung und Aufbau von Kernkompetenzen, Wiesbaden 2000.

Horváth, P. (Hrsg., 2006), Wertschöpfung braucht Werte - Wie Sinngebung zur Leistung motiviert, Stuttgart 2006.

Horváth, P.; Gleich, R. (Hrsg., 2003), Neugestaltung der Unternehmensplanung - Innovative Konzepte und erfolgreiche Praxislösungen, Stuttgart 2003.

Horváth, P.; Seiter, M.; Zahn, E.; Krauer, V.; Unsöld, C. (2007), Bleiben, Gehen oder Rückkehren?: Ergebnisse der empirischen Studie "Erfolgsfaktoren der Entwicklung und Produktion in Deutschland", in: Zahn, E. (Hrsg.), Erfolgreich produzieren am Standort Deutschland: Eine strategische Herausforderung, Bonn 2007, S. 115-159.

Hotho, J.; Becker-Ritterspach, F.; Saka-Helmhout, A. (2012), Enriching Absorptive Capacity through Social Interaction, in: British Journal of Management, 3 (2012) 23, 383-401.

Huff, J.; Huff, A.; Thomas, H. (1992), Strategic renewal and the interaction of cumulative stress and inertia, in: Strategic Management Journal, 13 (1992) Summer Special issue, S. 55-75.

Hughes, M.; Morgan, R.E.; Ireland, R.D.; Hughes, P. (2014), Social Capital and Learning Advantages: A Problem of Absorptive Capacity, in: Strategic Entrepreneurship Journal, 3 (2014) 8, S. 214-233.

Hülsmann, M.; Wycsik, C. (1996), Selbstorganisation als Ansatz zur Flexibilisierung der Kompetenzstrukturen, in: Burmann, C.; Freiling, J.; Hülsmann, M. (Hrsg.), Neue Perspektiven des Strategischen Kompetenz-Managements, Wiesbaden 1996, S. 325-350.

Hümmer, B. (2001), Strategisches Management von Kernkompetenzen im Hyperwettbewerb: Operationalisierung kernkompetenzorientierten Managements für dynamische Umfeldbedingungen, Wiesbaden 2001.

Hüning, C.; Morath, J. (2002), Prozessoptimierung als strategischer Erfolgsfaktor, in: Diebold Management Report (2002) 4, S. 10-13.

I

Ibarra, H.; Hunter, M. (2007), Wie Manager Netzwerke richtig nutzen, in: Harvard Business Manager, 28 (2007) 7, S. 44-54.

Ireland, R.; Hitt, M. A.; Vaidyanath, D. (2002), Alliance Management as a Source of Competitive Advantage, in: Journal of Management, 28 (2002) 3, S. 413-446.

J

Jacobides, M.; Winter, S. (2005), The Co-Evolution of Capabilities and Transaction Costs: Explaining the Institutional Structure of Production, in: Strategic Management Journal, 26 (2005) 5, S. 395-413.

Jansen, J.; Van den Bosch, F.; Volberda, H. (2005), Managing Potential and Realized Absorptive Capacity: How Do Organizational Antecedents Matter?, in: Academy of Management Journal, 48 (2005) 6, S. 999-1015.

K

Kaiser, S.; Rössing, I. (2010), Die Nutzung externer Wissensanbieter zwischen Exploration und Exploitation: eine qualitative Analyse, in: Stephan, M.; Kerber, W. (Hrsg.), Jahrbuch Strategisches Kompetenz-Management: Band 4: "Ambidextrie": Der unternehmerische Drahtseilakt zwischen Ressourcenexploration und -exploitation, München und Mering 2010, S. 161-183.

Kale, P.; Singh, H. (2007), Building Firm Capabilities through Learning: The Role of the Alliance Learning Process in Alliance Capability and Firm-Level Alliance Success, in: Strategic Management Journal, 28 (2007) 10, S. 981-1000.

Kale, P.; Singh, H. (2009), Managing Strategic Alliances: What Do We Know Now, and Where Do We Go From Here?, in: Academy of Management Perspectives, 23 (2009) 3, S. 45-62.

Kale, P.; Singh, H.; Perlmutter, H. (2000), Learning and Protection of Proprietary Assets in Strategic Alliances: Building Relational Capital, in: Strategic Management Journal, 21 (2000) 3, S. 217-237.

Kaluza, B.; Blecker, T. (Hrsg., 2000), Produktions- und Logistikmanagement in Virtuellen Unternehmen und Unternehmensnetzwerken, Berlin, Heidelberg und New York 2000.

Kaluza, B.; Blecker, T. (Hrsg., 2005), Erfolgsfaktor Flexibilität - Strategien und Konzepte für wandlungsfähige Unternehmen, Berlin 2005.

Karagiannis, D.; Rieger, B. (Hrsg., 2006), Herausforderungen in der Wirtschaftsinformatik - Festschrift für Hermann Krallmann, Berlin, Heidelberg und New York 2006.

Kasper, H.; Mühlbacher, J.; Von Rosenstiel, L. (2005), Manager-Kompetenzen im Wandel: Widersprüchliche wechselseitige Erwartungen des Top- und Mittelmanagements, in: Zeitschrift Führung & Organisation, 74 (2005) 5, S. 260-264.

Katila, R.; Ahuja, G. (2002), Something Old, Something New: A Longitudinal Study of Search Behavior and Product Introduction, in: Academy of Management Journal, 45 (2002) 6, S. 1183-1194.

Kemper, H.-G.; Pedell, B.; Schäfer, H. (Hrsg. 2011), Management vernetzter Produktionssysteme: Innovation, Nachhaltigkeit und Risikomanagement, München 2011.

Kenney, M. (1996), The Role of Information: Knowledge and Value in the late 20th Century, in: Futures, 28 (1996) 8, S. 695-707.

Keough, M; Doman, A. (1992), The CEO as Organization Designer, in: The McKinsey Quarterly, 2 (1992) 2, S. 3-30.

Kern, W. (Hrsg., 1996), Handbuch der Produktionswirtschaft, 2. Aufl., Stuttgart 1996.

Kessler, T. (2010), Ambidextrie im Kontext der Tertiarisierung des Industriesektors: Dimensionen der Balance bei Service Transition-Strategien, in: Stephan, M.; Kerber, W. (Hrsg.), Jahrbuch Strategisches Kompetenz-Management: Band 4: "Ambidextrie": Der unternehmerische Drahtseilakt zwischen Ressourcenexploration und -exploitation, München und Mering 2010, S. 215-240.

Kim, D. (1993), The Link between Individual and Organizational Learning, in: Sloan Management Review, 35 (1993) 1, S. 37-50.

Kinzler, P. (2005), Das Management strategischer Kerne: Wettbewerbsvorteile durch kohärente Geschäftssysteme, Wiesbaden 2005.

Kirsch, W. (Hrsg. 1991), Unternehmenspolitik und strategische Unternehmensführung, Herrsching 1991.

Kirsch, W. (1991), Grundzüge des Strategischen Managements, in: Kirsch, W. (Hrsg.), Unternehmenspolitik und strategische Unternehmensführung, Herrsching 1991, S. 3-37.

Klein, J.; Edge, G.; Kass, T. (1991), Skill-Based Competition, in: Journal of General Management, 16 (1991) 4, S. 1-15.

Klimecki, R.; Laßleben, H.; Thomae, M. (2000), Organisationales Lernen, in: Schreyögg, G.; Conrad, P. (Hrsg.), Organisatorischer Wandel und Transformation, Wiesbaden 2000, S. 63-98.

Klimecki, R.; Probst, G.; Eberl, P. (1991), Systementwicklung als Managementproblem, in: Staehle, W.H.; Sydow, J. (Hrsg.), Managementforschung I, Berlin und New York 1991, S. 103-162.

Knafl, H. (1995), "Die" Konzentration auf Kernkompetenzen in Unternehmen als Faktor für erfolgreichen Wettbewerb, Graz 1995.

Knudsen, T. (1996), The Competence-Perspective: A Historical View, in: Foss, N.J.; Knudsen, T. (Hrsg.), Towards a Competence Theory of the Firm, London und New York 1996, S. 13-37.

Kogut, B.; Zander, U. (1992), Knowledge of the Firm, Combinative Capabilities, and the Replication of Technology, in: Organization Science, 3 (1992) 3, S. 383-397.

Koprax, I.; Kronlechner, S. (2014), Dynamic Managerial Capabilities in Action: Top Management Team Configuration an Asset Orchestration in High-Tech Start-Up Firms, in: Journal of Competenced Strategic Management, 1 (2014) 7, S. 11-33.

Kor, Y.Y.; Mesko, A. (2013), Dynamic Managerial Capabilities: Configuration and Orchestration of Top Executives' Capabilities and the Firm's Dominant Logic, in Strategic Management Journal, 2 (2013) 34, S. 233-244.

Krallmann, H. (Hrsg., 2000), Wettbewerbsvorteile durch Wissensmanagement - Methoden und Anwendungen des Knowledge Managment, Stuttgart 2000.

Kronlechner, S.; Güttel, W. (2010), Die Evolution von Replikationsstrategien im Spannungsfeld von Exploration und Exploitation, in: Stephan, M.; Kerber, W. (Hrsg.), Jahrbuch Strategisches Kompetenz-Management: Band 4: "Ambidextrie": Der unternehmerische Drahtseilakt zwischen Ressourcenexploration und -exploitation, München und Mering 2010, S. 27-56.

Krüger, W.; Homp, C. (1996), Kernkompetenzen: Charakteristik, Formen und Wirkungsweise, Arbeitspapier Nr. 2/96 an der Universität Gießen, Gießen 1996.

Krüger, W.; Homp, C. (1997), Kernkompetenz-Management: Steigerung von Flexibilität und Schlagkraft im Wettbewerb, Wiesbaden 1997.

L

Lakatos, I. (1974), Falsifikationen und die Methodologie wissenschaftlicher Forschungsprogramme, in: Lakatos, I.; Musgrave, A. (Hrsg.), Kritik und Erkenntnisfortschritt, Braunschweig 1974.

Lakatos, I.; Musgrave, A. (Hrsg., 1974), Kritik und Erkenntnisfortschritt, Braunschweig 1974.

Lane, P.; Lubatkin, M. (1998), Relative Absorptive Capacity and Interorganizational Learning, in: Strategic Management Journal, 19 (1998) 5, S. 461-477.

Langlois, R.; Robertson, P. (1995), Firms, Markets and Economic Change: A Dynamic Theory of Business Institutions, London 1995.

Laureiro-Martinez, D.; Brusconi, S.; Canessa, N.; Zollo, M. (2015), Understanding the Exploration–Exploitation dilemma: An FMRI study of Attention Control and Decision-Making Performance, in: Strategic Management Journal, 3 (2015) 36, S. 319-338.

Lavie, D.; Rosenkopf, L. (2006), Balancing Exploration and Exploitation in Alliance Formation, in: Academy of Management Journal, 49 (2006) 4, S. 797-818.

Le Breton-Miller, I.; Miller, D. (2015), The Paradox of Resource Vulnerability: Considerations for Organizational Curatorship, in Strategic Management Journal, 36 (2015) 3, S. 397-415.

Lee, J.; Lee, J.; Lee, H. (2003), Exploration and Exploitation in the Presence of Network Externalities, in: Management Science, 49 (2003) 4, S. 553-570.

Lei, D.; Hitt, M.; Bettis, R. (1996), Dynamic Core Competences through Meta-Learning and Strategic Context, in: Journal of Management, 22 (1996) 4, S. 549-569.

Leonard-Barton, D. (1992a), The Factory as a Learning Laboratory, in: Sloan Management Review, 34 (1992) 1, S. 23-38.

Leonard-Barton, D. (1992b), Core Capabilities and Core Rigidites: A Paradox in Managing New Product Development, in: Strategic Management Journal, 13 (1992) Summer Special Issue, S. 111-125.

Leonard-Barton, D. (1995), Wellsprings of Knowledge: Building and Sustaining the Sources of Innovation, Boston 1995.

Levinthal, D. (1991), Organizational adaption and environmental selection : Iinterrelated processes of change, in: Organization Science, 2 (1991) 2, S. 140-145.

Levinthal, D. (1997), Adaption on Rugged Landscapes, in: Management Science, 43 (1997) 7, S. 934-950.

Levinthal, D.; March, J. (1993), The Myopia of Learning, in: Strategic Management Journal, 14 (1993) 1, S. 95-112.

Levitt, B.; March, J. (1988), Organizational Learning, in: Annual Review of Sociology, 14 (1988) 1, S. 319-340.

Levitt, T. (1980), Marketing Success through Differentiation - of Anything, in: Harvard Business Review, 58 (1980) 1, S. 83-91.

Lewin, A. (1998), Jazz Improvisation as a Metaphor for Organization Theory, in: Organization Science, 9 (1998) 5, S. 539.

Lewin, A.; Long, C.; Carroll, T. (1999), The Coevolution of New Organisational Forms, in: Organization Science, 10 (1999) 5, S. 535-550.

Lichtenthaler, U. (2009), Absorptive Capacity, Environmental Turbulence, and the Complementarity of Organizational Learning Processes, in: Academy of Management Journal, 52 (2009) 4, S. 822-846.

Lienhard, P. (2008), Kompetenzbasierte Entwicklung junger Unternehmen unter Ausnutzung dienstleistungsbezogener Wachstumspotenziale, Frankfurt a.M. et al. 2008.

Linder, J.C. (2004), Transformational Outsourcing, in: Sloan Management Review, 45 (2004) 2, S. 52-58.

Liu, H.; Luo, J.; Huang, J. X.-F. (2011), Organizational learning, NPD and environmental uncertainty: An ambidexterity perspective, in: Asian Business & Management (2011) 10, S. 529-553.

Lorino, P. (2001), A Pragmatic Analysis of the Role of Management Systems in Organizational Learning, in: Sanchez, R. (Hrsg.), Knowledge Management and Organizational Competence, Oxford 2001, S. 177-209.

Lorino, P.; Tarondeau, J.-C. (2002), From Resources to Processes in Competence-Based Strategic Management, in: Morecroft, J.; Sanchez, R.; Heene, A. (Hrsg.), Systems Perspectives on Resources, Capabilities, and Management Processes, Oxford 2002, S. 127-152.

Lovas, B.; Goshal, S. (2000), Strategy as Guided Evolution, in: Strategic Management Journal, 21 (2000) 9, S. 857-896.

Luksha, P. (2003), Firm as a Self-Reproducing System, in: Proceedings of the 47th Annual Meting of the International Society for the Systems Sciences, Hersonissos, Crete (2003).

M

Madhok, A. (1996), The Organization of Economic Activity: Transaction Costs, Firm Capabilities and the Nature of Governance, in: Organization Science, 7 (1996) 5, S. 577-590.

Makadok, R. (2001), Toward a synthesis of the resource-based and dynamic-capability views of rent creation, in: Strategic Management Journal, 22 (2001) 5, S. 387-401.

Malik, F. (2000), Systemisches Management, Evolution, Selbstorganisation: Grundprobleme, Funktionsmechnismen und Lösungsansätze für komplexe Systeme, 2. Aufl., Bern, Stuttgart und Wien 2000.

March, J. (1991), Exploration and Exploitation in Organizational Learning, in: Organization Science, 2 (1991) 1, S. 71-87.

March, J. (1996), Continuity and Change in Theories of Organizational Actions, in: Administrative Science Quarterly, 41 (1996) 2, S. 278-287.

March, J. (2006), Rationality, Foolishness, and Adaptive Intelligence, in: Strategic Management Journal, 27 (2006) 3, S. 201-214.

March, J.G.; Olsen, J.P. (Hrsg. 1976), Ambiguity and Choice in Organizations, Bergen, Oslo et al. 1976.

March, J.; Olsen, J. (1976), Organizational Learning and the Ambiguity of the Past, in: March, J.G.; Olsen, J.P. (Hrsg.), Ambiguity and Choice in Organizations, Bergen, Oslo et al. 1976, S. 54-68.

Maritan, C. (2001), Capital investment as investing in organizational capabilities: en empirically grounded process model, 44 (2001) 4, S. 513-531.

Markides, C. (1998), Strategic Innovation in Established Companies, in: Sloan Management Review, 39 (1998) 3, S. 31-42.

Markides, C. (1999), A Dynamic View of Strategy, in: Sloan Management Review, 40 (1999) 3, S. 55-63.

Markides, C. (2001), Strategy as Balance: From "Either-Or" to "And", in: Business Strategy Review, 12 (2001) 3, S. 1-10.

Markides, C.; Williamson, P. (1994), Related Diversification, Core Competences and Corporate Performance, in: Strategic Management Journal, 15 (1994) Special Issue, S. 149-165.

Marquardt, G. (2003), Kernkompetenzen als Basis der strategischen und organisationalen Unternehmensentwicklung, Wiesbaden 2003.

Mason, E. (1939), Price and Production Policies of Large-Scale Enterprises, in: American Economic Review, 26 (1939) 1, S. 61-74.

McGrath, R. (2001), Exploratory learning, innovative capacity, and managerial oversight, in: Academy of Management Journal, 44 (2001) 1, S. 118-131.

McKelvey, B. (1997), Quasi-Natural Organization Science, in: Organization Science, 8 (1997) 4, S. 352-380.

Meffert, H.; Burmann, C. (2000), Strategische Flexibilität und Strategiewechsel in turbulenten Märkten, in: Häflinger, G.E.; Meier, J.D. (Hrsg.), Aktuelle Tendenzen im Innovationsmanagement: Festschrift für Werner Popp zum 65. Geburtstag, Heidelberg 2000, S. 173-215.

Mehra, A.; Floyd, S. (1998), Product market heterogeneity, resource imitability and strategic group formation, in: Journal of Management, 24 (1998) 4, S. 511-532.

Melin, L. (1992), Internationalization as a Strategy Process, in: Strategic Management Journal, 13 (1992) Winter Special Issue, S. 99-118.

Mellewigt, T. (2003), Management von Strategischen Kooperationen: Eine ressourcenorientierte Untersuchung in der Telekommunikationsbranche, Wiesbaden 2003.

Merry, U. (2000), The Information Age, New Science, and Organizations, in: Emergence, 2 (2000) 3, S. 19-39.

Miller, D. (1983), The Correlates of Entrepreneurship in Three Types of Firms, in Management Science, 29 (1983) 7, S. 770-791.

Miller, D. (2003), An Assymmetry-Based View of Advantage: Towards an Attainable Sustainability, in: Strategic Management Journal, 24 (2003) 10, S. 961-976.

Miller, K.; Zhao, M.; Calantone, R. (2006), Adding Interpersonal Learning and Tacit Knowledge to March's Exploration-Exploitation Model, in: Academy of Management Journal, 49 (2006) 4, S. 709-722.

Miner, A.; Mezias, S. (1996), Ugly Duckling No More: Pasts and Futures of Organizational Learning Research, in: Organization Science, 7 (1996) 1, S. 88-99.

Mintzberg, H. (1973), The Nature of Managerial Work, New York 1973.

Mintzberg, H. (1978), Patterns in Strategy Formation, in: Management Science, 24 (1978) 9, S. 934-948.

Mintzberg, H. (1995), Die Strategische Planung: Aufstieg, Niedergang und Neubestimmung, München und Wien 1995.

Mintzberg, H. (2000), The Rise and Fall of Strategic Planning, Toronto 2000.

Mintzberg, H.; Ahlstrand, B.; Lampel, J. (1998), Strategy Safari: A Guided Tour through the Wilds of Strategic Management, New York 1998.

Moldaschl, M.; Fischer, D. (2004), Beyond the Management View: A Ressource-Centered Socio-Economic Perspective, in: management review, 15 (2004) 1, S. 122-151.

Möller, K. (2006a), Unternehmensnetzwerke und Erfolg : Eine empirische Analyse von Einfluss- und Gestaltungsfaktoren, in: Zeitschrift für betriebswirtschaftliche Forschung, 58 (2006) 8, S. 1051-1076.

Möller, K. (2006b), Role of competences in creating customer value: A value-creation logic approach, in: Industrial Marketing Management, 35 (2006) 8, S. 913-924.

Morecroft, J. (2002), Resource Management Under Dynamic Complexity, in: Morecroft, J.; Sanchez, R.; Heene, A. (Hrsg.), Systems Perspectives on Resources, Capabilities, and Management Processes, Oxford 2002, S. 19-39.

Morecroft, J. (2007), Strategic Modelling and Business Dynamics: A feedback systems approach, Chichester, New York et al. 2007.

Morecroft, J.; Sanchez, R.; Heene, A. (Hrsg., 2002), Systems Perspectives on Resources, Capabilities, and Management Processes, Oxford 2002.

Morecroft, J.; Sanchez, R.; Heene, A. (2002), Integrating Systems Thinking and Competence Concepts in a New View of Resources, Capabilities, and Management Processes, in: Morecroft, J.; Sanchez, R.; Heene, A. (Hrsg.), Systems Perspectives on Resources, Capabilities, and Management Processes, Oxford 2002, S. 3-16.

Mowery, D.; Oxley, J.; Silverman, B. (1996), Strategic alliances and interfirm knowledge transfer, in: Strategic Management Journal, 17 (1996) Winter Special Issue, S. 77-91.

Müller, I. (2007), A History of Thermodynamics: The Doctrine of Energy and Entropie, Berlin 2007.

Müller, N. (2006), Die Wirkung innovationsorientierter Kooperationsnetzwerke auf den Innovationserfolg, in: Burmann, C.; Freiling, J.; Hülsmann, M. (Hrsg.), Neue Perspektiven des Strategischen Kompetenz-Managements, Wiesbaden 2006, S. 243-277.

Müller-Stewens, G.; Lechner, C. (2001), Strategisches Management: Wie strategische Initiativen zum Wandel führen, Stuttgart 2001.

N

Nasner, N. (2004), Strategisches Kernkompetenz-Management, München und Mering 2004.

Nelson, R.; Winter, S. (1982), An Evolutionary Theory of Economic Change, Cambridge und London 1982.

Nonaka, I.; Hirose, A.; Takeda, Y. (2016), 'Meso'-Foundations of Dynamic Capabilities: Team-Level Synthesis and Distributed Leadership as the Source of Dynamic Creativity, in: Global Strategy Journal, 6 (2016) 3, S. 168-182.

Nonaka, I.; Takeuchi, H. (1995), The Knowledge-Creating Company: How Japanese Companies Create the Dynamics of Innovation, New York 1995.

Nonaka, I.; Takeuchi, H. (1997), Die Organisation des Wissens: Wie japanische Unternehmen eine brachliegende Ressource nutzbar machen, Frankfurt a.M., New York et al. 1997.

Nonaka, I.; Toyama, R. (2002), A firm as a dialectical being: Towards a dynamic Theory of a firm, in: Industrial and Corporate Change, 11 (2002) 5, S. 995-1009.

North, D. (1990), Institutions, Institutional Change and Economic Performance, Cambridge 1990.

O

Osiyevskyy, O.; Dewald, J. (2015), Explorative Versus Exploitative Business Model Change: The Cognitive Antecedents of Firm-Level Responses to Disruptive Innovation, in: Strategic Entrepreneurship Journal, 1 (2015) 9, S. 58-78.

Osterloh, M. (1994), Neue Ansätze im Technologiemanagement: Vom Technologieportfolio zum Portfolio der Kernkompetenzen, in: io new management, 63 (1994) 5, S. 47-50.

Osterloh, M.; Frey, B.; Frost, J. (1999), Was kann das Unternehmen besser als der Markt?, in: Zeitschrift für Betriebswirtschaft, 69 (1999) 12, S. 1245-1262.

Oviatt, B.; McDougall, P. (1994), Toward a Theory of New International Ventures, in: Journal of International Business Studies, 25 (1994) 1, S. 45-64.

P

Papmehl, A.; Siewers, R. (Hrsg., 1999), Wissen im Wandel - die lernende Organisation im 21. Jahrhundert, Wien 1999.

Pawlowsky, P. (1992), Betriebliche Qualifikationsstrategien und organisationales Lernen, in: Staehle, W.H.; Conrad, P. (Hrsg.), Managementforschung II, Berlin und New York 1992, S. 177-238.

Peng, M.; Sun, S.; Pinkham, B.; Chen, H. (1990), The Institution-Based View as a Third Leg for a Strategy Tripod, in Academy of Management Perspectives, 23 (2009) 3, S. 63-81.

Penrose, E. (1959), The Theory of the Growth of the Firm, Oxford und New York 1959.

Peteraf, M. (1993), The Cornerstones of Competitive Advantage: A Resource-Based View, in: Strategic Management Journal, 14 (1993) 3, S. 179-191.

Peteraf, M.; Di Stefano, G.; Verona, G. (2013), The Elephant in the Room of Dynamic Capabilities: Bringing two Diverging Conversations together, in Strategic Management Journal, 12 (2013) 34, S. 1389-1410.

Pettigrew, A. (1992), The Chraracter and Significance of Strategy Process Research, in: Strategic Management Journal, 13 (1992) Winter Special Issue, S. 5-16.

Polanyi, M. (1966), The Tacit Dimension, New York 1966.

Popper, K. (1959), The Logic of Scientific Discovery, London 1959.

Poppo, L.; Zenger, T. (1998), Testing Alternative Theories of the Firm: Transaction Cost, Knowledge-Based, and Measurement Explanations for Make-or-Buy Decisions in Information Services, in: Strategic Management Journal, 19 (1998) 9, S. 853-877.

Porter, M. (1980), Competitive Strategy: Techniques for Analyzing Industries and Competitors, New York 1980.

Porter, M. (1981), The Contributions of Industrial Organizations to Strategic Management, in: Academy of Management Review, 6 (1981) 4, S. 609-620.

Porter, M. (1985), Competitive Advantage: Creating and Sustaining Superior Performance, New York 1985.

Porter, M. (1996), What is Strategy?, in: Harvard Business Review, 74 (1996) 6, S. 61-78.

Prahalad, C.; Hamel, G. (1990), The Core Competence of the Corporation, in: Harvard Business Review, 68 (1990) 3, S. 79-91.

Prahalad, C.; Hamel, G. (1991), Nur Kernkompetenzen sichern das Überleben, in: Harvard Business Manager, 13 (1991) 2, S. 66-78.

Prange, C. (2002), Organisationales Lernen und Wissensmanagement: Fallbeispiele aus der Unternehmenspraxis, Wiesbaden 2002.

Priem, R.; Butler, J. (2001a), Tautology in the Resource-based View and the Implications of Externally Determined Resource-Value: Further Comments, in: Academy of Management Review, 26 (2001) 1, S. 57-66.

Priem, R.; Butler, J. (2001b), Is the Resource-Based "View" a useful Perspective for Strategic Management Research?, in: Academy of Management Review, 26 (2001) 1, S. 22-40.

Probst, G.; Büchel, B. (1994), Organisationales Lernen, Wiesbaden 1994.

Probst, G.; Deussen, A.; Eppler, M.; Raub, S. (2000), Kompetenzmanagement: Wie Individuen und Organisationen Kompetenz entwickeln, Wiesbaden 2000.

Probst, G.; Raub, S. (1998), Kompetenzorientiertes Wissensmanagement, in: Zeitschrift Führung & Organisation, 67 (1998) 1, S. 132-138.

Proff, H. (2000), Ableitung ressourcenorientierter Wettbewerbsvorteile und -stategien aus einem "Modell der Ressourcenveredelung", in: Hammann, P.; Freiling, J. (Hrsg.), Die Ressourcen- und Kompetenzperspektive des Strategischen Managements, Wiesbaden 2000, S. 137-166.

Proff, H.; Haberle, K. (2010), Begrenzung von Ambidextrie durch konsistentes dynamisches Management, in: Stephan, M.; Kerber, W. (Hrsg.), Jahrbuch Strategisches Kompetenz-Management: Band 4: "Ambidextrie": Der unternehmerische Drahtseilakt zwischen Ressourcenexploration und -exploitation, München und Mering 2010, S. 81-118.

Punch, K. (2006), Introduction to Social Research: Quantitative and Qualitative Appraoches, 2. Aufl., London, Thousand Oaks und New Delhi 2006.

Q

Quinn, J.; Hilmer, F. (1994), Strategic Outsourcing, in: Sloan Management Review, 35 (1994) 4, S. 43-55.

R

Rasche, C. (1994), Wettbewerbsvorteile durch Kernkompetenzen: Ein ressourcenorientierter Ansatz, Wiesbaden 1994.

Rasche, C. (2000), Der Resource Based View im Lichte des hybriden Wettbewerbs, in: Hammann, P.; Freiling, J. (Hrsg.), Die Ressourcen- und Kompetenzperspektive des Strategischen Managements, Wiesbaden 2000, S. 69-125.

Rasche, C.; Wolfrum, B. (1994), Ressourcenorientierte Unternehmensführung, in: Die Betriebswirtschaft, 54 (1994) 4, S. 501-517.

Raub, S.; Büchel, B. (1996), Organisationales Lernen und Unternehmensstrategie - "core capabilities" als Ziel und Resultat organisationalen Lernens, in: Zeitschrift Führung & Organisation, 65 (1996) 1, S. 26-31.

Reed, R.; De Fillippi, R. (1990), Causal Ambiguity, Barriers to Imitation, and Sustainable Competitive Advantage, in: Academy of Management Review, 15 (1990) 1, S. 88-102.

Reeves, M.; Deimler, M. (2009), New Bases of Competitive Advantage: The Adaptive Imperative, in: BCG Perspectives (2009) 10, S. 1-4.

Reinhart, G.; Dürrschmidt, S.; Hirschberg, A.; Selke, C. (1999), Reaktionsfähigkeit für Unternehmen: Eine Antwort auf turbulente Märkte, in: Zeitschrift für wirtschaftlichen Fabrikbetrieb, 94 (1999) 1/2, S. 21-24.

Reiß, M. (2000), Koordinatoren in Unternehmensnetzwerken, in: Kaluza, B.; Blecker, T. (Hrsg.), Produktions- und Logistikmanagement in Virtuellen Unternehmen und Unternehmensnetzwerken, Berlin, Heidelberg und New York 2000, S. 217-248.

Reiß, M. (2011a), Coopetition: Wie lassen sich Kooperation und Konkurrenz im Projektmanagement kombinieren?, in: Projektmanagement aktuell, 22 (2011) 3, S. 22-27.

Reiß, M. (2011b), Vernetzte Führung zwischen Kooperation und Konkurrenz, in: Personalführung, 44 (2011) 7, S. 22-29.

Reiß, M. (2012), Coopetition in Netzwerken: Entwicklungsperspektiven für die Forschung, in: Zeitschrift Führung & Organisation, 81 (2012) 1, S. 45-50.

Reiß, M.; Beck, T. (1995), Kernkompetenzen in virtuellen Netzwerken: Der ideale Strategie-Struktur-Fir für wettbewerbsfähige Wertschöpfungssysteme?, in: Corsten, H.; Will, T. (Hrsg.), Unternehmensführung im Wandel: Strategien zur Sicherung des Erfolgspotentials, Stuttgart 1995, S. 33-60.

Rese, M. (2000), Anbietergruppen in Märkten, Tübingen 2000.

Rese, M. (2002), Zur Existenz strategischer Kompetenzgruppen: Eine ökonomische Betrachtung, in: Bellmann, K.; Freiling, J.; Hammann, P.; Mildenberger, U. (Hrsg.), Aktionsfelder des Kompetenz-Managements, Wiesbaden 2002, S. 257-274.

Richter, A. (1999), Innovationserfolg durch Netzwerk-Kompetenz, in: Absatzwirtschaft (1999) 1, S. 68-71.

Riess, S. (1998), Kernkompetenz im Vertrieb: Ein ressourcenorientierter Strategieansatz, Wiesbaden 1998.

Roß, A. (2004), Netzwerkkompetenz als strategische Ressource und Wertsteigerungspotenzial von vernetzten Unternehmen, in: Network Value Added: Planung und Steuerung von Netzwerken in der Automobilindustrie (2004), S. 183-200.

Roß, A. (2006), Wertsteigerung durch Netzwerkkompetenz: Konzeption und praktisches Vorgehen, Lohmar und Köln 2006.

Rothaermel, F. (2001), Research Note: Incumbents advantage through exploiting complementary assets via interfirm cooperation, in: Strategic Management Journal, 22 (2001) 6-7, S. 687-699.

Rühli, E. (1995), Ressourcenmanagement: Strategischer Erfolg durch Kernkompetenzen, in: Die Unternehmung, 49 (1995) 2, S. 91-105.

Rumelt, R. (1974), Strategy, Structure and Economic Performance, Boston 1974.

Ruttan, V. (1997), Induced innovation, evolutionary theory and path dependence: sources of technical change, in: Economic Journal, 107 (1997) 444, S. 1520-1529.

S

Sanchez, R. (1996), Strategic Product Creation: Managing new Interactions of Technology, Markets and Organizations, in: European Management Journal, 14 (1996) 2, S. 121-139.

Sanchez, R. (1997), Managing Articulated Knowledge in Competence-based Competition, in: Sanchez, R.; Heene, A. (Hrsg.), Strategic Learning and Knowledge Management, Chichester, New York et al. 1997, S. 163-187.

Sanchez, R. (Hrsg., 2001), Knowledge Management and Organizational Competence, Oxford 2001.

Sanchez, R. (2004), Understanding competence-based management: Identifying and managing five modes of competence, in: Journal of Business Research, 57 (2004) 5, S. 518-532.

Sanchez, R.; Heene, A. (1996), A Systems View of the Firm in Competence-based Competition, in: Sanchez, R.; Heene, A.; Thomas, H. (Hrsg.), Dynamics of Competence-Based Competition: Theory and Practice in the New Strategic Management, Kidlington, Tarrytown und Tokyo 1996, S. 39-62.

Sanchez, R.; Heene, A. (Hrsg., 1997), Strategic Learning and Knowledge Management, Chichester, New York et al. 1997.

Sanchez, R.; Heene, A. (1997a), Reinventing Strategic Management: New Theory and Practice for Competence-based Competition, in: European Management Journal, 15 (1997) 3, S. 303-317.

Sanchez, R.; Heene, A. (1997b), Competence-based Strategic Management: Concepts and Issues for Theory, Research and Practice, in: Heene, A.; Sanchez, R. (Hrsg.), Competence-Based Strategic Management, Chichester, New York et al. 1997, S. 3-41.

Sanchez, R.; Heene, A. (2004), The New Strategic Management: Organization, Competition, And Competence, New York 2004.

Sanchez, R.; Heene, A. (Hrsg., 2005), Competence Perspectives on Managing Interfirm Interactions, Amsterdam et al. 2005.

Sanchez, R.; Heene, A. (Hrsg. 2005), Competence Perspectives on Managing Internal Processes, Amsterdam et al. 2005.

Sanchez, R.; Heene, A. (2005), Introduction, in: Sanchez, R.; Heene, A. (Hrsg.), Competence Perspectives on Managing Internal Processes, Amsterdam et al. 2005, S. XI-XVII.

Sanchez, R.; Heene, A.; Thomas, H. (Hrsg., 1996), Dynamics of Competence-Based Competition - Theory and Practice in the New Strategic Management, Kidlington, Tarrytown und Tokyo 1996.

Sanchez, R.; Heene, A.; Thomas, H. (1996), Towards the Theory and Practice of Competence-based Competition, in: Sanchez, R.; Heene, A.; Thomas, H. (Hrsg.), Dynamics of Competence-Based Competition: Theory and Practice in the New Strategic Management, Kidlington, Tarrytown und Tokyo 1996, S. 1-35.

Saxton, T. (1997), The Effects of Partner and Relationship Characteristics on Alliance Outcomes, in: Academy of Management Journal, 40 (1997) 2, S. 443-461.

Schendel, D. (1992a), Introduction to the Winter 1992 Special Issue: Fundamental Themes in Strategy Process Research, in: Strategic Management Journal, 13 (1992) Winter Special Issue, S. 1-3.

Schendel, D. (1992b), Introduction to the Summer Special Issue: Strategy Process - Managing Corporate Self-Renewal, in: Strategic Management Journal, 13 (1992) Summer Special Issue, S. 1-4.

Schilke, O. (2014), On the Contingent Value of Dynamic Capabilities for Competitive Advantage: the Nonlinear Moderating Effect of Environmental Dynamism, in: Strategic Management Journal, 2 (2014) 35, S. 179-203.

Schilling, M. (1998), Technological lockout: an integrative model of the economic and strategic factors driving technology success and failure, in: Academy of Management Review, 23 (1998) 2, S. 267-284.

Schmalensee, R.; Willing, R.; (Hrsg., 1989), Handbook of Industrial Organization – Band 1, Amsterdam 1989.

Schmidt, S. (2000), Megamerger in der pharmazeutischen Industrie: Ein Beitrag zur Stratgieprozessforschung, Bern, Stuttgart und Wien 2000.

Schmidt, S. (2005), Lernen, Wissen, Kompetenz, Kultur: Vorschläge zur Bestimmung von vier Unbekannten, Heidelberg 2005.

Schneider, D. (1997), Betriebswirtschaftslehre: Band 3: Theorie der Unternehmung, München und Wien 1997.

Schneider, D. (1998), Vorläufer der Lehre von den Kernkompetenzen: Von Xenophons Kyrupaedie über Babbage's Prinzip zu Lists "Gesetz zur Kraftvereinigung", in: Glaser, H.; Schröder, E.; Von Werder, A. (Hrsg.), Organisation im Wandel der Märkte, Wiesbaden 1998, S. 343-358.

Schneider, D. (2001), Theorie der Evolution der Unternehmung im Wettbewerb, in: Journal für Betriebswirtschaft, 51 (2001) 4, S. 152-161.

Schniederjans, M.; Zuckweiler, K. (2004), A quantitative approach to the outsourcing-insourcing decision in an international context, in: Management Decision, 42 (2004) 8, S. 974-986.

Schnurer, K.; Mandl, H. (2004), Wissensmanagement mit dem Ziel des Kompetenzaufbaus, in: Von Rosenstiel, L.; Pieler, D.; Glas, P. (Hrsg.), Strategisches Kompetenzmanagement: Von der Strategie zur Kompetenzentwicklung in der Praxis, Wiesbaden 2004, S. 127-145.

Schoemaker, P. (1992), How to Link Strategic Vision to Core Capabilities, in: Sloan Management Review, 33 (1992) 3, S. 67-81.

Schreyögg, G.; Conrad, P. (Hrsg., 2000), Organisatorischer Wandel und Transformation, Wiesbaden 2000.

Schreyögg, G.; Conrad, P. (Hrsg., 2006), Management von Kompetenz, Wiesbaden 2006.

Schreyögg, G.; Kliesch, M. (2005), Organisationale Kompetenzen und die Möglichkeiten ihrer Dynamisierung: Eine strategische Perspektive, in: QUEM-report (2005) 94, S. 3-49.

Schreyögg, G.; Kliesch, M. (2006), Zur Dynamisierung Organisationaler Kompetenzen: "Dynamic Capabilities" als Lösungsansatz?, in: Zeitschrift für betriebswirtschaftliche Forschung, 58 (2006) 4, S. 455-476.

Schumpeter, J. (1934), The Theory of Economic Development: An Inquiry into Profits, Capital, Credit, Interest, and the Business Cycle, Cambridge 1934.

Schumpeter, J. (1950), Kapitalismus, Sozialismus und Demokratie, München 1950.

Schüppel, J. (1996), Wissensmanagement: Organisatorisches Lernen im Spannungsfeld von Wissens- und Lernbarrieren, Wiesbaden 1996.

Schwaninger, M. (1999), Intelligente Organisationen: Strukturen für organisationale Intelligenz und Kreativität, in: Papmehl, A.; Siewers, R. (Hrsg.), Wissen im Wandel: die lernende Organisation im 21. Jahrhundert, Wien 1999, S. 317-360.

Schwaninger, M.; Kaiser, C. (2007), Erfolgsfaktoren organisatorischen Wandels, in: Zeitschrift für betriebswirtschaftliche Forschung, 59 (2007) 3, S. 150-172.

Seibert, F. (1997), Capability Integration as the Process of Building Core Competence: An Empirical Study, Bern, Stuttgart und Wien 1997.

Selznick, P. (1957), Leadership in Administration: A sociological Perspective, New York und Tokio 1957.

Siggelkow, N.; Levinthal, D. (2003), Temporarily divide to conquer: Centralized, decentralized, and reintegrated organizational approaches to exploration and adaption, in: Organization Science, 14 (2003) 6, S. 650-669.

Siggelkow, N.; Rivkin, J. (2006), When Exploration Backfires: Unintended Consequences of Multilevel Organizational Search, in: Academy of Management Journal, 49 (2006) 4, S. 779-795.

Sirén, C.A.; Kohtamäki, M.; Kuckertz, A. (2012), Exploration and Exploitation Strategies, Profit Performance, and the Mediating Role of Strategic Learning: Escaping the Exploitation Trap, in: Strategic Entrepreneurship Journal, 1 (2012) 6, S. 18-41.

Sirmon, D.; Hitt, M.; Ireland, R. (2007), Managing Firm Resources in Dynamic Environments to Create Value: Looking Inside the Black Box, in Academy of Management Review, 32 (2007) 1, S. 273-292.

Sirmon, D.; Hitt, M.; Ireland, R.; Gilbert, B. (2011), Resource Orchestration to Create Competitive Advantage: Breadth, Depth and Lice Cycle Effects, in Journal of Management, 37 (2011) 5, S. 1390-1412.

Sitkin, S.; Sutcliffe, K.; Schroeder, R. (1994), Distinguishing Control from Learning in Total Quality Management: A Contingency Perspective, in: Academy of Management Review, 19 (1994) 3, S. 537-564.

Snyder, A.; Ebeling Jr., H. (1992), Targeting a Company's Real Core Competencies, in: Journal of Business Strategy, 13 (1992) 6, S. 26-32.

Spender, J.-C. (1996), Making Knowledge the Basis of a Dynamic Theory of the Firm, in: Strategic Management Journal, 17 (1996) Winter Special Issue, S. 45-62.

Stacey, R. (2000), The Emergence of Knowledge in Organizations, in: Emergence, 2 (2000) 4, S. 23-39.

Staehle, W.; Conrad, P. (Hrsg., 1992), Managementforschung II, Berlin und New York 1992.

Staehle, W.; Sydow, J. (Hrsg., 1991), Managementforschung I, Berlin und New York 1991.

Stein, V.; Klein, T. (2010), Organizational Slack als Dynamisierungsquelle organisationaler Kompetenzen, in: Stephan, M.; Kerber, W. (Hrsg.), Jahrbuch Strategisches Kompetenz-Management: Band 4: "Ambidextrie": Der unternehmerische Drahtseilakt zwischen Ressourcenexploration und -exploitation, München und Mering 2010, S. 59-79.

Steinle, C.; Bruch, H.; Nasner, N. (1997), Kernkompetenzen: Konzepte, Ermittlung und Einsatz zur Strategieevaluation, in: Zeitschrift für Planung, 8 (1997) 1, S. 1-23.

Steinle, C.; Evans, P.; Shulman, L. (Hrsg., 2000), Vitalisierung - das Management der neuen Lebendigkeit, Frankfurt a.M. et al. 2000.

Steinmann, H.; Schreyögg, G. (2005), Management: Grundlagen der Unternehmensführung, Wiesbaden 2005.

Stephan, M. (2010), Jazz als Referenzkonzept für Ambidextrie im Innovationsmanagement? Zur Bedeutung der Improvisationsfähigkeit, in: Stephan, M.; Kerber, W. (Hrsg.), Jahrbuch Strategisches Kompetenz-Management: Band 4: "Ambidextrie": Der unternehmerische Drahtseilakt zwischen Ressourcenexploration und -exploitation, München und Mering 2010, S. 243-267.

Stephan, M.; Kerber, W. (Hrsg., 2010), Jahrbuch Strategisches Kompetenz-Management: Band 4 - "Ambidextrie": Der unternehmerische Drahtseilakt zwischen Ressourcenexploration und -exploitation, München und Mering 2010.

Stephan, M.; Kerber, W. (2010), Vorwort, in: Stephan, M.; Kerber, W. (Hrsg. 2010), Jahrbuch Strategisches Kompetenz-Management: Band 4: "Ambidextrie": Der unternehmerische Drahtseilakt zwischen Ressourcenexploration und -exploitation, München und Mering 2010, S. V-X.

Sterman, J.D. (2000), Business Dynamics: Systems Thinking and Modeling for a Complex World, Boston et al. 2000.

Stettner, U.; Lavie, D. (2014), Ambidexterity under Scrutiny: Exploration and Exploitation via Internal Organization, Alliances, and Acquisitions, in Strategic Management Journal, 13 (2014) 35, S. 1903-1929.

Strasmann, J.; Schüller, A. (Hrsg., 1996), Kernkompetenzen - Was Unternehmen wirklich erfolgreich macht, Stuttgart 1996.

Ströder, K.J. (2014), Transformational Outsourcing: Ein konzept zur strategischen Erneuerung, Frankfurt a.M. et al. 2014.

Sydow, J. (1999), Quo Vadis Transaktionskostentheorie?: Wege, Irrwege, Auswege, in: Edeling, T.; Jann, W.; Wagner, D. (Hrsg.), Institutionenökonomie und Neuer Institutionalismus, Opladen 1999, S. 165-175.

Sydow, J.; Duschek, S.; Möllering, G.; Rometsch, M. (2003), Kompetenzentwicklung in Netzwerken: Eine typologische Studie, Wiesbaden 2003.

T

Taylor, A.; Greve, H. (2006), Superman or the fantastic four?: Knowledge combination and experience in innovative teams, in: Academy of Management Journal, 49 (2006) 4, S. 723-740.

Teece, D.J. (Hrsg. 1987), The Competitive Challenge: Strategies for Industrial Innovation and Renewal, Cambridge 1987.

Teece, D. (1998), Capturing Value from Knowledge Assets: The New Economy, Markets fpr Know-how, and Intangible Assets, in: California Management Review, 40 (1998) 3, S. 55-79.

Teece, D. (2007), Explicating Dynamic Capabilities: The Nature and Microfoundations of (sustainable) Enterprise Performance, in: Strategic Management Journal, 28 (2007) 7, S. 1319-1350.

Teece, D. (2009), Dynamic Capabilities and Strategic Management: Organizing for Innovation and Growth, New York 2009.

Teece, D. (2014), A Dynamic Capabilities-Based Entrepreneurial Theory of the Multinational Enterprise, in: Journal of International Business Studies, 45 (2014) 1, S. 8-37.

Teece, D.; Pisano, G. (1994), The Dynamic Capabilities of Firms: An introduction, in: Industrial and Corporate Change, 3 (1994) 3, S. 537-556.

Teece, D.; Pisano, G.; Shuen, A. (1997), Dynamic Capabilities and Strategic Management, in: Strategic Management Journal, 18 (1997) 7, S. 509-533.

Teece, D.; Rumelt, R.; Dosi, G.; Winter, S. (1994), Understanding Corporate Coherence: Theory and Evidence, in: Journal of Economic Behavior and Organization, 23 (1994) 1, S. 1-30.

Thiele, M. (1997), Kernkompetenzorientierte Unternehmensstrukturen: Ansätze zur Neugestaltung von Geschäftsbereichsorganisationen, Wiesbaden 1997.

Thomas, J.-B.; Clark, S.; Gioia, D. (1993), Strategic Sensemaking and Organizational Performance: Linkages among Scanning, Interpretation, Action and Outcomes, in: Academy of Management Journal, 36 (1993) 2, S. 239-270.

Thomsen, E.-H. (2001), Management von Kernkompetenzen: Methodik zur Identifikation und Entwicklung von Kernkompetenzen für die erfolgreiche strategische Ausrichtung von Unternehmen, Sternenfels 2001.

Tilebein, M. (2005), Nachhaltiger Unternehmenserfolg in turbulenten Umfeldern: Die Komplexitätsforschung und ihre Implikationen für die Gestaltung wandlungsfähiger Unternehmen, Frankfurt a.M. et al. 2005.

Tsai, W. (2001), Knowledge Transfer in Intraorganizational Networks: Effects of Network Position and Absorptive Capacity on Business Unit Innovation and Performance, in: Academy of Management Journal, 44 (2001) 5, S. 996-1004.

Tsoukas, H. (2000), Knowledge As Action, Organization As Theory: Reflections on Organizational Knowledge, in: Emergence, 2 (2000) 4, S. 104-112.

Tushman, M.; O'Reilly, C. (1996), Ambidextrous Organizations: Managing Evolutionary and Revolutionary Change, in: California Management Review, 38 (1996) 4, S. 8-30.

U

Uotila, J.; Maula, M.; Keil, T.; Zahra, S. (2009), Exploration, Exploitation, and Financial Performance: Analysis of S&P 500 Corporations, in: Strategic Management Journal, 30 (2009) 2, S. 221-231.

V

Van den Bosch, F.; Volberda, H.; De Boer, M. (1999), Coevolution of Firm Absorptive Capacity and Knowledge Environment: Organizational Forms and Combinative Capabilities, in: Organization Science, 10 (1999) 5, S. 551-568.

Vaughn, K. (1994), Austrian Economics in America: The Migration of a Tradition, Cambridge 1994.

Verdin, P.; Williamson, P. (1994), Core Competence, Competitive Advantage and Market Analysis: Forging the Links, in: Hamel, G.; Heene, A. (Hrsg.), Competence-Based Competition, Chichester, New York et al. 1994, S. 77-110.

Volberda, H. (1998), Building the Flexible Firm: How to Remain Competitive, Oxford 1998.

Von Bertalanffy, L. (1969), General System Theory: Foundations, Development, Applications, New York 1969.

Von Bertalanffy, L. (1972), Zu einer allgemeinen Systemlehre, in: Bleicher, K. (Hrsg.), Organisation als System, Wiesbaden 1972, S. 31-45.

Von Krogh, G.; Roos, J. (Hrsg., 1996), Managing Knowledge - Perspectives on Cooperation and Competition, London, Thousand Oaks und New Delhi 1996.

Von Krogh, G.; Roos, J. (1996a), Imitation of Knowledge: a Sociology of Knowledge Perspective, in: Von Krogh, G.; Roos, J. (Hrsg.), Managing Knowledge: Perspectives on Cooperation and Competition, London, Thousand Oaks und New Delhi 1996, S. 32-54.

Von Krogh, G.; Roos, J. (1996b), Arguments on Knowledge and Competence, in: Von Krogh, G.; Roos, J. (Hrsg.), Managing Knowledge: Perspectives on Cooperation and Competition, London, Thousand Oaks und New Delhi 1996, S. 100-115.

Von Krogh, G.; Roos, J. (1996c), Five Claims on Knowing, in: European Management Journal, 14 (1996) 4, S. 423-426.

Von Krogh, G.; Venzin, M. (1995), Anhaltende Wettbewerbsvorteile durch Wissensmanagement, in: Die Unternehmung, 49 (1995) 6, S. 417-436.

Von Lingen, T. (1993), Marktgleichgewicht oder Marktprozeß, Wiesbaden 1993.

Von Mises, L. (1940), Nationalökonomie, Genf 1940.

Von Rosenstiel, L.; Pieler, D.; Glas, P. (Hrsg., 2004), Strategisches Kompetenzmanagement - Von der Strategie zur Kompetenzentwicklung in der Praxis, Wiesbaden 2004.

W

Warren, K. (1999a), The Dynamics of Strategy, in: Business Strategy Review, 10 (1999) 3, S. 1-16.

Warren, K. (1999b), The Dynamics of Rivalry, in: Business Strategy Review, 10 (1999) 4, S. 41-54.

Weick, K. (1995), Sensemaking in Organizations, London , Thousand Oaks und New Delhi, 1995.

Weick, K, (2001), Making Sense of the Organization, Malden und OOxford, 2001.

Welge, M.; Al-Laham, A. (2005), Strategisches Management: Grundlagen-Prozess-Implementierung, 4. Aufl., Wiesbaden 2005.

Welge, M.; Häring, K.; Voss, A. (Hrsg., 2000), Management-Development - Praxis, Trends und Perspektiven, Stuttgart 2000.

Wernerfelt, B. (1984), A Resource-based View of the Firm, in: Strategic Management Journal, 5 (1984) 2, S. 171-180.

Wessel, L.; Gersch, M.; Goeke, C. (2010), Netzwerk-Ambidextrie: Ist eine Balance explorativen und exploitativen Lernens auch in Netzwerken möglich?, in: Stephan, M.; Kerber, W. (Hrsg.), Jahrbuch Strategisches Kompetenz-Management: Band 4: "Ambidextrie": Der unternehmerische Drahtseilakt zwischen Ressourcenexploration und -exploitation, München und Mering 2010, S. 121-147.

Westkämper, E.; Zahn, E.; Balve, P.; Tilebein, M. (2000), Ansätze zur Wandlungsfähigkeit von Produktionsunternehmen: Ein Bezugsrahmen für die Unternehmensentwicklung im turbulenten Umfeld, in: wt Werkstattstechnik, 90 (2000) 1/2, S. 22-26.

Whiddett, S.; Hollyforde, S. (1999), The Competencies Handbook, London 1999.

Williamson, O. (1975), Markets and Hierarchies, Analysis and Antitrust Implications: A Study in the Economics of International Organization, New York 1975.

Williamson, O. (1985), The Economic Institutions of Capitalism: Firms, Markets, Relational Contracting, New York 1985.

Winter, S. (1987), Knowledge and Competence as Strategic Assets, in: Teece, D.J. (Hrsg.), The Competitive Challenge: Strategies for Industrial Innovation and Renewal, Cambridge 1987, S. 159-184.

Winter, S. (2000), The Satisficing Principle in Capability Learning, in: Strategic Management Journal, 21 (2000) 10/11, S. 981-996.

Winter, S. (2003), Understanding Dynamic Capabilities, in: Strategic Management Journal, 24 (2003) 10, S. 991-995.

Winter, S.; Szulanski, G. (2001), Replication as Strategy, in: Organization Science, 12 (2001) 6, S. 730-743.

Wojda, F. (Hrsg., 2000), Innovative Organisationsformen - Neue Entwicklungen in der Unternehmensorganisation, Stuttgart 2000.

Wojda, F.; Barth, A. (Hrsg., 2006), Innovative Kooperationsnetzwerke, Wiesbaden 2006.

Wolfrum, B.; Rasche, C. (1993), Kompetenzorientiertes Management, in: Thexis, 10 (1993) 5/6, S. 65-70.

Wollersheim, J. (2010), Exploration und Exploitation als zwei Seiten derselben Medaille: Eine systematische Zusammenführung bestehender Konzepte zur Förderung von Ambidextrie in Unternehmen, in: Stephan, M.; Kerber, W. (Hrsg.), Jahrbuch Strategisches Kompetenz-Management: Band 4: "Ambidextrie": Der unternehmerische Drahtseilakt zwischen Ressourcenexploration und -exploitation, München und Mering 2010, S. 3-26.

Wright, R. (1996), The Role of Imitable cs. Inimitable Competences in the Evolution of the Semiconductor Industry, in: Sanchez, R.; Heene, A.; Thomas, H. (Hrsg.), Dynamics of Competence-Based Competition: Theory and Practice in the New Strategic Management, Kidlington, Tarrytown und Tokyo 1996, S. 325-348.

Z

Zahn, E. (Hrsg., 1995), Handbuch Technologiemanagement, Stuttgart 1995.

Zahn, E. (1995), Kompetenzbasierte Strategien, in: Corsten, H.; Reiß, M. (Hrsg.), Handbuch Unternehmensführung: Konzepte-Instrumente-Schnittstellen, Wiesbaden 1995, S. 355-369.

Zahn, E. (1996), Kernkompetenzen, in: Kern, W. (Hrsg.), Handbuch der Produktionswirtschaft, Stuttgart 1996, S. 883-894.

Zahn, E. (1998), Wettbewerbsfähigkeit durch strategische Erneuerung, in: Becker, M.; Kloock, J.; Schmidt, R.; Wäscher, G. (Hrsg.), Unternehmen im Wandel und Umbruch, Stuttgart 1998, S. 383-410.

Zahn, E. (1999a), Strategiekompetenz: Voraussetzung für maßgeschneiderte Strategien, in: Zahn, E.; Foschiani, S. (Hrsg.), Maßgeschneiderte Strategien: der Weg zur Alleinstellung im Wettbewerb, Stuttgart 1999, S. 1-26.

Zahn, E. (1999b), Strategizing needs Systems Thinking, in: Proceedings of the 17th International Conference of System Dynamics Society & 5th Australian New Zealand Systems Conference, Wellington, New Zealand (1999), S. 1-14.

Zahn, E. (2000), Strategische Innovationen für den dynamischen Wettbewerb, in: Häflinger, G.E.; Meier, J.D. (Hrsg.), Aktuelle Tendenzen im Innovationsmanagement: Festschrift für Werner Popp zum 65. Geburtstag, Heidelberg 2000, S. 155-172.

Zahn, E. (2001a), Lernen in Allianzen, in: Bellmann, K. (Hrsg.), Kooperations- und Netzwerkmanagement: Festgabe für Gert v. Kortzfleisch zum 80. Geburtstag, Berlin et al. 2001, S. 11-29.

Zahn, E. (2001b), Wertorientierung mit dynamischen Stategien, in: Zahn, E.; Foschiani, S. (Hrsg.), Geschäftsstrategien im dynamischen Wettbewerb, Aachen 2001, S. 1-24.

Zahn, E. (2003), Strategien beurteilen und erneuern, in: Zahn, E.; Foschiani, S. (Hrsg.), Strategien auf dem Prüfstand: Innovative Antworten auf neue Herausforderungen, Aachen 2003, S. 1-29.

Zahn, E. (2006a), Unterstützung elementarer Strategieprozesse, in: Karagiannis, D.; Rieger, B. (Hrsg.), Herausforderungen in der Wirtschaftsinformatik: Festschrift für Hermann Krallmann, Berlin, Heidelberg und New York 2006, S. 79-98.

Zahn, E. (2006b), Mit sinnorientierter Führung zu nachhaltigem Erfolg, in: Horváth, P. (Hrsg.), Wertschöpfung braucht Werte: Wie Sinngebung zur Leistung motiviert, Stuttgart 2006, S. 123-139.

Zahn, E. (Hrsg., 2007), Erfolgreich produzieren am Standort Deutschland - Eine strategische Herausforderung, Bonn 2007.

Zahn, E. (2008), 30 Jahre Strategisches Management - Rückschau-Status Quo-Vorschau: Vortrag auf dem wissenschaftlichen Kolloquium: 30 Jahre Strategisches Management an der Universität Stuttgart, Stuttgart 2008.

Zahn, E. (2011), Strategisches Management globaler Produktionsnetzwerke, in: Kemper, H.-G.; Pedell, B.; Schäfer, H. (Hrsg.), Management vernetzter Produktionssysteme: Innovation, Nachhaltigkeit und Risikomanagement, München 2011, S. 9-24.

Zahn, E. (2015), Führungskonzepte im Wandel, in: Bullinger, H.-J. et al. (Hrsg.), Handbuch Unternehmensorganisation: Strategien, Planung, Umsetzung, Berlin, Heidelberg und New York 2015, S. 110-122.

Zahn, E. (2017), Strategische Unternehmensführung zur Ko-Evolution von Unternehmen und Umwelt, in: Burr, W.; Stephan, M., (Hrsg.), Technologie, Strategie und Organisation, Wiesbaden 2017, S. 193-215.

Zahn, E.; Foschiani, S. (Hrsg., 1999), Maßgeschneiderte Strategien - der Weg zur Alleinstellung im Wettbewerb, Stuttgart 1999.

Zahn, E.; Foschiani, S. (2000), Strategien und Strukturen für den Hyperwettbewerb, in: Wojda, F. (Hrsg.), Innovative Organisationsformen: Neue Entwicklungen in der Unternehmensorganisation, Stuttgart 2000, S. 89-113.

Zahn, E.; Foschiani, S. (Hrsg., 2001), Geschäftsstrategien im dynamischen Wettbewerb, Aachen 2001.

Zahn, E.; Foschiani, S. (2001), Strategiekompetenz und Strategieinnovation für den dynamischen Wettbewerb, in: Controlling, 13 (2001) 8/9, S. 413-418.

Zahn, E.; Foschiani, S. (2002), Wertgenerierung in Netzwerken, in: Albach, H.; Kaluza, B.; Kersten, W. (Hrsg.), Wertschöpfungsmanagement als Kernkompetenz, Wiesbaden 2002, S. 265-276.

Zahn, E.; Foschiani, S. (Hrsg., 2003), Strategien auf dem Prüfstand - Innovative Antworten auf neue Herausforderungen, Aachen 2003.

Zahn, E.; Foschiani, S.; Tilebein, M. (2000a), Wissen und Strategiekompetenz als Basis für die Wettbewerbsfähigkeit von Unternehmen, in: Hammann, P.; Freiling, J. (Hrsg.), Die Ressourcen- und Kompetenzperspektive des Strategischen Managements, Wiesbaden 2000, S. 47-68.

Zahn, E.; Foschiani, S.; Tilebein, M. (2000b), Nachhaltige Wettbewerbsvorteile durch Wissensmanagement, in: Krallmann, H. (Hrsg.), Wettbewerbsvorteile durch Wissensmanagement: Methoden und Anwendungen des Knowledge Managment, Stuttgart 2000, S. 239-270.

Zahn, E.; Greschner, J. (1995), Grundlagen und Methoden zum Management von Kreativität und Wissen, in: Zahn, E. (Hrsg.), Handbuch Technologiemanagement, Stuttgart 1995, S. 599-621.

Zahn, E.; Greschner, J. (1996), Strategische Erneuerung durch organisationales Lernen, in: Bullinger, H.-J. (Hrsg.), Lernende Organisationen, Stuttgart 1996, S. 41-74.

Zahn, E.; Hülsmann, O. (2007a), Unternehmensnetzwerke - eine strategische Option, in: Garcia Sanz, F.J.; Semmler, K.; Walther, J. (Hrsg.), Die Automobilindustrie auf dem Weg zur globalen Netzwerkkompetenz: Effiziente und flexible Supply Chains erfolgreich gestalten, Berlin, Heidelberg und New York 2007, S. 109-127.

Zahn, E.; Hülsmann, O. (2007b), Analyse komplexer Supply Chain Systeme, in: Supply Chain Management, (2007) 3, S. 49-52.

Zahn, E.; Kapmeier, F.; Tilebein, M. (2006), Formierung und Evolution von Netzwerken: ausgewählte Erklärungsansätze, in: Wojda, F.; Barth, A. (Hrsg.), Innovative Kooperationsnetzwerke, Wiesbaden 2006, S. 129-150.

Zahn, E.; Nowak, M.; Schön, M. (2005), Flexible Strategien für wandlungsfähige Unternehmen, in: Kaluza, B.; Blecker, T. (Hrsg.), Erfolgsfaktor Flexibilität: Strategien und Konzepte für wandlungsfähige Unternehmen, Berlin 2005, S. 71-103.

Zahn, E.; Schön, M. (2003), Dynamische Strategien, in: Horváth, P.; Gleich, R. (Hrsg.), Neugestaltung der Unternehmensplanung: Innovative Konzepte und erfolgreiche Praxislösungen, Stuttgart 2003, S. 167-183.

Zahn, E.; Ströder, K.; Unsöld, C. (2007a), Outsourcing von Dienstleistungen: Ergebnisse einer Unternehmensbefragung der Industrie- und Handelskammern in Baden-Württemberg, Stuttgart 2007.

Zahn, E.; Ströder, K.; Unsöld, C. (2007b), Leitfaden zum Outsourcing von Dienstleistungen: Informationen für die Praxis, Stuttgart 2007.

Zahn, E.; Tilebein, M. (1998), Führung wandlungsfähiger Unternehmen: eine Herausforderung in neuen Dimensionen, in: Industrie Management, 14 (1998) 6, S. 49-52.

Zahn, E.; Tilebein, M. (2000), Lernprozesse in Organisationen, in: Welge, M.K.; Häring, K.; Voss, A. (Hrsg.), Management-Development: Praxis, Trends und Perspektiven, Stuttgart 2000, S. 117-137.

Zahn, E.; Unsöld, C.; Krauer, V. (2007), Erfolgreich produzieren am Standort Deutschland: Eine strategische Herausforderung, in: Zahn, E. (Hrsg.), Erfolgreich produzieren am Standort Deutschland: Eine strategische Herausforderung, Bonn 2007, S. 11-22.

Zahra, S.; George, G. (2002), Absorptive Capacity: A Review, Reconceptualization, and Extension, in: Academy of Management Review, 27 (2002) 2, S. 185-203.

Zehnder, T. (1997), Kompetenzbasierte Technologieplanung: Analyse und Bewertung technologischer Fähigkeiten, Wiesbaden 1997.

Zollo, M.; Winter, S. (2002), Deliberate Learning and the Evolution of Dynamic Capabilities, in: Organization Science, 13 (2002) 3, S. 339-351.

Zott, C. (2003), Dynamic Capabilities and the Emergence Intraindustry Differential Firm Performance: Insights from a Simulation Study, in: Strategic Management Journal, 24 (2003) 2, S. 97-125.

Zu Knyphausen-Aufseß, D. (1995), Theorie der strategischen Unternehmensführung, Wiesbaden 1995.

Lebenslauf

Christian Unsöld geb. am 14. November 1979 in Stuttgart

Berufserfahrung

seit 09/2013	**Stellvertretender Geschäftsführer / Prokurist,** Reclay GmbH, Köln
10/2012 - 08/2013	**Leiter Strategische Produktentwicklung,** Reclay GmbH, Köln
03/2012 - 09/2012	**Bereichsleiter Operations,** Reclay GmbH, Köln
09/2009 - 02/2012	**Leiter After Sales Service, Abrechnung und Vertriebscontrolling,** LIZ GmbH, Köln
04/2001 - 07/2007	**Geschäftsführender Gesellschafter,** USD Immobilien GmbH, Stuttgart
04/2001 - 12/2009	**Inhaber und Geschäftsführer,** IVS – Immobilienverwaltung Süd, Stuttgart

Akademische Ausbildung

03/2017	**erfolgreicher Abschluss des Prüfungsverfahrens zur Promotion**
10/2006 - 02/2009	**Wissenschaftlicher Mitarbeiter / Promotionsstudent,** Universität Stuttgart, Lehrstuhl für Planung und Strat. Mgmt. (Prof. Dr. Erich Zahn)
10/2001 - 09/2006	**Studium der Technisch orientierten BWL,** Universität Stuttgart, Abschluss: Dipl.-Kfm. techn., Diplomarbeit im Strategischen Management, Vertiefungsfächer: - Planung und Strategisches Management (Prof. Dr. E. Zahn) - Controlling (Prof. Dr. Dr. h.c. mult. P. Horváth) - Wirtschaftsinformatik (Prof. Dr. H.-G. Kemper) - Fertigungstechnik (Prof. Dr.-Ing. Prof. E.h. Dr.-Ing. E.h. Dr. h.c. mult. E. Westkämper)
10/1999 - 01/2000	**Studium der Sciences économiques et de la gestion,** Université Louis Pasteur, Strasbourg, Frankreich
09/1990 - 06/1999	**Abitur,** Jugenddorf-Christophorus-Gymnasium, Altensteig

Engagement & Auszeichnungen

Zivildienst	**Bauamt Baiersbronn**, Umweltschutzstelle, 2000
Stipendium	**Stipendiat** bei e-fellows.net, 2004 - 2009 **CityGroup-Leiter und Regional-Koordinator** 2004 - 2008
Preis	**Dr. Günter-Danert-Preis** der Universität Stuttgart, 2007
Lehrauftrag	**Berufsakademie Stuttgart**, 2008 - 2009 Lehrveranstaltungen: Unternehmensführung, Personalmanagement
Engagement	**Seelsorgeeinheit Oberes Nagoldtal**, kath. Kirche Altensteig Unterstützung der Planung und des Baus einer Schule in Nigeria

EINZELSCHRIFTEN

Christian Dienes

On the Behaviour and Attitudes of Firms and Individuals Towards Resource Efficiency and Climate Change Mitigation

Lohmar – Köln 2016 • 124 S. • € 48,- (D) • ISBN 978-3-8441-0493-6

Murat Aksu

Das Vertrauen der Kunden als Wettbewerbsvorteil einer Bank

Lohmar – Köln 2017 • 252 S. • € 62,- (D) • ISBN 978-3-8441-0494-3

Andreas Förster

Kapitalmarktfriktionen und Konjunkturschwankungen

Lohmar – Köln 2017 • 88 S. • € 44,- (D) • ISBN 978-3-8441-0497-4

Ege-Aksel Kilincsoy

Einkommenstheorien im deutschen Einkommensteuerrecht – Reinvermögenszugangstheorie, Quellentheorie, Markteinkommenstheorie

Lohmar – Köln 2017 • 112 S. • € 48,- (D) • ISBN 978-3-8441-0501-8

Andreas Schmidt

Ausgestaltung und Analyse der Kapitalflussrechnung im Jahresabschluss – Nach HGB und IFRS

Lohmar – Köln 2017 • 92 S. • € 46,- (D) • ISBN 978-3-8441-0502-5

Detlef Pietsch

Grenzen des ökonomischen Denkens – Wo bleibt der Mensch in der Ökonomie?

Lohmar – Köln 2017 • 264 S. • € 62,- (D) • ISBN 978-3-8441-0503-2

Christian Unsöld

Kompetenzorientiertes Strategisches Management in turbulenten Zeiten – Kontextadäquate Kompetenzkontingentierung als Schlüssel für eine beständige Leistungsfähigkeit

Lohmar – Köln 2017 • 280 S. • € 64,- (D) • ISBN 978-3-8441-0507-0